· 智能系统与技术丛书 ·

机器学习
及其硬件实现

[日] 高野茂之 (Shigeyuki Takano) 著

黄智濒 译

Machine Learning and
Its Hardware Implementation

机械工业出版社
CHINA MACHINE PRESS

注意
本书涉及领域的知识和实践标准在不断变化。新的研究和经验拓展我们的理解，因此须对研究方法、专业实践或医疗方法作出调整。从业者和研究人员必须始终依靠自身经验和知识来评估和使用本书中提到的所有信息、方法、化合物或本书中描述的实验。在使用这些信息或方法时，他们应注意自身和他人的安全，包括注意他们负有专业责任的当事人的安全。在法律允许的最大范围内，爱思唯尔、译文的原文作者、原文编辑及原文内容提供者均不对因产品责任、疏忽或其他人身或财产伤害及／或损失承担责任，亦不对由于使用或操作文中提到的方法、产品、说明或思想而导致的人身或财产伤害及／或损失承担责任。

北京市版权局著作权合同登记　图字：01-2021-4306 号。

图书在版编目（CIP）数据

机器学习及其硬件实现 /（日）高野茂之著；黄智濒译. —北京：机械工业出版社，2023.6
（智能系统与技术丛书）
书名原文：Thinking Machines: Machine Learning and Its Hardware Implementation
ISBN 978-7-111-73950-0

Ⅰ. ①机…　Ⅱ. ①高… ②黄…　Ⅲ. ①机器学习
Ⅳ. ① TP181

中国国家版本馆 CIP 数据核字（2023）第 184858 号

机械工业出版社（北京市百万庄大街22号　邮政编码100037）
策划编辑：曲　熠　　　　　　　责任编辑：曲　熠
责任校对：张亚楠　许婉萍　　　责任印制：张　博
北京联兴盛业印刷股份有限公司印刷
2024年1月第1版第1次印刷
186mm×240mm・17.25印张・373千字
标准书号：ISBN 978-7-111-73950-0
定价：99.00元

电话服务　　　　　　　　　　网络服务
客服电话：010-88361066　　机　工　官　网：www.cmpbook.com
　　　　　010-88379833　　机　工　官　博：weibo.com/cmp1952
　　　　　010-68326294　　金　书　网：www.golden-book.com
封底无防伪标均为盗版　　　　机工教育服务网：www.cmpedu.com

译 者 序

机器学习和大数据分析正在深刻地影响着社会和生活的方方面面，并正在改造着各行各业和经济模式。中国、美国、欧洲和日本不仅在国家层面进行了战略规划，而且在产业层面进行了大量投资，使得以深度学习为代表的机器学习模型的研究正在如火如荼地展开。在以算力为支撑的实用型机器学习应用的浪潮下，如何加速机器学习的训练和推理，如何使机器学习模型更小以适应各种计算环境，成为目前计算机体系结构研究的热点问题。

本书正是在这样的背景下撰写的，从传统的微处理架构发展历程入手，介绍了在后摩尔定律和后丹纳德微缩定律下，新型架构的发展趋势和影响执行性能的各类衡量指标。然后从应用领域、ASIC和特定领域架构三个角度展示了设计特定的硬件实现所需考虑的诸多因素。接着结合机器学习开发过程及其性能提升的具体方法，包括模型压缩、编码、近似以及数据流优化等诸多方面，介绍了硬件实现方法的细节。最后介绍了大量的机器学习硬件实现案例，展示了机器如何获得思维能力。全书紧紧围绕机器学习的硬件实现展开，是一本关于机器学习模型硬件加速方法的入门参考书。

本书内容丰富，对理解机器学习算法及其硬件实现非常有益。译者力求准确反映原著表达的思想和概念，但受限于自身水平，翻译中难免有错漏之处，恳请读者和同行批评指正。

最后，感谢家人和朋友的支持和帮助。同时，要感谢在本书翻译过程中做出贡献的人，特别是北京邮电大学刘晓萌、靳梦凡和张涵等。还要感谢机械工业出版社的各位编辑，以及北京邮电大学计算机学院（国家示范性软件学院）的大力支持。

黄智濒

2023 年 11 月于北京邮电大学

前　言

2012 年，机器学习被应用于图像识别，并提供了很高的推理准确性。此外，还开发了一个机器学习系统，可以在国际象棋和围棋游戏中挑战人类专家，并成功地击败了世界级的专业人士。半导体技术的进步提高了完成深度学习任务所需的执行性能和数据存储容量。不仅如此，互联网还提供了大量的数据，可以被应用于神经网络模型的训练。研究环境的改善为机器学习领域带来了突破性进展。

深度学习在世界各地的应用越来越广泛，特别是在互联网服务和社会基础设施的管理方面。深度学习的神经网络模型在开源的基础设施和高性能计算系统上运行，使用专用的图形处理单元（GPU）。然而，GPU 会消耗大量的电力（300W），因此数据中心在应用大量的 GPU 时，必须管理电力消耗和产生的热能以降低运营成本。高昂的运营成本使人们难以使用 GPU，即使是在有云服务的情况下。此外，虽然我们应用了开源软件工具，但机器学习平台是由特定的 CPU 和 GPU 供应商控制的。我们不能从各种产品中进行选择，而且几乎没有什么多样性可言。但多样性是必要的，不仅对于软件程序如此，对于硬件设备也是如此。2018 年是深度学习的特定领域架构（DSA）的开端之年，各种初创公司开发了自己的深度学习处理器，与此同时还出现了硬件多样性。

本书介绍了不同的机器学习硬件和平台，描述了各种类型的硬件架构，并提供了未来硬件设计的方向。书中涵盖各类机器学习模型，包括神经形态计算和神经网络模型，例如深度学习。此外，还介绍了开发深度学习的一般周期设计过程。本书对多核处理器、数字信号处理器（DSP）、现场可编程门阵列（FPGA）和特定应用集成电路（ASIC）等示例产品也进行了介绍，并总结了硬件架构设计的关键点。虽然本书主要关注深度学习，但也对神经形态计算进行了简要描述。书中还考虑了硬件设计的未来方向，并对传统微处理器、GPU、FPGA 和 ASIC 的未来发展进行了展望。为了展示这一领域的当前趋势，本书描述了当前的机器学习模型及其平台，使读者能够更好地了解现代研究趋势，并考虑未来的设计，进而有自己的想法。

为了展示相关技术的基本特征，附录介绍了作为基本深度学习方法的前馈神经网络模型，并提供了一个硬件设计实例。此外，附录还详细介绍了高级神经网络模型，使读者能够考虑不同的硬件来支持这种模型。最后，附录还介绍了与深度学习相关的各国研究趋势和各类社会问题。

全书概要

第 1 章提供了一个深度学习基础的例子，并解释了其应用。本章介绍了训练（学习）——这是机器学习的核心部分，包括它的评估以及验证方法。工业 4.0 是一个应用实例，这是一个先进的行业定义，支持客户适应性和优化工厂生产线的需求。此外，还介绍了区块链在机器学习中的应用。区块链是一个有形和无形财产的账本系统，该系统将被用于深度学习的各种目的。

第 2 章介绍用于机器学习的基本硬件基础设施，如微处理器、多核处理器、DSP、GPU和 FPGA，包括微架构及其编程模型。本章还讨论了最近在通用计算机器中使用 GPU 和FPGA 的原因，以及为什么微处理器在提高执行性能时遇到了困难。本章还解释了市场趋势在应用前景方面的变化。此外，还简要介绍了评估执行性能的指标。

第 3 章首先描述了一个形式化的神经元模型，然后讨论了神经形态计算模型和神经网络模型，这两个模型是最近脑启发计算的主要实现方法。神经形态计算包括大脑的脉冲时序依赖可塑性（STDP）特征，这似乎在学习中起着关键作用。此外，本章还解释了用于脉冲传输的地址 - 事件表示（AER）。关于神经网络，我们对浅层神经网络和深层神经网络（有时被称为深度学习）都进行了简单的解释。如果你想了解深度学习任务，那么附录 A 可以作为一份简介。

第 4 章介绍了 ASIC 和特定领域架构。算法被描述为对应用的表示，形成了传统计算机上的软件。本章接着介绍了应用程序设计（不仅是软件开发）所涉及的局部性、死锁属性、依赖性以及（到计算机核心的）时间和空间映射等特征。好的硬件架构有好的设计，可以有效地利用这些因素。死锁属性和依赖性由一般资源系统统一解释。此外，本章还解释了设计约束。最后，在 Alex Net 的案例中分析了推理和训练方面的深度学习任务。

第 5 章简要解释了机器学习模型——神经网络模型的开发过程，以及编码后的模型如何通过 Python 脚本语言的虚拟机在计算系统上工作。此外，还解释了向量化、SIMD 化和内存访问对齐等代码优化技术。这些技术提高了数据级的并行性——这是数据密集型计算的一个指标。这些技术也提高了执行性能，就像在深度神经网络任务中所表现的那样。除此之外，本章还介绍了计算统一设备架构（CUDA）。CUDA 是英伟达公司的通用编程基础设施，用于数据密集型计算，包括深度学习任务。你将看到一个基于 GPU 的系统是如何工作的。

　　第 6 章解释了提高执行性能的方法，主要包含模型压缩、数值压缩、编码、零值跳过、近似和优化六种方法。模型压缩包括剪枝、dropout、dropconnect、蒸馏、主成分分析（PCA）和权重共享。数值压缩包括量化、低精度数值表示、切边和剪裁。编码解释了游程编码和霍夫曼编码。零值跳过包括压缩稀疏行（CSR）和压缩稀疏列（CSC）的稀疏表示。近似涉及激活函数和乘法器的近似。我们不仅解释了这些方法本身，而且讨论了基于这些技术在数据大小、执行周期数和能源消耗方面实现的性能改进。这些技术对用例的应用阶段有所限制，例如只在训练阶段，只在推理阶段，或两个阶段均可。

　　第 7 章提供了主要研究和产品的案例。关于神经形态计算，本书简要地做了一些综述。我们讨论了专门用于深度神经网络任务的硬件架构。此外，本章还提供了神经形态计算和深度神经网络硬件之间的比较。最后，我们通过表格对本章进行了总结。

　　第 8 章解释了设计深度学习神经网络硬件的策略规划，这在前面的章节中已经讨论和解释过。本章介绍了设计硬件的因素，还讨论了未来神经网络硬件设计应该考虑的要点。

　　第 9 章是本书的结论。

　　附录 A 展示了用等式表示的神经网络模型的基础知识，特别是线性代数的表示方法，它的数据大小是基于前馈神经网络提出的。附录 B 给出了一个支持推理和训练的深度学习的实现实例。硬件架构可以通过双向总线和本地内存支持来实现。附录 C 解释了卷积神经网络模型、循环神经网络模型和自动编码器模型等基本神经网络模型。之后，我们解释了残差神经网络模型，该模型提出了一种旁路方法，作为制作更深层次神经网络模型的常用方法。附录 D 介绍了各个国家的研究趋势。附录 E 讨论了基于深度学习的社会问题。

致谢

　　感谢 Kenneth Stewart 对第 3 章神经形态计算部分的校对。

C O N T E N T S

目　　录

CHAPTER 1

第 1 章

简　介

本章介绍了机器学习的应用方式、机器学习的曙光以及关于工业 4.0 和交易处理的例子。此外，本章还介绍了正在研究的机器学习的类型以及它们可以被用来处理哪些问题。之前部署的服务和应用亦在讨论范围之内。本章首先介绍了一些机器学习的知名样例，其中包含 IBM 公司的 Waston 和谷歌公司的围棋对弈机器，它们标志着机器学习研究领域的进展。接下来介绍了推理和学习的定义，并通过样例对其进行充分说明。然后描述了从学习中获得的推理。在训练神经网络模型之前，必须要对输入数据进行清理和修改以提升训练效果，本章还介绍了几种数据清洗技术。此外，介绍了一种常用的学习和分类方法及其性能指标和验证手段。

接下来介绍了工业 4.0，作为机器学习的一个案例研究。该案例使用了两个典型的训练模型。最后是机器学习在交易处理中的应用。机器学习需要大数据集的支撑，而交易是在不同数据集之间进行的。虽然机器学习和交易处理之间没有直接联系，但是机器学习可以和交易处理过程中用到的区块链技术相结合。因此本章还会介绍区块链相关的技术。

1.1　机器学习的曙光

本节介绍了标志着机器学习曙光出现的著名事件。机器学习和人工智能在本书中是两个不同概念。

1.1.1　"Jeopardy!" 中的 IBM Watson 挑战

"Joepardy!" 是美国的一档电视问答节目。IBM 的 Watson 参加该挑战并赢得了一亿美元的奖金，这一事件曾轰动一时[256]（图 1-1）。回答"Jeopardy!"节目的问题需要推断问题设计的意图，并且要比其他参赛者回答得更快。Watson 系统需要低延迟、高准确率的自然语言处理性能来实现对节目中的问题的快速反应。Waston 推断问题的具体含义，并使用计算机的高速信息处理能力对信息进行处理。截至 2014 年，Waston 被部署到一台使用 Linux 系统的 TENRACK IBM Power 750 服务器上。它拥有 2880 核心的处理器和 16TB 的内存。处理器核心是 POWER7，运行速度是 3.5GHz。

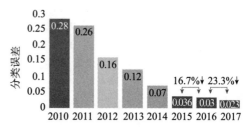

a）IBM Watson在"Joepardy!"挑战赛上   b）超越人类识别的性能

图 1.1   IBM Watson 及其推理误差率[46, 87]

Waston 系统可以用于问题和主题分析、假设生成、假设和证据评分、综合以及最后的置信度合并和排名。这条流水线完全可由 Waston 完成，IBM 为程序员提供了利用 Waston[6] 开发的基础设施。

1.1.2   ImageNet 挑战

在 2012 年，Hinton 的团队使用一种现在被称为卷积神经网络（CNN）[231] 的技术参加了一场图像识别比赛。该团队在比赛中使用了基于 LeNet 的卷积神经网络并达到了 84% 的准确率，而其他队伍只有 70% 的准确率。在这一突破之后，机器学习领域的识别准确率可以超过人类，成为该领域的热门话题。

1.1.3   谷歌 AlphaGo 挑战职业围棋选手

2016 年 3 月，谷歌的人工智能部门（DeepMind）参加了一项专业围棋比赛[316]，与职业选手对战并赢下了 5 局中的 4 局。AlphaGo 系统由一个策略网络和一个价值网络组成。为了提高准确率，它使用了蒙特卡洛树搜索（Monte Carlo Tree Search，MCTS）[326]，如图 1.2 所示。

该学习系统由两个流水线阶段组成。在第一阶段，策略网络由 SL 策略以及一个具有快速决策过程的推广策略组成，前者主要通过向老师学习来实现。这些阶段大致确定了获胜所需的直接行动。在下一阶段，反馈策略网络结果并应用强化学习（在本章后面描述），这被称为价值网络，它学习了策略的细节。

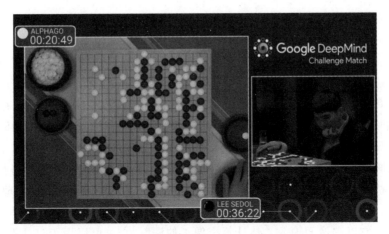

图 1.2　谷歌的 AlphaGo 挑战专业围棋选手 [273]

　　策略网络由一个 13 层的深度学习模型和一个学习规则的老师组成，它用自己的一个实例进行强化学习（与自己玩）。它通过强化学习时的随机实例选择避免过拟合（本章后面会解释）。MCTS 从定义策略及其流程的树形拓扑结构中选择一个分支。它还有一个用来选择分支的评估功能，以及一个同时用于学习分支和学习策略的策略扩展功能。AlphaGo 使用 TensorFlow API（在第 5 章中描述）实现，并将任务分配给张量处理单元（TPU）。

1.2　机器学习及其应用

1.2.1　定义

　　机器学习是计算机上的一个可以在不需要明确编程的情况下进行学习的软件系统 [315]。它有两个典型的特点：

- 学习 / 训练。这个过程被用来获得输入数据的时间、空间特征或其他一些上下文信息。
- 推理。这个过程被用来根据学习的结果推断出一个用户定义的问题。推理被应用于使任何未知的事项得到阐释。我们将一个对象称为学习的目标，不仅包括人类、汽车和动物，还包括任何可以通过数字信号信息表示的对象。

1.2.2　应用

　　机器学习可以这样分类：

- 检测。机器学习通过使用时间序列数据，可以从过去的数据中识别出近期未来的情况，还可以检测出与正常情况不同的异常情况（称为异常检测）。例如，缺陷检测 [378] 和安全 [9] 都使用这种技术。除了机器人的内部和移动对象，它还可以应用于任何对象的群体。此外，还可以将正常状态设定为对象，如健康的人，将异常状态设定为生病的人，这项技术还可以用于医学领域，例如癌症检测 [157]。

● 预测。机器学习使用一系列的数据来预测时间或空间的情况。为了在对目标问题训练后进行预测，需要获得一些带有输入的模式（一般称为特征），如过去的数据或空间数据。例如，天气预测 [314]；股票价格预测 [263]；替代投资 [118]；移动和通信流量预测 [251]；基础设施管理，如电力、天然气和石油 [281]；水利网络；语音预测 [284]；以及预测性维护 [343]。此外，机器学习还可以应用于视频帧插值 [206] 和不规则孔的图像绘画 [246]，以及用于推荐 [305]，特别是时尚领域 [79]。如果机器学习将有关人类、动物或植物的情况作为输入数据，则可以被应用于相关的健康预测和管理。

● 估算。机器学习可以用作测量应用。深度估计是使用相机估计环境深度的一个典型应用。它以图像为输入，估计每个像素的深度 [126]，可以用于自动驾驶中的定位。它也适用于物体之间的距离估计，以及用于检测人体关节的姿势估计，并根据姿势生成有区别的图像（视频）[354]。

● 规划。机器学习可以自主地在学习经验的基础上创建规划。它以基于未来预测的最合理的规划来支持自主系统，可以用于车辆 [14]、自行车 [21]、船舶 [210]、无人机 [75] 和其他移动物体，也可以用于有许多物体的工厂以及由附加物体和信息组成的系统，包括通过行动规划合作的机器人。

● 生成。机器学习被应用于学习和获得目标信息的特征，并模仿这些特征。作为一个例子，人们可以学习某个画家的特征，并生成具有类似特征的图片 [80]。通过机器学习进行绘画也得到了发展 [288]。此外，自然图像 [295] 和音乐 [202] 的生成也正在研究中。从图像中生成 3D 物体 [371] 可以使用 3D 打印机或计算机图形来实现。

● 识别。以下例子是基于信息的识别，如图像识别 [231]、图像中的多个物体检测、语义图像分割 [248]、实例分割 [189]、图像字幕 [201]、视频中的物体跟踪 [372]、情景识别 [360]、语音识别 [373]、读唇 [334]、翻译 [114] 和抽象化 [312]。

检测和预测使用的是时间序列信息，因此有一个前提是过去的信息会影响现在的信息。因此，信息要素之间存在着关联性。识别需要数据中各元素在时间或空间上的相关性。这项技术被用于视频 [308] 和音乐搜索 [63]。因此，机器学习的使用不受限制，能作为数字数据采样的信息都可以用于训练。

1.3 学习及其性能指标

图 1.3 显示了一个前馈神经网络的例子，该网络由多层激活函数以及加权的输入和输出边堆成。信号通过隐藏层从输入端传播到输出端。加权的边在输入激活函数之前相加。相加的值被称为预激活。激活函数的输出被称为后激活，或简单地称为激活。

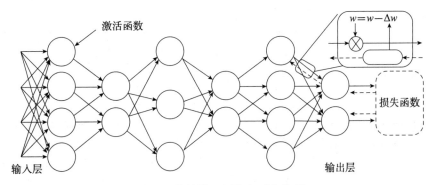

图 1.3　前馈神经网络和后向传播

1.3.1　学习前的准备

1.3.1.1　数据集的准备

我们需要知道一个结果是否正确。为了确定结果，应该准备好预期数据，并将其用于有关执行和推理的验证，这被用作预期结果信息。预期结果信息被称为标签，附加在用于训练的输入数据上。因此，必须附加数据标签，这是极其冗余和耗时的。通过使用标准化的数据集，开发者和研究人员可以评估、分析和分享他们的结果。表 1.1 列出了在互联网上开源的已标记的数据集的例子。

表 1.1　数据集实例

类别	名称	创作者	描述	网址
图像	MNIST	NYU	手写数字图像数据集	见文献 [33]
	Fashion-MNIST	Han Xiao, et al.	时尚版的 MNIST 数据集	见文献 [11]
	CIFAR10/100	Univ. of Toronto	自然图像数据集	见文献 [32]
	ImageNet	ImageNet.org	自然图像目标识别数据集	见文献 [87]
	Open Image Dataset	Google	自然图像数据集	见文献 [24]
	Google-Landmarks	Google	具有里程碑意义的图片数据集	见文献 [13]
面部	CelebA Dataset	CUHKst	200K 张面部图片的数据集	见文献 [18]
	MegaFace	Univ.of Washington	470 万张照片和 672 057 个不同的人脸数据集	见文献 [19]
	Labeled Faces in the Wild	UMASS		见文献 [17]

（续）

类别	名称	创作者	描述	网址
影音	YouTube-8M	Google	自然视频数据集	见文献 [36]
	YouTube-Bounding Boxes	Google	目标识别（有视频框边界）数据集	见文献 [37]
	Moments in Time Dataset	MIT	加字幕的视频数据集	见文献 [20]
	Atomic Visual Actions	Google	人类的运动数据集	见文献 [4]
	UCF101	UCF	人类运动带标题数据集	见文献 [34]
	BDD100K	UC Berkeley	开放驾驶视频数据集	见文献 [92]
场景	Apollo Scape	Baidu	开放驾驶视频数据集	见文献 [28]
	DeepDrive	UC Berkeley	自主驾驶数据集	见文献 [29]
	KITTI	KIT	开放驾驶视频数据集	见文献 [16]
	SUN Database	MIT	对象视频及其场景数据集	见文献 [31]
3D 对象	ShapeNet	Princeton，Stanford and TTIC	3D 对象模型数据集	见文献 [30]
	ModelNet	Princeton University	3D 对象模型及其场景数据集	见文献 [26]
	Disney Animation Dataset	Disney	迪斯尼角色对象数据集	见文献 [8]
文本	20 newsgroups	Jason Rennie	新闻组文本分类、文本挖掘和信息检索研究的国际标准数据集	见文献 [1]
	Reuters Corpuses	Reuters		见文献 [306]
音频	DCASE	Tampere University	自然音频	见文献 [3]
	AudioSet	Google	从 YouTube 收集的音频	见文献 [2]
	Freesound 4 seconds	FreeSound	FreeSound 官方数据集	见文献 [12]
	AVSpeech dataset	Ariel Ephrat, et al.	单扬声器视频剪辑集合音频数据集	见文献 [5]
	Common Voice	Mozilla		见文献 [7]

1.3.1.2 清理训练数据

在本书中，一个训练数据被称为一个训练样本，几个这样的训练样本被称为一个训练数据集，或者简称为训练数据。通常情况下，为了提高训练效率，在训练前会对输入数据进行修改。此外，为了实现推理的高准确度，还设计了一个神经网络结构。

● 数据归一化。数据归一化是通过线性变换将数据平均分配给每个训练样本[279]。图像分类经常使用原始图像和通过数据集训练组成的平均图像之间存在差异的输入数据。

● 数据增强。相对于神经网络模型的规模，如果训练数据相对较少（如后面所述），则会造成过拟合，避免这种问题的方法是通过修改稀释训练数据的数量[279]。一种方法是生成具有小的位移和小的图像旋转的训练数据，用于图像分类。

● 模型平均化。具有相同输入和输出层的多个神经网络的输出值可以被平均化[279]。有几种方法，包括在几个相同的网络中进行不同的初始化，以及在不同的网络上使用相同的训练数据集进行训练。

采用不同的初始化学习方法，可通过训练获得不同的特征。常见的初始化可以采用预训练，其目的是在全面训练之前初步训练每一层的特征。附录 A 中描述了设置初始值的常用方法。

1.3.2 学习方法

本节介绍了神经网络的学习和对其性能的评估。神经形态计算采取了一种不同的方法。

1.3.2.1 梯度下降法和后向传播

梯度下降法、后向传播训练和学习是基于训练者的观点，而学习是基于学习者的观点，因此训练样本和训练数据集是基于这样的观点。对于一个特定的训练样本，学习的目的是缩小推理结果和以标签表示的预期结果之间的差异，我们可以把这个结果看作推理性能。这种差异是用误差函数、损失函数、成本函数或目标函数构建的。一般来说，学习的目的是通过将错误率反馈给每个参数，保持一个特征的同时通过特定的方法更新其值，使函数收敛到零，如图 1.3 所示，这是一个迭代计算的例子。

● 梯度下降法。梯度下降法将误差函数视为具有权重的参数，即 $E(w)$，通过迭代计算使误差函数值收敛到最小绝对值。一般来说，寻找全局最小值是很困难的，相反，该方法的目的是寻找局部最小值。绝对最小值点的梯度为零，例如，凸函数有一个梯度为零的峰点，因此它的目的是通过迭代计算 $\partial E(w)/\partial w$，以实现梯度为零。

● 在线和批次学习。使用训练样本应用梯度下降法被称为在线学习，或随机梯度下降（SGD），因为通过一个可能的梯度下降收敛，看起来像在山谷中随机行走。此外，批次训练旨在将梯度下降方法应用于训练数据[279]。在训练数据较大的情况下，批次学习需要较长的训练时间，产生较大的暂存数据集。这使得验证的效率很低，对中间结果的检查、停止或重新开始训练也很困难。这样的训练会产生更大的暂存数据集，这就需要一个具有更大内存的高性能计算系统。因此，可以将训练数据细分为一个子集，以单个子集来减少训练的工作量。这种技术被称为小批次学习，而划分子集的步骤被称为 epoch。

● 后向传播。表示特征的每个参数的更新量是基于梯度下降法从上层（输出侧）获得的。因此，它计算输出层的梯度下降量，并通过计算每个参数的梯度下降量，将数值传播到相邻下层，并将其继续发送到相邻下层，持续这个计算和传播过程，直到输入层为止。因此，我们可以观察到从后到前的传播，与推理上的前向传播相反[311]。

这种后向传播在附录 A 中做了说明。

我们把具有某个特征的值称为"参数"。神经网络模型由参数组成，如权重和偏置。后向传播使用一个定义为等式的规则来更新参数。

1.3.2.2　学习方法的分类

学习方法可以分为三种方式：监督学习（SL）、无监督学习（UL）和强化学习（RL）。

- 监督学习。监督学习使用具有标签的训练数据来更新参数。输出层用误差函数进行评估。
- 无监督学习。无监督学习使用没有标签的训练数据，不需要误差函数来更新参数。
- 强化学习。强化学习旨在从行为者与其环境之间的推理中学习[368]。行为者通过其行动获得奖励，并选择一个行动来最大化奖励。它根据行动、奖励或两者同时进行学习。

有标记的和没有标记的数据都可以用于训练，因此，这种学习被称为半监督学习。为了提高推理性能，人们进行了研究，开发了一种用于学习神经网络模型的训练方法。对抗式训练是一种用于对未经修改和修改的输入训练数据进行分类的学习过程，对数据的修改具有鲁棒性，对未经修改的训练数据也具有改进的泛化性能（如后面所述）[267]。对抗式训练需要有标记的训练数据来进行学习。虚拟对抗训练[267]是一个针对标记较少的训练数据的拓展模型，并且在监督和半监督学习下都能提高泛化性能。

1.3.3　性能指标和验证

训练结束后，无论推理的准确性如何，我们都需要对结果进行评估和验证，泛化性能必须达到客户的目标。表 1.2 列出了预测结果和标签之间的模式。我们可以通过计算被归入每个类别的结果数量来使用该表。

表 1.2　预测结果和标签的组合

		标签	
		正例	负例
预测结果	真	真正例（TP）	真负例（TN）
	假	假正例（FP）	假负例（FN）

1.3.3.1　推理的性能指标

推理性能可以根据推理准确率、泛化性能、召回率、精确率和 F1 分数进行评估。

- 准确率（Accuracy）。这是一个用于评估训练好的神经网络模型的推理性能的常用指标，是推理总数与预期值相匹配的结果总数的比率。此外，推理误差 $E = 1 - A$，其中 $A(1 \geqslant A \geqslant 0)$ 是如下所示的推断精度。

$$A = \frac{TP+FN}{TP+TN+FP+FN} \tag{1.1}$$

偶尔，top-N 的准确率被用于非任务关键性问题，在这种情况下，这种推断的准确率是属于 top-N 的。因此，top-1 的准确率与 A 相同。

- 泛化性能。这是一个用来衡量经过训练的神经网络模型对一般输入数据而不是训练数据的推理准确率或误差的常见指标。低泛化性能，如过拟合或欠拟合，分别由所设计的神经网络模型专门针对训练数据或训练不充分所导致。
  - ❑ 过拟合。对某一数据集的过度拟合称为过拟合。
  - ❑ 欠拟合。对训练数据的不充分拟合称为欠拟合。

图 1.4a 和图 1.4b 分别显示了过拟合和欠拟合的推理错误率的学习曲线。这两种情况在测试和验证之间都有很大的差距。过拟合往往会随着训练的进行而增加错误率，如图 1.4a 所示。在欠拟合中，测试训练和验证训练之间的差距越来越大。为了避免过拟合和欠拟合，通常将正则化（如附录 A 所述）应用于误差函数以调整反向传播。

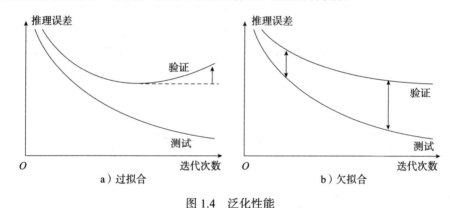

图 1.4　泛化性能

- 召回率、精确率和 F1 分数。当训练数据有偏差时，推理的精确率不能保证似然性。需要评估正确与不正确结果的比率，以验证推理的性能。
  - ❑ 召回率（Recall）。这是一个用来评估正确数据与目标数据中出现的错误数据数量之比的指标。在癌症检测的情况下，它显示所有病人中正确检测的数量。召回率的计算公式如下：

$$R = \frac{TP}{TP+FN} \tag{1.2}$$

召回率描述正确的答案涵盖了多少病人。

  - ❑ 精确率（Precision）。这是一个用来评估推理的似然性的指标，评价真正正确的结果的比率。例如，在癌症检测中，不允许出现不准确的结果。但是，要达到完全准确的结果是很难的。需要一个指标来表明结果的正确程度，精确率可用于此场景。精确率 P 如下所示：

$$P=\frac{\text{TP}}{\text{TP}+\text{FP}} \tag{1.3}$$

精确率描述有多少正确答案。

❑ 平均精确率。我们可以通过在 X 轴上画出召回率，在 Y 轴上画出精确率，从而画出一条精确率 – 召回率曲线（PR- 曲线）。然后我们用 PR 曲线得到平均精确率 $p(r)$，如下所示：

$$\text{AP}=\int_0^1 p(r)\mathrm{d}r \tag{1.4}$$

平均 AP（mAP）是平均精确率的平均值。

❑ F 分数，F1 分数。同时实现 100% 的精确率和召回率是非常困难的。我们可以使用调和平均值来应用精确率和召回率，从而全面评估神经网络模型。F1 分数的计算公式如下：

$$\text{F1}=2\frac{P\times R}{P+R} \tag{1.5}$$

❑ 交并比（IoU）。对于物体检测，使用一个包围盒来表示预测的物体。将标签盒和预测盒分别表示为 TB 和 PB，我们可以估计准确率，称为交并比，如下所示。

$$\text{IoU}=\frac{\text{TB}\bigcap\text{PB}}{\text{TB}\bigcup\text{PB}} \tag{1.6}$$

如果 TB $\bigcap$ PB 等于 TB $\bigcup$ PB，则该盒子在图像帧上是完全匹配的。

1.3.3.2　推理的验证

当使用训练数据进行学习以获得推理性能评估的参数时，可能出现过拟合或欠拟合的情况，因此无法验证泛化性能。例如，在过拟合的情况下，一个有参数的神经网络模型相当于一个学生知道考试的答案并获得了高分。

为了检查泛化性能，有必要准备一个数据集，称为测试集，其中不包括用于测试的训练数据。此外，为了验证超参数和所设计的模型，还需要替代的训练数据，称为验证集。

验证集不包括训练数据和测试集，我们可以在验证后评估泛化性能。这种验证方法被称为交叉验证法[154]。一般来说，所有的数据都被分为训练数据、测试集和验证集。交叉验证法将在第 5 章中描述。

1.3.3.3　学习性能指标

关于学习指标，应当提出有效估计学习过程的方法。

● 学习曲线。学习曲线是训练期间使用的 epoch 或数据大小与推理准确率的对比图。图 1.4 显示了推理错误率的使用情况。当达到某个阈值时，推理性能会得到提高，曲线会达到饱和。

- 学习速度。学习曲线的斜率或梯度显示了学习的速度，或者说推理性能随训练数据量提高的程度。一般来说，它不是一个恒定的值。
- 饱和延迟。另一个衡量指标是学习何时达到饱和点。当训练迅速达到饱和状态时，训练就会有效地进行。模型架构实现了良好的训练性能，因为它需要较少的训练数据来实现目标推理准确率。当训练迅速达到饱和时，推理准确率较低，模型架构没有达到良好的训练性能，因此可以在中途终止训练，并应用下一次训练。这种技术被称为早停。

1.4 例子

1.4.1 工业 4.0

第四次工业革命，即工业 4.0 的概念已经被提出并进行相应研究。工业 4.0 旨在动态地改变适应用户需求的工厂生产线，有效地管理材料和存储，并接受客户的要求，专门为他们输出产品[219]。它被优化和调整为一个使用信息技术的高效生产系统。在本节中，对机器学习在工业 4.0 中的角色进行了描述。首先解释处理流程，并提供了一个工厂模型的例子。

工业 4.0 以信息技术（IT）为基础，旨在支持自主决策。机器学习具有整合采样信息的作用。用户不仅是个体的人类，也包括任何对象，包括个体的动物和植物、机器、机器人以及它们的集合。表 1.3 给出了工业 4.0 的层次结构。

- 采样。底层通过传感器对信息进行采样。除了物理世界外，互联网也是信息收集的来源。
- 整合。中间的整合层用于检测从底层收集的信息之间的相关性，可支持分析和决策。
- 授权。授权层用于分析基于检测到的相关性或预测的统计数据，并最终支持决策。

表 1.3 工业 4.0 的层次结构

层次	目标	进展
授权	支持决策制定	基于整合和 / 或规划的统计分析
整合	采样数据和规划的整合	检测和预测
采样	信息采样	感知

工业 4.0 可以应用于过去工业革命中需要信息处理的领域。采样层使用物联网（IoT）、工业物联网（IIoT）和万物互联（IoE），它相当于边缘设备。整合层是机器学习层，而授权

层相当于数据分析。

图 1.5a 显示了一个使用工业 4.0 的典型工厂，使用集中式和分布式方法。

图 1.5b 显示了一个基于集中式管理方法的工厂模型，由收集层、信息集成层和授权层组成。这三层分别相当于物联网客户端（边缘设备）、机器学习系统和授权系统，并形成一个层次结构。上层从底层获得信息，并作为一个参与者，有自己的角色。在信息收集层和信息集成层之间有一个内网或互联网。例如，在流水线工厂场景下，从生产和加工的每个流水线阶段收集信息，并根据收集的信息评估每个阶段的陈述，然后预测或推断，允许通过动作计划做出决定。最后，根据生产计划选择最高效或最有效的计划。基于决策确定每个阶段的参数，并作为循环优化反馈给每个阶段，类似于深度学习中使用的反向传播。

图 1.5c 是一个基于分布式管理的工厂模型。地板上有人类和机器人工人，工人可以四处移动。一个对象可以由一个采样层、一个整合层和一个授权层组成。机器人工人可通过传感器收集身体关节和邻近环境的信息，识别当前的陈述，并授权一个决策（一个动作计划）。这可能会在相邻的工人之间产生干扰问题。为了抑制干扰，个别工人需要有一定的规则。特别是，在同一楼层和机器人工人附近的人类工人可能难以维持规则，因此，机器人必须支持和照顾其邻近的同事。

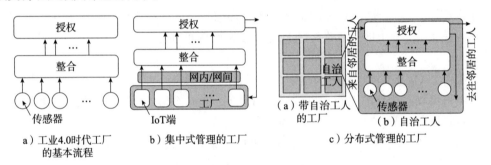

图 1.5　基于工厂实例的物联网

如果系统使用互联网，安全就成了最重要的问题，应该在系统不安全的前提下制定所有信息泄露相关的规则。近传感器处理的目的是通过不向上层发送此类信息来避免个人信息的泄露。系统需要保证个人信息和隐私的安全。

1.4.2　交易（区块链）

区块链是由中本聪于 2010 年 12 月在互联网上提出的 [276]，是一种核准使用虚拟货币的机制，即"比特币"。它不仅可以应用于物理对象，也可以应用于信息。区块链是一种用于核准请求的交易处理技术，可以应用于拜占庭将军问题 [289]，这是一个在松散链接的将军之间建立没有集中控制的共识机制的问题。建立共识的通信和将军分别相当于交易和用户。比特币交易的必要条件如下：

1）它应该支持用户使用公钥进行交易。

2）应该有一个允许用户进行交易的网络，而网络应该支持用户的通信。

让我们假设以下分布式环境：

1）非特定的大量用户连接到网络。

2）计算节点是松散连接的，有时甚至是不连接的。

用户可能发送请求失败或试图进行恶意行为。区块链是一种针对这种情况所设立的共识建立机制。随着共识的建立，用户与大量不确定用户进行交易，其他用户进行交易的验证和评估。另外有一些用户核准该交易（如图 1.6 所示）。

交易	生成	评估	验证	核准
				时间
用户 A	做交易		1. 低层认证 2. 校验区块哈希 3. 将区块链接到区块链	
用户 B		1. 请求者 – 认证 2. 生成一个区块 3. 工作量证明（PoW，求区块哈希）	1. 低层认证 2. 校验区块哈希 3. 校验区块链 4. 将区块链接到区块链	
用户 C		1. 请求者 – 认证 2. 生成一个区块 3. 工作量证明（PoW，求区块哈希） 4. 采矿声明	1. 校验区块链 2. 将区块链接到区块链	

图 1.6　区块链的交易过程

图 1.7a 显示了区块链的基本数据结构。几个交易被捆绑成一个单元，称为区块，它是一个处理单元。区块中的每个交易都有唯一的编号，区块是链接的，每个用户都有一个区块链和进程。为了简化解释，让我们假设可以知道区块链中的区块数量，将其表示为"NumBlocks"。

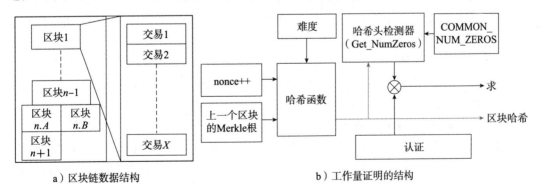

a）区块链数据结构　　　　　　　　　b）工作量证明的结构

图 1.7　区块链的核心体系结构

- 核准和链接。核准程序由一个用户认证子系统和一个哈希函数组成。通过哈希函数应用区块链，如图 1.7b 所示。当从哈希函数获得的核准的密钥值和公钥

（COMMON_NUM_ZEROS）匹配时，交易请求为真。当交易为真，并且通过整理过程没有发现不正当行为时，交易用户将包括交易在内的区块附加（链）到区块链的尾端。

- 工作量证明。用户在一系列交易过程中执行一个称为"工作量证明"的验证过程。图 1.7b 和算法 1.1 显示了工作量证明的细节。哈希函数有一个 Merkle 根值的参数，它可以从 Get_Merkle 函数中得到，并且有第 NumBlocks 个区块的不同随机（nonce）值。哈希函数生成的哈希值由一个二进制值表示。如果二进制表示中最高有效位的"NumZeros"与用户之间共享的公钥的"COMMON_NUM_ZEROS"匹配，该区块可以被核准。将 nonce 值和哈希值通知给其他用户，其他用户应用核准处理，区块在整理过程后链到它们的区块链上。

算法1.1: Proof-of-work

RETRUN: Find, nonce, HashValue;
Find = 0;
MerkleRoot = Get_MerkleRoot(BlockChain, NumBlocks);
for nonce = 0; nonce < $2^{size\_of(unsigned\ int)}$; nonce++ **do**
    HashValue = HashFunction(MerkleRoot, nonce);
    NumZeros = Get_NumZeros(HashValue);
    if *NumZeros == COMMON_NUM_ZEROS* **then**
        Find = 1;
        return(Find, nonce, HashValue);
    end
end
return Find, 0, 0;

- 区块链的分支。通过接收不同用户的工作量证明结果，几个用户可以同时进行验证。当一个用户收到来自几个不同用户的正确通知时，同一级别的区块链上的几个区块会被追加，如图 1.7a 所示。区块链使用的是区块的时间性，需要从最近的候选区块中选择一个区块。因此，一个用户可以有几个不同长度的分支，区块链可以形成一个树状拓扑结构，如图 1.7a 所示。一个分支上的有效区块应该有最长的链。

使用哈希函数和由临时链接区块组成的区块链数据结构，使得交易信息难以造假。伪造需要修改由过去交易信息记录组成的区块链，且这些过去交易的哈希值还没有被链接。要做到这一点需要大量的机器算力。

有了比特币提出的基于区块链的虚拟交易系统，而不是仅利用机器的算力完成处理，公平交易被认为是合理和理性的。这项技术可以应用于任何可通过数字信息表示的事物。机器学习是一个信息处理系统，而区块链是一个介于信息处理之间的交易处理系统。我们可以看到，这两个过程组成了一个流水线处理系统。

1.5　机器学习的总结

1.5.1　与人工智能的区别

机器学习是一种归纳推理方法，与基于数学观察的传统演绎推理方法不同。学习或训练被应用于更新代表一个特征的参数，用于实现零损失函数。学习过程使用反向传播，其中错误信息从输出层传播到输入层，以计算参数所需的更新量，如权重和偏置。一个数学模型被称为深度学习或多层感知器。"人工智能"和"AI"这两个术语被广泛运用。人工智能包括各种基于归纳方法，因此可以作为一种模型，与当前的深度学习趋势无关——它是一种多层网络。

除深度学习外，当模型能够以合理的成本代表用户的问题时，最好采取人工智能方法。使用深度学习不应该是目的。因此，首先要对采样数据进行分析，然后考虑什么类型的模型适合这个问题，最后要逐步考虑什么规模的模型更适合表示，以及其目标硬件平台规格。

1.5.2　炒作周期

高德纳咨询公司每年都会展示炒作周期，显示技术的发展趋势。深度学习已经达到顶峰，并进入了实用阶段。这表明"寒武纪时期"的结束，客户关注的是实际应用，而不是实验室里的实验。因此，我们将通过训练和推理来满足对执行性能和功耗的更大需求，以便在与竞争对手的市场竞争中获胜。请注意，高峰并不意味着趋势的结束，而是意味着进入了一个实际的应用阶段。因此，市场可以在这样的峰值之后增长，需要有支持服务部署的工程技术。

CHAPTER 2

第 2 章

传统的微架构

本章介绍了自 20 世纪 80 年代开始的计算系统的历史，并对目前应用于计算系统的微处理器、图形处理单元（GPU）和现场可编程门阵列（FPGA）进行了描述。

首先，解释了微处理器、GPU 和 FPGA。传统微处理器的性能停滞不前，为 GPU 和 FPGA 硬件应用于通用计算创造了机会。

通过主要应用随时间推移所发生的变化，我们审视了计算系统的变化。我们回顾了计算行业的历史，观察各类机器学习硬件的形态。最后，我们讨论了执行性能的衡量指标。

2.1 微处理器

2.1.1 处理器核心的微架构

图 2.1a 是英特尔公司开发的世界上第一个微处理器 i4004 的掩模。图 2.1b 显示了一个近期的处理器核心的基本结构。最近的处理器包括一个单指令多数据（SIMD）流单元，除了传统的操作标量数据的操作单元外，还在多个操作单元上并行执行同一操作，以提高数据级并行性（DLP）[332]。

目前的微处理器是基于寄存器到寄存器的结构，但前提是源操作数已经通过缓冲区或外部存储器的加载 / 存储单元（LSU）进入寄存器文件（RF）。

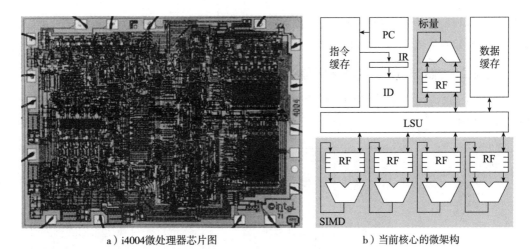

a）i4004微处理器芯片图　　　　　b）当前核心的微架构

图 2.1　微架构[47]

2.1.2　微处理器的编程模型

2.1.2.1　微处理器的编译流程

图 2.2 显示了一个编译流程。源代码引用了一个维护通用函数的库。编译器的前端编译源文件和通用函数，以及它们之间的链接，最后生成中间表示（IR）汇编代码。IR 是一种基于架构独立的指令集表示。程序被分为控制流的（多个）基本块，其中块的末端是一个跳转或分支指令。

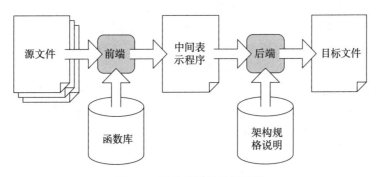

图 2.2　微处理器的编译流程

IR 用于编译器基础设施，通过从编译中划分出依赖架构的操作来支持各种指令集架构（ISA）。IR 程序被送入编译器的后端，它引用了与架构相关的约束条件，如 ISA 和资源可用性（RF 大小、功能单元支持等），最后生成一个目标文件，可以在目标计算机系统上运行。

后端对转换后的代码（称为 IR）程序进行优化，以适应目标微架构。优化包括删除不必要的常量和地址计算，控制流优化（如对分支预测和前瞻执行的代码重新排序），以及数据流优化（如向量化）。然后，IR 被转换为二进制代码。

2.1.2.2 微处理器上的编程模型的概念

图 2.3a 显示了一个程序的伪代码（左上）和汇编代码（左下）。该程序使用数组和一个 for-loop 结构。

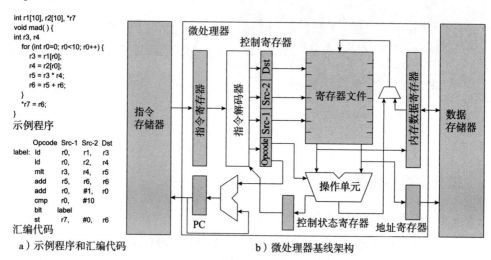

```
int r1[10], r2[10], *r7
void mad( ) {
int r3, r4
    for (int r0=0; r0<10; r0++) {
        r3 = r1[r0];
        r4 = r2[r0];
        r5 = r3 * r4;
        r6 = r5 + r6;
    }
    *r7 = r6;
}
```
示例程序

```
        Opcode  Src-1  Src-2  Dst
label:  ld      r0,    r1,    r3
        ld      r0,    r2,    r4
        mlt     r3,    r4,    r5
        add     r5,    r6,    r6
        add     r0,    #1,    r0
        cmp     r0,    #10
        blt     label
        st      r7,    #0,    r6
```
汇编代码

a）示例程序和汇编代码　　　　b）微处理器基线架构

图 2.3　微处理器编程模型

数组被转化成两个索引值，即数据存储器的基址和表示从基址开始的相对位置的索引（偏移量）。一条汇编语句（即一条二进制指令）使用程序计数器（PC）从指令存储器载入指令寄存器（IR），即哈佛结构，它将指令和数据地址空间各自分开操作，如图 2.3b 所示。指令解码器将 IR 值解码为一组控制信号。该信号决定应该进行哪种操作，源操作数在 RF 中的位置，以及目标操作数的位置（以存储其操作结果）。

一个典型的基本块在其末端有一个跳转或分支指令。一个 for-loop 被翻译成多次计算，指令被比较以检查循环上的重复次数是否达到条件，以决定是否退出循环，然后应用带有分支指令的条件性分支，如图 2.3a 底部所示。

比较结果存储在控制状态寄存器（CSR）中，下面的分支指令根据 CSR 值来决定下一个基本块。如果条件为真，PC 被更新为一个大于 1 或小于 1 的偏移值；因此，该分支做了一个条件性分支，跳到指令存储器地址上。

2.1.3 微处理器的复杂性

如图 2.4a 所示，作为逻辑电路集成的趋势，戈登·摩尔预测，晶体管的数量每 1.8 年将增加两倍，这被称为摩尔定律[271]。基于这一定律，我们可以在单位面积上扩展逻辑电路的大小，结果是减少了晶体管的栅极长度，从而减少了时钟周期时间，提高了执行性能，具有性能可扩展性。也就是说，我们可以预测未来的规格，由此可以预测线延迟、晶体管的数量、栅极长度和其他因素。因此，我们可以通过这样的比例系数来预测执行性能。

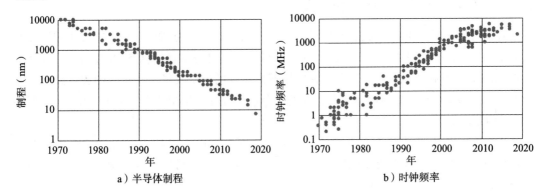

a）半导体制程   b）时钟频率

图 2.4　微处理器历史

然而，在 20 世纪 90 年代，尽管半导体技术拥有足够的资源（也就是设计空间），执行性能的提高速度却停滞不前。主要原因是难以缩小（扩展）栅极长度。

因此，很难扩展时钟频率。这往往会增加能量消耗（如本章后面所述），并增加设计的复杂性。我们可以根据逻辑电路的关键路径长度来估计设计的复杂性。

关键路径长度是在逻辑电路上引入最长路径延迟的最长路径长度。对于一个由多个逻辑电路组成的流水线，关键路径决定了时钟周期时间，从而决定了时钟频率。图 2.5 显示了流水线微处理器上的关键路径顺序及其各个阶段的复杂性。

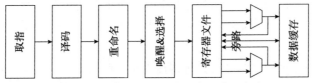

流水线阶段延时：$O(w^2)$ $O(w^2 \times IW^2)$ $O(pR^{1/2})$ $O(w)$

w：发射带宽　IW：指令窗口大小　p：端口数目　R：寄存器文件大小

图 2.5　微处理器流水线的缩放限制[347]

标量处理器的执行时间 T_{exec} 可以用以下公式估算，

$$
\begin{aligned}
T_{exec} &= T_{cycle} \sum_{i}^{N_{instr}} N_{cycle}^{(i)} \\
&\approx T_{cycle} \times CPI \times N_{instr} \\
&= T_{cycle} \frac{N_{instr}}{IPC}
\end{aligned}
\tag{2.1}
$$

其中 T_{cycle}、N_{cycle} 和 N_{instr} 分别是时钟周期时间，每条指令的执行周期数，以及执行的指令数。这个公式可以用每条指令的平均时钟周期数（CPI）或每时钟周期的平均指令数（IPC）来简化。

2.1.4　超标量处理器的优点和缺点

对于可以同时发出和 / 或执行多条指令的超标量处理器，处理器可以动态分析编译器产生的指令流，并执行多条指令，其中一组指令集合不会打断程序的算法及其结果。超标量技术有助于减少 IPC 和 N_{instr}。为多个并发执行而设计的流水线级逻辑电路的关键路径与用于独立指令检测（称为指令唤醒）和选择的指令窗口 $^{\ominus}$ 的平方 $IW^{2[285]}$，以及指令发射带宽的平方 w^2 成正比。

指令发射带宽 w 意味着有可能同时发射 w 条指令，以增加 IPC；在扩大 IW 指令窗口的规模时，可以扩大其在指令流中的分析范围，有可能找到可同时执行的独立指令而不会对程序造成损害，从而提高 IPC。

2.1.5　寄存器文件的规模

维护暂存变量的 RF 有一个规模复杂度，由 RF 中的寄存器 R 的数量，以及同时可访问的端口的数量 p 决定，如图 2.5 所示。较大的 R 和 p 值可以让指令中代表的更多的寄存器号被重新命名，使得独立的指令可以同时发射和或执行，从而提高 IPC[328]。

2.1.6　分支预测及其惩罚

对于流水线处理器，编译器生成的分支指令也决定了执行性能。分支指令改变了控制流程，决定了指令流的目的地。处理器根据前面指令的执行结果来决定分支目的地，称为分支目标地址（BTA）。因此，BTA 在很大程度上取决于用于分支条件的前一个指令结果。

在流水线处理器上的分支指令必须等待前面指令的结果，从而导致 IPC 因流水线停滞周期而减少，期间处理器无法发出分支指令。因此，典型的流水线处理器使用一种称为分支预测的技术来预测分支条件，并推测性地发射和执行指令，这被称为推测（前瞻）执行。因此，它不需要等待产生分支条件。

预测分支条件的数量越多，就有可能持有更多的 BTA，从而有可能更积极地实现推测执行。此外，为了提高预测的准确性，还采用了扩大控制流的分析范围，以及局部范围和全局范围相结合的方法 [318]。

漏掉的分支预测涉及一个惩罚，包括用于恢复错误控制流路径上的推测执行的许多时钟周期。惩罚是由发射阶段和产生分支条件的执行（在分支单元上）阶段之间的流水线阶段数

$\ominus$　指令窗口是一种用于执行多条指令的集中式集成方法；相反，我们可以使用一种基于保留站[353]的分布式控制，称为托马斯洛算法[365]，对指令进行调度技术。

量决定的。超级流水线旨在将一个基本的流水线阶段细分为更细的流水线阶段，在指令发射和指令提交之间往往有更多的流水线阶段。因此，当扩大流水线阶段的规模时，可能需要付出更多代价，即需要具有更高预测精度的分支单元。较低的预测精度会大大降低 IPC。

2.2 多核处理器

因为复杂性的原因，超标量技术和这里介绍的逻辑电路设计不能提供可扩展的便利。在目前的微处理器上，单个程序的执行性能停滞不前。此外，多个处理器核心形成了多核处理器，可以运行多线程。一个微处理器和高速缓冲存储器的单元集被称为核心。一个进程的最小执行单元被称为一个线程。利用多核的编译器尚未开发出来，因此，GPU 和 FPGA 被应用于计算系统。

2.2.1 众核的概念

众核处理器在一个芯片上集成多个处理器和缓存，即所谓的单芯片多处理器（CMP）。图 2.6 显示了一个具有 4×4 二维网状拓扑结构的众核处理器。图中表示为"C"的核心通过网络适配器与表示为"R"的路由器相连，核心与其他核心以及通过路由器与外部世界进行通信[362]。当前核心具有指令和数据共享的 L2 缓存存储器，以及 L3 标记存储器，用于输入来自其他核心的数据。

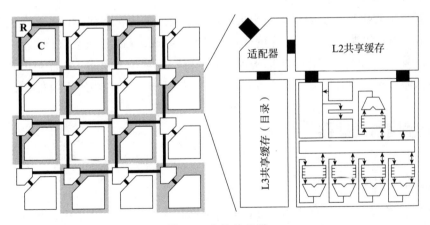

图 2.6　众核处理器

2.2.2 编程模型

2.2.2.1 一致性

基本上，众核微处理器可以在开发工具中作为一个单一的微处理器系统使用一个共同的编译流程，但是任务划分和通信需要其他工具。

对于多个数据存储，必须保证一致性。进程通信和一致性可分为两种情况：

（1）共享内存：隐式消息。隐式消息传递是一种共享内存的方法，其中一个内存地址空间被多个处理器共享。虽然不需要开发具有进程通信的程序，但需要对共享变量和一致性进行独占控制（用于在不同进程之间进行同步的机制）。最近的处理器有事务内存，可以推测地应用独占控制（称为锁）。

（2）分布式内存：消息传递。消息传递是一种分布式内存方法，其中每个处理器都有自己的内存地址空间，在处理器之间不共享变量。它使用多个处理器之间的消息分发和消息传递进行互相通信。消息传递在软件程序中使用消息传递接口（MPI）[272]的 API，并明确地对通信进行排序。它使用消息进行通信，因此不在进程之间共享变量，也不需要采取独占控制或保持一致性。

关于共享内存和消息传递类型的研究已经开展[226]。对于众核处理器，一个软件程序及其数据集为了适应核心被细分为工作集[152]，并且必须照顾到缓存内存架构，以避免在访问外部世界时出现缓存缺失，作为代价，这会在芯片上产生不必要的数据流。

2.2.2.2   用于多线程设计的库

OpenMP 用于共享内存系统的单一进程中的多线程。至少，它需要多个核心，如同步多线程（SMT），其中运行的线程有自己的上下文存储，如程序计数器、寄存器文件和控制状态寄存器，并同时共享功能单元。

对于线程，程序员需要明确地使用指示进行显式的编码，将代码的一些区域进行线程化。OpenMP 由一组编译器指示、库例程和环境变量组成，在运行时定义线程行为。

MPI 主要用于分布式内存系统的多进程。进程的数量是无限的。程序员需要使用 MPI 函数编写代码来定义消息接口的发送者和接受者。MPI 由一组库例程和环境变量组成。

2.3   数字信号处理器

2.3.1   DSP 的概念

图 2.7 显示了数字信号处理器（DSP）的架构。一个 DSP 由一个执行单元（EXU）组成，如图 2.7b 所示，在典型的数字信号处理（DSP）应用中，该单元采用乘加（MAC）操作。一个累加寄存器有保护位，以避免在累加时出现进位。因此，n 位保护位可以支持 2^n-1 倍的累加。为了在累加寄存器中存储数值，使用了截断法，以使数值符合 RF 中寄存器的数据字宽度。

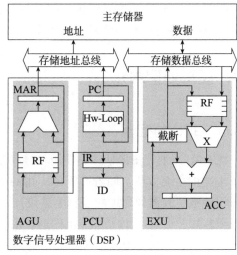

a）德州仪器TMS32020 DSP芯片照片   b）数字信号处理器

图 2.7 数字信号处理器[86]

2.3.2 DSP 微架构

2.3.2.1 DSP 功能

在 DSP 中任务（程序）通常会重复相同的操作；因此，需要一个硬件循环函数（图 2.7b 中显示为 Hw-Loop）来重复执行构成循环的程序片段。而且，它通常没有分支单元。但是它存在内存访问模式，因此，DSP 有一个地址生成单元（AGU）来生成特定模式下的内存地址，DSP 可能有一个很长的指令字（VLIW）ISA 来发出多条指令，并创建一个软件流水线。

首先，DSP 有一个整数和定点单元以及基于汇编语言的开发环境；目前的 DSP 有一个单精度浮点单元和编程语言，如 C 语言环境。最近的 DSP 在其数据通路中采用了 SIMD 配置，以提高 DLP 的执行性能，这在许多 DSP 算法中都有应用。为了简化硬件，微架构通常采取哈佛架构，在程序和数据之间划分地址空间。因此，DSP 有一个独立的内存地址总线、内存和访问路径。

2.3.2.2 DSP 寻址模式

DSP 应用使用典型的内存访问模式。编程语言中的指针可以用一个带有步幅因子、计数器和基址（偏移量）的仿射等式来表示。

该等式可以使用 MAC 操作或简单的累加器来实现。这两种方法都将基址设置为累加器的初始值，因此，这种方法假定处理器在 AGU 中拥有累加寄存器。累加器的实现有一个计数器，并通过达到计数的终点来进行累加。

典型的寻址模式是位反转，按位反转地址。寻址模式用于蝶形操作，如 FFT 算法。DSP 在 AGU 中可以有一个寄存器文件（RF），以保持该等式的三个值。

2.4 图形处理单元

2.4.1 GPU 的概念

在 GPU 之前，图形处理是使用硬接线逻辑电路实现的。二维图形处理是 20 世纪 90 年代前半期的主要方法。随着多媒体应用的引入，具有高分辨率的三维图形成为一种要求。可编程性被引入图像处理的逻辑电路设计，图形编程也随之诞生，开发者的图形算法可以部署到芯片上 [269]。架构从固定的图形流水线架构变为可编程的 GPU[278]。

基于多边形的三维图形包括大量的顶点和映射数据。然而，像素单元的处理是一项大工程，因此，从计算几何到三维图形往二维平面的映射，一直在重复相同的几组处理。因此，很容易得到数据级并行（DLP）。

2.4.2 GPU 微架构

GPU 被用于具有大 DLP 的通用计算处理，并推出了通用 GPU（GPGPU）或 GPU 计算 [278]。基于这一趋势，今天的 GPU 被用于高性能计算系统，而 GPU 有双精度浮点单元用于科学应用。图 2.8 显示了芯片照片和整个 GPU 结构。

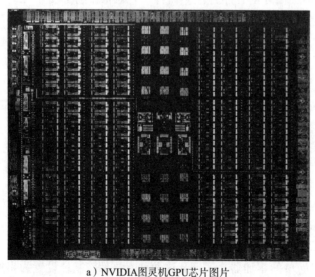
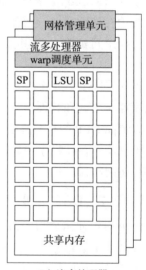

a）NVIDIA图灵机GPU芯片图片 　　　b）流多处理器

图 2.8　GPU 微架构 [221]

顶点和像素处理的工作负载是不均衡的，因此往往在芯片上实现低效处理。英伟达（NVIDIA）的计算统一设备架构（CUDA）的并行编程模型在同一个处理器上进行顶点和像素处理，并且支持动态负载均衡[244]。因此，英伟达可以有效地集中精力开发这样的处理器，如图 2.9 所示。

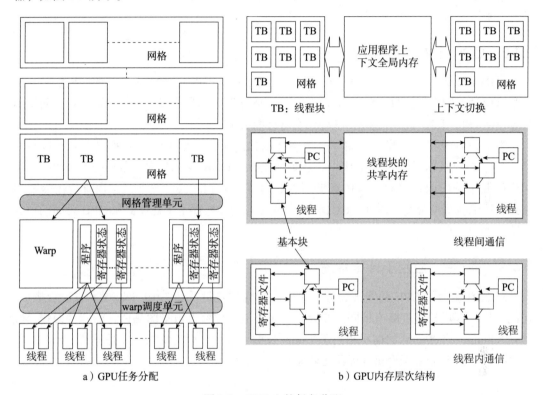

a）GPU任务分配　　　　　　　　　　　b）GPU内存层次结构

图 2.9　GPU 上的任务分配

英伟达的 GPU 由一个流多处理器（SM）组成。SM 由多个流式处理器（SP）组成，采取超标量架构而非向量处理器架构，并通过传统的编译器和工具进行合理的指令调度，实现标量运算。

同一种线程被打包并作为一个单元管理，称为线程块。SM 控制器将由 32 个线程组成的 Warp 分配给各个 SP（一个 SP 分配一个线程）。SM 中的线程有自己的程序计数器（PC）和上下文环境，独立执行一个线程程序。也就是说，SM 中的线程有相同的程序，但有自己的上下文，因此也有自己的控制流。一个栅栏指令（barrier）也被用来在线程之间进行同步。

NVIDIA 将这种线程技术称为单指令多线程（SIMT）。程序员不需要为他们的程序考虑基于 CUDA 和 SIMT 的架构参数。GPU 将多个线程块作为一个单元进行管理，称为网格，一个线程块被分配给一个 SM，SM 将一个上下文分配给一个 SP。

这改善了缓存的性能表现，并支持线程块级别的乱序执行、多 Warp 调度和上下文切换 [45, 48]。高带宽内存（HBM）从 2016 年开始使用。它集成了半精度浮点单元，称为 Pascal 架构 [78]。

最近的英伟达 GPU 有一个名为 TensorCore 的矩阵计算单元，以改善程序中的矩阵运算，主要用于深度学习应用 [296]。

2.4.3　GPU 上的编程模型

CUDA C 是一个标准 C 语言的扩展。它设置了一个可以在 GPU 上运行的核函数。为了在主机程序上调用核函数，程序需要用一个"global"注释来描述核函数，该注释表明该函数应该在 GPU 上运行。请注意，核函数有自己的名字。

为了设置线程块，我们使用了一个特殊的描述，它指出了线程块的数量以及哪些变量是用于编译核函数的。在程序中，我们需要用 CUDA 内存分配函数（cudaMalloc）为这样的变量分配内存资源，这相当于标准 C 语言中的 Malloc。此外，在执行后还需要用 cudaFree 函数释放分配的内存。CUDA 的内存复制功能实现了主处理器和 GPU 之间的数据传输。

2.4.4　将 GPU 应用于计算系统

图 2.10 显示了 GPU 的实现趋势。关于晶体管的数量，到 2010 年出现了对数级扩展，在此之后，其增长速度略有下降。今天，用于集成如此巨大数量的晶体管的芯片面积已经达到 800mm^2。800mm^2 的面积相当于 28mm 长的正方形，而传统的芯片是不到 10mm 长的正方形，GPU 比企业级众核处理器还要大。

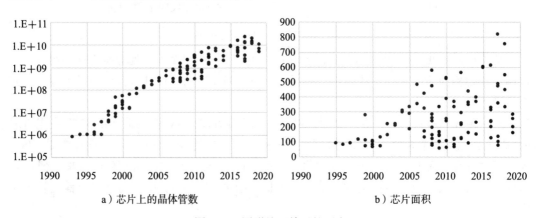

a）芯片上的晶体管数　　　　　　b）芯片面积

图 2.10　图形处理单元的历史

2.5 现场可编程门阵列

2.5.1 FPGA 的概念

在 FPGA 之前,人们使用可编程逻辑器件(PLD)和可编程逻辑阵列(PLA),它们用来模拟门阵列。这种器件和 FPGA 首先用于验证电气行为,在器件上开发用户逻辑电路来验证时间的减少,类似于一个测试平台。

FPGA 引入了基于查找表(LUT)的组合门仿真和互连网络,形成了一个分片阵列,这在下一节中解释。与 PLA 和 PLD 相比,这些基本组件实现了一个可扩展的架构。

2.5.2 FPGA 微架构

图 2.11a 展示了基于 SRAM 的 FPGA,它持有配置数据[122]。可配置逻辑块(CLB)用于配置组合逻辑。连接块(CB)连接互连网络和 CLB。开关块(SB)是垂直和水平网络之间的交汇处。在本书中,配置数据及其配置的逻辑电路被称为用户逻辑电路(或简单地说,用户逻辑),以区别 FPGA 的用户逻辑电路和平台逻辑电路。一组 CLB、CB 和 SB 组成了一个分片,被复制放置在芯片上。

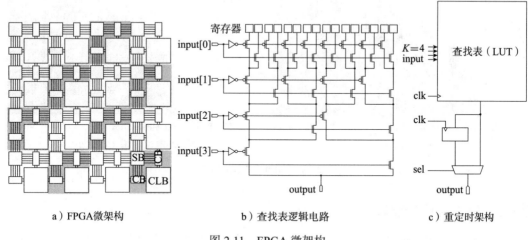

a)FPGA微架构　　　　b)查找表逻辑电路　　　　c)重定时架构

图 2.11　FPGA 微架构

CLB 相当于一个有 1- 位条目的真值表,并采取由多路复用器的二进制树组成的 LUT,如图 2.11b 所示[137, 136]。该 LUT 依据 K 个单比特输入,从 2^K 个 1 位数据中选择一个 1 位数据。如图 2.11c 所示,LUT 的输出有一个重定时寄存器用于保持数据,以反馈信号给用户逻辑并实现一个有限状态机(FSM)。

CLB 上的信号通过 CB 和 SW 来改变其方向。互联网络中的多条线被捆绑在一个轨道上，也可以捆绑在不同长度的几个轨道上；这种互联网络架构实现了平台上用户逻辑的有效映射，避免了网络上的多余延迟。它还提高了网络资源的利用率。这种互连网络结构被称为信道分割分布[122]。Xilinx 的 Virtex 架构将基于分片的排列方式修改为基于列的排列方式，将相同的逻辑复制到单列中，以提高集成密度。

图 2.12a 显示了 Xilinx 的单片 FPGA 的 LUT 数量，其中左边是 XC2000，最右边是 Virtex7。请注意，这个图不是基于时间线的，没有绘制低端产品，如 Spartan。Xilinx 在 XC4000 上通过增加 LUT 的数量来配置随机逻辑电路。XC6000 不使用 LUT，但使用 CLB 的多路复用器。Virtex 架构之后的 FPGA 产品，没有增加 LUT 的数量，但增加了片上存储器（称为存储块）的大小，以减少对外部存储芯片的访问，并减少访问数据时的延迟，最大限度地实现并行多数据访问。由此，实现了并行数据处理。此外，如图 2.12b 所示，许多由乘法器和加法器组成的 DSP 块（不同于传统的数字信号处理器）被集成在芯片上，以支持 DSP 算法。DSP 块有助于最大限度地减少用户逻辑电路的占用空间[233] 而不是实现数据通路。DSP 块有助于计时，而且有可能实现高频率。

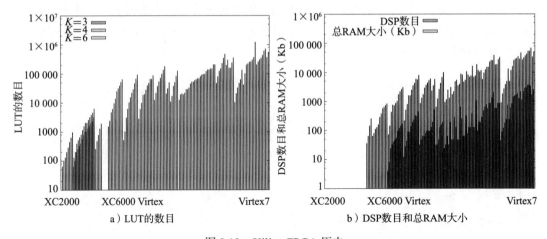

a）LUT 的数目   b）DSP 数目和总 RAM 大小

图 2.12   Xilinx FPGA 历史

2.5.3   FPGA 设计流程

FPGA 上的硬件开发流程类似于寄存器传输级（RTL）编码和特定应用集成电路（ASIC）的仿真验证；与此相同，在对目标 FPGA 器件进行综合、放置和布线后，产生配置数据的位流，并对配置数据的 FPGA 下载进行验证。最近的工具支持用于硬件开发的软件编程。C 语言是这类工具中的典型代表，程序被翻译成硬件描述语言（HDL）[125, 35]。如图 2.13 所示。

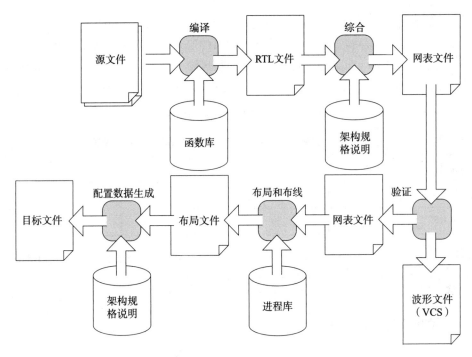

图 2.13 FPGA 编译流程

2.5.4 将 FGPA 应用于计算系统

FPGA 是为逻辑电路验证（测试）而发明的，它被设计用来配置任何数字逻辑电路，通过改变具有这种配置信息的配置数据来实现；基于 SRAM 的 FPGA 可以被多次使用，通过将配置数据恢复到 SRAM 来实现重新配置。

在 20 世纪 90 年代末，FPGA 供应商声称，从设计到上市的时间（称为上市时间）已经缩短[39]。目前的趋势包括较少的变体生产和当前 ASIC 上巨大的非经常性工程（NRE）成本，使用 FPGA 来压制成本。重新配置的能力使得可以在 FPGA 上补丁更新配置数据，用户逻辑电路的小 bug 可以在发布到市场后通过重新配置来修复。

目前的 FPGA 有许多存储块和许多由乘法器和加法器组成的 DSP 块，因此，FPGA 可以应用于片上系统（SoC）。放置在芯片上的许多存储块减少了外部存储器访问的数量，因此可以减少数据访问的延迟；此外，多个存储块可以并行地执行多个数据访问，因此，FPGA 可以用于 DLP 应用。通过 DSP 块的集成，为 DSP 设计的用户逻辑电路可以应用于相对较高的时钟频率。目前的 DSP 块可以进行整数和定点算术运算，也可以进行浮点算术运算，因此，各种应用都可以使用 FPGA[62]。

FPGA 对任何用户逻辑电路都有一个通用的配置。因此，与使用 ASIC 的实现相比，它的等效门数更少，时钟频率更低，功耗更高，如表 2.1 所示。就微小的基准逻辑电路而言，

FPGA 上的等效门数、时钟频率和功耗与老式的第三代和第四代 ASIC 相当。存储块和 DSP 块的集成增强了旧的设计空间。使用具有这种旧的等效世代的 FPGA 是由较高的 NRE 和 ASIC 实现的制造成本所支持的；但是，也有一种风险，即 ASIC 制造后逻辑电路中的错误是无法修复的。因此，今天的 FPGA 被用来降低成本和缩短上市时间。

表 2.1　FPGA/ASIC 实现对比表 [233]

比较点	仅逻辑电路	逻辑电路和存储块	逻辑电路和 DSP	逻辑电路、DSP 和存储块
面积	32	32	24	17
关键路径延迟	3.4	3.5	3.5	3.0
动态功耗	14	14	12	7.1

最近，FPGA 被用于高性能计算。英特尔公司收购了 Altera 公司（一家 FPGA 供应商）[54]，并提议将 FPGA 与企业微处理器整合在一起 [68]。

2.6　特定领域架构的前景

2.6.1　过去的计算机行业

图 2.14 显示了过去 35 年中计算机行业的历史。大规模生产带来了低价格的芯片和产品，并促进了芯片商业化。最初，应用需要单个程序的执行性能，因此，设计的重点是指令级并行（ILP）。在 20 世纪 90 年代，多媒体应用，如图形、音频处理和游戏被引入。对于这样的应用，高执行性能是关注的重点。

处理器供应商把单指令流多数据流（SIMD）技术，也就是 DLP 处理方法之一，作为次级的并行性 [241, 298]。通过在处理器上对 DLP 和 SIMD 操作的编译器进行优化，多媒体 ASIC 市场被摧毁。在 20 世纪 90 年代后半期，外部存储器访问延迟成为新的问题 [124]，微处理器的设计复杂性使其执行性能停滞。2000 年后，多个处理器核心被放在一个芯片上，多个线程同时执行，利用线程级并行（TLP），并承诺为客户提供完整的执行性能。然而，由于缺乏适合多核系统的应用开发和编译器技术，实际上有许多核心无法得到利用。

在过去的十年，移动电话的使用率呈爆炸性增长，技术驱动力从个人电脑转变为对功耗敏感的移动设备；因此，将各种逻辑电路集成在单个芯片上作为一个系统的 SoC 诞生。但是处理器供应商仍然专注于执行性能而不是功耗，而大多数客户的关注点已经从个人电脑转向移动设备，在他们的主张和客户需求之间产生了差距。也就是说，供应商预测的规格要求出现偏差。

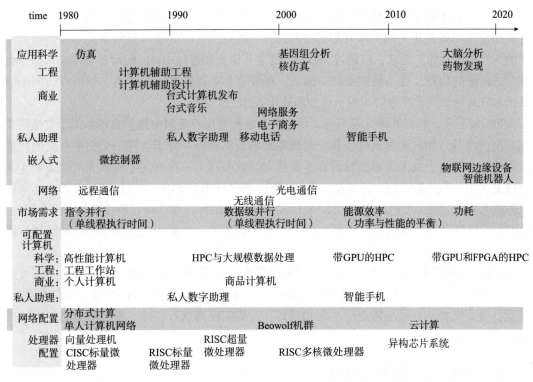

图 2.14　计算机行业历史

架构不适配应用特性，正如第 4 章中 Makimoto 的 Wave 所描述的那样，创造了将 GPU和 FPGA 引入计算机市场的机会。GPU 用于具有巨大 DLP 的应用，而 FPGA 则用于具有复杂控制流并且需要更高的执行性能的应用。FPGA 可以配置用户逻辑电路，达到接近老一代 ASIC 架构的性能；此外，更新能力允许进行早期部署，可以在发布后进行错误修复和更新。

最近的客户趋势已经从对更高的性能需求转变为对能效的需求。

2.6.2　机器学习硬件的历史

深度学习由矩阵运算组成，如附录 A 所述，机器学习硬件需要具有高性能的矩阵运算单元，内存和矩阵运算单元之间的带宽均衡，内存访问灵活，从而实现更好的能效。

在 CPU 上进行矩阵运算需要重复执行，在循环部分和进行标量操作时会产生不必要的执行开销，因此也不能利用神经网络模型中的巨大 DLP。虽然 CPU 适用于执行涉及复杂控制流的指令集合，但神经网络没有这样复杂的控制流。一半的核心面积被使用了程序局部性的缓存存储器所消耗，缓存内存的层次结构不适合具有不同局部性模式的深度学习应用，因此，使用 CPU 进行矩阵运算是不必要的。

GPU 实质上是为矩阵操作而设计的，并且图形处理中的几何计算是一种矩阵操作：因此，GPU 可以利用神经网络模型中的巨大 DLP。然而，它有一个特定的逻辑电路，其中包含许多在图形处理相关的工作时不必要的部分。此外，它不具备神经网络模型所需要的灵活的内存访问功能。而且，以超过 800mm^2 的芯片面积和超过 1GHz 的时钟频率来执行，会带来 300W 的功耗，这是很重要的。因此，尽管它具有高性能运算能力，但内存访问不够灵活和较高的功耗是严重的问题。它的能效比 ASIC 低得多。

FPGA 有单比特运算的计算节点，可以按要求配置用户逻辑电路。它可以用于直接的实现方法并且其应用被配置成一个几乎是硬接线的逻辑电路。对于这样一个更细粒度的计算节点，在 FPGA 上由大位宽组成的算术操作会导致时间上（在互连上有巨大的线延迟）和空间上（大量的互连资源）的开销。一块 FPGA 相当于几代之前的老式 ASIC。因此，从能效角度来看，它处于 CPU、GPU 和 ASIC 实现的中间位置，而且没有杀手级的应用；因此，FPGA 的应用一直是有限的。然而，在附录 A 中描述了一个基于二进制运算的神经网络模型的研究，FPGA 有可能引领机器学习硬件。

ASIC 的实现在资源、线延迟、功耗和封装的设计限制方面具有自由度。它不仅可以在专门的逻辑电路中实现，也可以在通用的逻辑电路中实现，硬件可以根据需要自由设计。因此，适合机器学习模型特点的实现和设计，可以实现高执行性能、低能耗的目标，从而提高能源效率。

2.6.3　重新审视机器学习硬件

由于传统微处理器的执行性能停滞不前，以及 ASIC 实现的成本和风险较高，已经开发出一种将 FPGA 投放市场的方法，并在修复错误和达到目标市场份额后用它来替代 ASIC[38][43][40]。在这种情况下，设计要求逻辑电路的兼容性，以及 FPGA 和 ASIC 之间接口的电气等效性。

与其说是开发一种新的方法，不如说是通过大规模生产提供一种符合特定应用领域特点的可编程 LSI，以获得更高的执行性能、更低的功耗和更低的成本。机器学习硬件的发展也符合这种趋势。机器学习硬件的研究从 20 世纪 90 年代就开始进行，然而，由于应用范围极其狭窄，在通用微处理器上基于软件执行的进步已经超越了这种硬件进步。机器学习硬件已经失去了进入市场的机会。[352]

最近，传统的计算机系统在执行性能方面的改进有限，并且功耗变得更高。此外，随着信息和通信技术的发展，应用厂商可以从互联网上获得大量的数据。机器学习研究人员在推理准确率方面也取得了突破性进展，需要更高的执行性能和更低的功耗。由于这些需求，目前正在积极研究机器学习的硬件开发。2018 年是机器学习硬件市场的开始。

图 2.15 显示了国际计算机体系结构研讨会（ISCA）和国际微体系结构研讨会（MICRO）的研究趋势。最近，关于处理器核心架构（即 CPU）的研究有所减少，而关于机器学习硬件包括加速器和可编程 LSI（即 ACC）的研究则迅速增加，如图 2.15a 和 2.15b 所示。

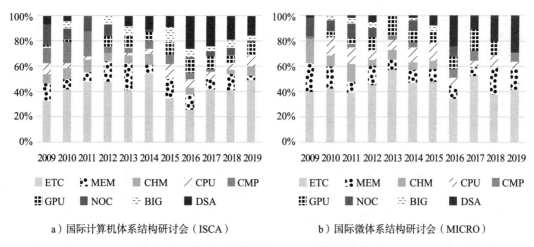

a）国际计算机体系结构研讨会（ISCA）　　　b）国际微体系结构研讨会（MICRO）

图 2.15　计算机体系结构研究的最新趋势

图 2.16 和 2.17 显示了机器学习硬件的时钟频率和功率消耗。GPU 的相关内容也一同绘制；它们的功耗是以热密度功率（TDP）为单位的。

研究人员在设计硬件架构时，在时钟频率和以晶体管数量计算的芯片规模之间有各种平衡。采用旧半导体工艺的芯片往往具有较低的时钟频率。这种趋势的主要原因是栅极长度较长，相对来说，它的时钟频率应该比老工艺提供的低。然而，它的频率可以高于 500MHz。硬件设计者可以尽可能照顾到资源的利用，从而融合多个算术单元，并引入更长的关键路径。

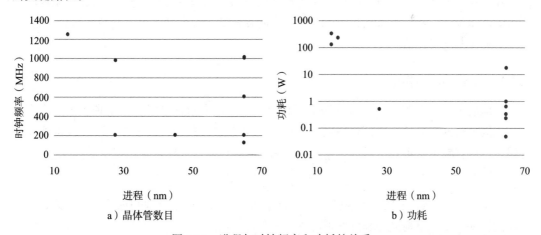

a）晶体管数目　　　　　　　　　b）功耗

图 2.16　进程与时钟频率和功耗的关系

此外，更大的芯片可能有更高的时钟频率，因为在大空间进行设计时，容易进行流水作业。功耗与时钟频率成正比，因此，具有较高时钟频率的大芯片往往具有较高的功耗。

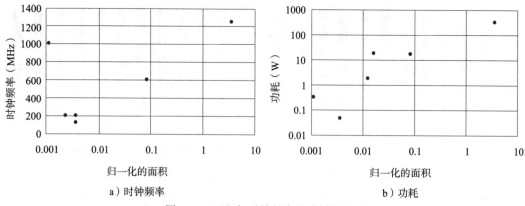

a）时钟频率   b）功耗

图 2.17   面积与时钟频率和功耗的关系

一个使用 12nm 工艺技术的 GPU 需要超过 800mm² 的芯片面积。关于机器学习硬件，28nm 和 65nm 等旧工艺技术需要的芯片面积为 50mm² 或更小。与 NVIDIA TITAN X 相比，机器学习硬件实现了高达十几倍的执行性能和更低的时钟频率（不到一半），并且功耗降低了 100 倍。因此，它实现了极高的能源效率（比 GPU 的能源效率高 100～1000 倍）。

2.7   执行性能的衡量指标

架构师的目标是在一定的约束条件下，如工人数量、可用时间和预算，尽可能地提高执行性能和减少功耗。进行性能建模（对性能的评估），架构师根据分析结果改进架构，进入逻辑电路设计。执行性能可以根据延迟和 / 或吞吐量、每秒操作数、能耗和功耗、能效、利用率和成本进行评估。

2.7.1   延迟和吞吐量

响应时间，即延迟，对于推理服务是很重要的。这个指标可以根据推理请求和产生的响应之间的时间来计算。训练一般需要一个小批次（在第 1 章中描述），每个 epoch 所需的时间（后面解释）很重要。延迟 T_{latency} 可以表示如下，

$$T_{\text{latency}} = N_{\text{cycle}} \times f \qquad (2.2)$$

其中 N_{cycle} 是执行所需的时钟周期数。这个指标可以应用于推理和训练。请注意，一个产品的一些规格包括前处理和后处理所执行的时钟周期。

吞吐量是一个用来考虑每单位时间获得的结果数量的指标。在机器学习应用的场景中，这可以是每秒钟的推理数量。例如，图像识别可以通过每秒的帧数作为帧率进行评估。吞吐量 N_{th} 可以用 T_{latency} 表示如下，

$$N_{\text{th}} = \frac{1}{T_{\text{latency}}} \qquad (2.3)$$

要注意的是，这个指标没有考虑问题的规模，因此，这个指标的使用要谨慎。例如，没有考虑物体检测中的图像大小，因此，计算和存储要求是独立的指标。

2.7.2　每秒的操作数

每秒的操作数（OPS）显示了在单位时间内有多少操作可以被执行。

$$OPS = N_{op} \times f \tag{2.4}$$

其中 N_{op} 是一个周期内的操作数，因此，我们通过乘以时钟频率 f 得到 OPS。一般来说，由于时钟频率在千兆赫的数量级上，而硬件在一个周期内要进行数千次操作，我们用每秒一万亿次的操作（TOPS）作为数值。图 2.18 显示了 OPS 的评估流程图。OPS 的峰值可以根据操作单元的数量乘以时钟频率来计算。

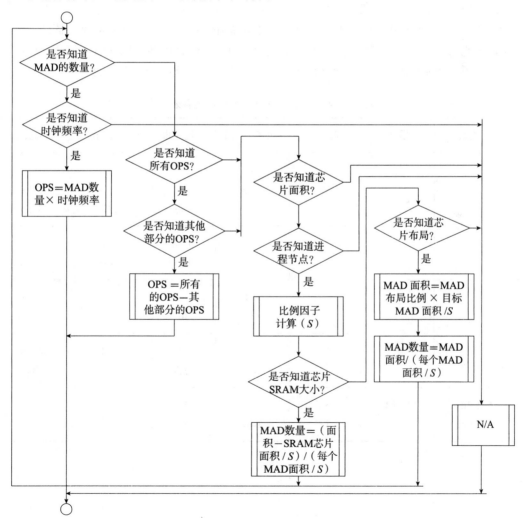

图 2.18　OPS 评估流程图

这里，N_{op} 表示一个芯片上的 DLP。因此，MAC 或 MAD（乘加）的数量，N_{mac}，是 DLP 的峰值。因此，N_{op} 可以被估计如下。

$$N_{op} \leqslant 2N_{mac} \tag{2.5}$$

2.7.3 能耗和功耗

逻辑电路的主要能耗是由组成操作所需的门的数量决定的。能耗 E 可以表示如下：

$$E \propto V_{dd}^2 \times C \times A \tag{2.6}$$

其中 V_{dd}、C 和 A 分别是电压、电容和芯片面积与有效面积之比。因此，电压 V_{dd} 的缩放是有效的。然而，一旦丹纳德微缩定律达到了终点，我们就不能再期望进一步降低，因为晶体管中存在电流泄露问题。

表 2.2 显示了台积电 45nm 工艺节点上的主要能耗，我们可以看到外部存储器访问消耗了大量的能量[183]。一般来说，能耗 E 的单位是按每一个时钟周期来统计的，因此，功耗 W 可以由每周期的能耗乘以时钟频率 f 得到。图 2.19 显示了功耗的估计流程图。

表 2.2　45nm CMOS 工艺制程的能耗表[183]

数据类型	操作	精度（位）	能耗（pJ）	能耗成本	面积（μm²）	面积成本
Int	加	8	0.03	1	36	1
		16	0.05	1.67	67	1.86
		32	0.1	3.33	137	3.81
	乘	8	0.2	6.67	282	7.83
		32	3.1	103.33	3495	97.08
Float	加	16	0.4	13.33	1360	37.78
		32	0.9	30	4185	116.25
	乘	16	1.1	36.67	1640	45.56
		32	3.7	123.33	7700	213.89
SRAM Read	（8KiB）	32	5	166.67		
DRAM Read		32	640	21333.33		

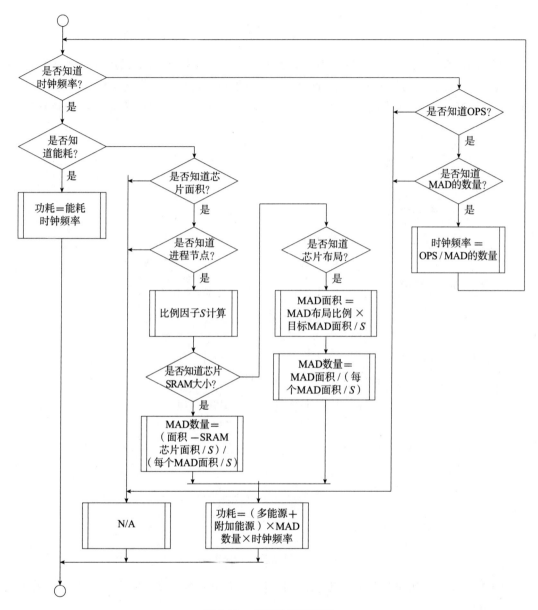

图 2.19 功耗估计流程图

2.7.4 能效

这个指标显示了推理和训练的执行性能和能耗之间的平衡。在功耗的情况下，这被称为功效。这些指标显示了硬件架构的内在潜力。能效 EE 可以通过以下方式获得。

$$EE=\frac{OPS}{E} \tag{2.7}$$

图 2.20 显示了功效的估计流程图。如表 4.1 所示，在第 4 章后面描述的丹纳德微缩定律终结后，功耗以 S 的数量级增加。此外，执行性能可以通过工艺节点以 S 的数量级增强。因此，以 TOPS 除以功耗的方式计算的功率效率显示了独立于工艺节点的硬件架构的潜力。

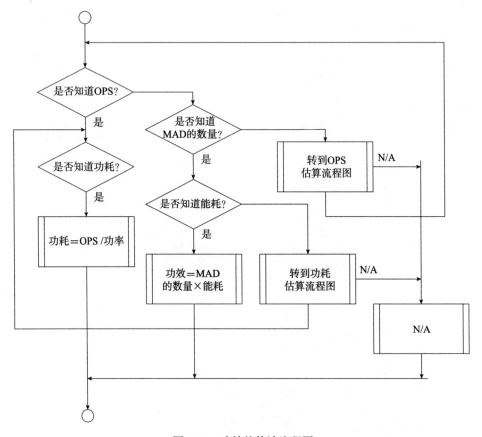

图 2.20　功效的估计流程图

图 2.21 显示了如何利用功效来考虑所设计的硬件结构的潜在性能。图中画出了每项功耗的 TOPS。

当架构师考虑硬件架构的可扩展性时，架构师可以通过从零到该点画线预测可扩展性。如果这条直线在亚线性域内，则表示难以扩展 TOPS，容易增加功耗，与 TOPS 的增长成反比。对于一个多余的 TOPS，架构师预测功耗不容易减少，或者功耗的标度表明在 TOPS 的执行性能方面有困难。

当有两种硬件架构时，我们可以根据功效来比较其潜力，如图 2.21a 和 2.21b 所示，分别从执行性能和功耗的角度来看。在 TOPS 的情况下，我们看一下在相同的瓦特预算下是如何得到的。一条亚线性域线显示了功耗的快速增长和 TOPS 的轻微增长。相比之下，一条超线性域线显示了 TOPS 的快速增长和功耗的轻微增长。

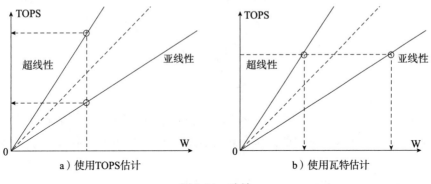

图 2.21 功效

这意味着对直线的斜率进行检查，单位功耗的 TOPS 显示了执行性能的架构潜力。在功耗相同的情况下，我们可以对 X 轴使用同样的方案。当执行性能（即 TOPS）富余时，我们可以缩减执行性能。当我们认为功耗太贵时，我们也可以缩减执行性能。因此，与亚线性域相比，超线性域不容易降低功耗。

图 2.22a 显示了研究和一些产品的效率。关于功效，它清楚地显示了一个线性，即使它是基于 FPGA 的。基线是 1 TOPS/W，最高的功率效率是 3.2TOPS/W。

图 2.22b 显示了面积效率，它使用的是半导体工艺的归一化面积。因为每个周期的峰值运算数是根据芯片上的算术单元数量决定的，所以具有较高 TOPS 的芯片往往具有较大的芯片面积。

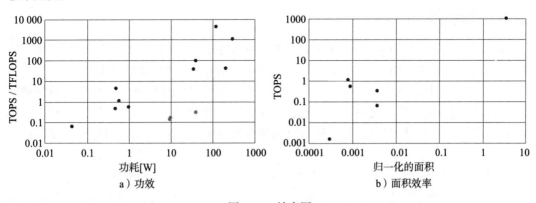

图 2.22 效率图

2.7.5 利用情况

在总的执行时间中，有多少计算资源是活跃的，这是需要检查的一个考虑因素。这种利用率 U 是用以下公式计算的。

$$
\begin{aligned}
U &\geqslant \frac{\text{OPS}}{T_{\text{latency}}} \\
&= \frac{N_{\text{op}} \times f}{N_{\text{cycle}} \times f} \\
&= \frac{N_{\text{op}}}{N_{\text{cycle}}}
\end{aligned}
\tag{2.8}
$$

因此，这是一个平均速率，表明在一个周期内进行了多少次操作。一般来说，$N_{\text{op}} < N_{\text{cycle}}$。为了提高利用率，一个极其简单的方法是融合流水线的多个阶段，因此，N_{cycle} 可以很容易地减少。

此外，可以用 N_{th} 和 OPS 来估计利用率，如下所示。

$$
U \approx N_{\text{th}} \times \text{OPS}
\tag{2.9}
$$

吞吐量 N_{th} 不包括问题（输入）大小的情况，因此，利用率也不包括问题规模。因此，简单地观察利用率，在这种考虑方面会产生失败的风险。利用率只对基于证据的方法有效。

此外，利用率可用于有效的数据级并行性时的操作数 N_{op}，如下所示。

$$
N_{\text{op}} = 2N_{\text{mac}} \times U
\tag{2.10}
$$

因此，为了达到更高的利用率，执行周期的数量应该接近芯片上的操作单元数量，具体如下。

$$
N_{\text{cycle}} \approx 2N_{\text{mac}}
\tag{2.11}
$$

2.7.6 数据重用

如表 2.2 所示，主要的能量消耗是由存储访问引起的。通过基于时间局部性的数据字的重用，任务可以减少存储访问的数量，因此，这种技术有助于减少能量消耗。

在传统的基于微处理器的系统中，数据的重复使用可以通过每个内存地址的加载所需的时钟周期数来衡量。这种参考期限表明地址上的数据字的时间局部性，接近一个周期的值表明时间局部性较高。具有较低时间局部性的数据字可以成为到片外存储器的候选者。

关于基于处理元件（PE）阵列的架构，最大的数据重用可以通过数据流的关键路径长度近似计算出数据重用在阵列上的寿命。因此，这一现象意味着较长的关键路径可以获得较高的数据重用率；但是，它需要一个较长的延迟。在基于 MAC 架构的情况下，每个周期都会发生累加器的重用时间，而关键路径是输入向量的长度。因此，它返回执行时钟周期的总数。我们需要找到最佳重用率和关键路径长度。

通过一个程序，我们从一个循环体中获得数据的重用。让我们用下面的例子语句来讨论可重用性。

$$A[i] = \alpha A[i-N] + \beta \qquad (2.12)$$

其中 α 和 β 是标量,语句引用 N 个距离的数组元素。而向量 A 的重用持续时间包括每一步,向量的元素由偏移量 N 决定。这种状态有一个参考持续时间(存活时间)N,这意味着向量 A 的元素在 N 步之后被访问。因此,缓冲区需要有 N 的长度。一般用于卷积引擎的行缓冲区就是一个例子。

在基于微处理器的系统中,编译器需要通过检查索引来检查每个张量的存活时间。当 N 超过缓冲容量时,它需要插入存储和加载指令。此外,如果 N 是一个动态变量,编译器不能知道存活时间,也不能调度变量,因此,我们不能使用缓冲区。

2.7.7 面积

芯片面积表示在实施限制条件下,需要多少硅用于硬件架构的实现。图 2.10a 显示了 GPU 的门的数量。图 2.10b 显示了 GPU 的芯片面积。我们可以通过工艺制程节点下的芯片上的晶体管数量 N_{xtor} 和门长或线距 S_{xtor} 来粗略估计芯片面积 A_{die}:

$$A_{die} \approx \frac{N_{xtor}}{S_{xtor}^2} \qquad (2.13)$$

然而,这个等式忽略了金属层上的布线。布线率决定 A_{die},关系如下,

$$A_{die} \approx \max\left(\frac{N_{xtor}}{S_{xtor}^2}, \frac{N_{wire}^2}{S_{wire}^2}\right) \qquad (2.14)$$

其中,N_{wire} 和 S_{wire} 分别是使用金属层的互连网络上的导线数量,以及金属层的线距。

这个等式意味着,在 $\frac{N_{xtor}}{S_{xtor}^2} \gg \frac{N_{wire}^2}{S_{wire}^2}$ 情况下,该架构需要过多的互连网络资源。此外,

$\frac{N_{xtor}}{S_{xtor}^2} \ll \frac{N_{wire}^2}{S_{wire}^2}$ 表示本地布线流量巨大,因此,关键路径延迟相对较长,不能获得更高的时钟频率。因此,流水线设计是必要的,虽然增加了流水线寄存器上的功耗。

2.7.8 成本

这个指标用于确定在一定时期内设计、实施和制造所需的预算是多少。设计成本有非经常性工程(NRE)成本,如设计工具、知识产权(IP)和硬件约束库的许可费。制造成本包括芯片面积、产量、工艺节点、晶圆规模和其他因素。这些因素决定了芯片的价格,如第 4 章所述。

图 2.23 显示了设计系统所需的整个成本是如何增加的,以及它的细分[115]。最近的工艺节点,如 7nm 节点可能需要超过 2.9 亿美元。未来的 5nm 工艺将需要更多的成本,大约是

目前 7nm 工艺的两倍，如图 2.23 所示。值得注意的地方包括软件设计和验证硬件设计的成本。系统软件需要大约一半的设计成本。验证过程是一个主要部分，如图 2.24 所示。

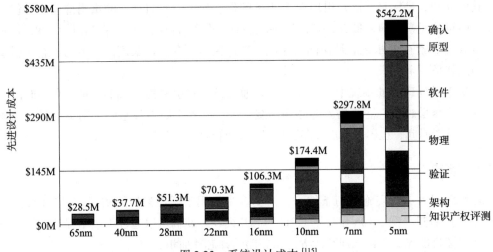

图 2.23　系统设计成本 [115]

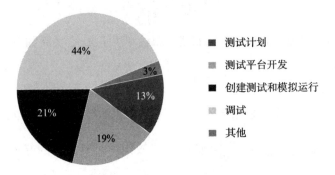

图 2.24　验证时间分布 [274]

　　复杂的硬件在时间和预算方面会引入不必要的验证。此外，如果一个供应商想做一系列的产品，一个临时的扩展会在软件开发和硬软件验证方面造成更多困难。因此，所需的验证随着这样的规律而增加。这很容易增加验证过程的调试时间。

第 3 章

机器学习及其实现

本章描述了机器学习的基本架构。首先，解释了构成神经网络的神经元，接着介绍两种类型的机器学习模型。

3.2 节描述了神经形态计算，它应用了神经科学，在考虑其功能的同时，也考虑了大脑的结构和激发理论。神经形态计算考虑了激发的时间（在 3.2.1 节描述），因此其硬件考虑了时序。基本架构是通过激发系统来解释的。此外，3.2.3 节还描述了一个地址 – 事件表示法（AER），用于同步和传输脉冲（详见 3.2.1 节）。

3.3 节讨论了神经网络，即众所周知的深度神经网络（DNN）和深度学习。描述了三种基本的神经网络模型，即 CNN、循环神经网络（RNN）和自编码器（AE）。接下来，本章解释了基本的硬件架构。对于有兴趣探索基本神经网络模型的数学模型的读者，附录 A 提供了基础知识。

3.1 神经元及其网络

图 3.1a 显示了我们的脑神经。神经元之间相互连接，形成了一个神经网络。大脑中的神经细胞被称为神经元。

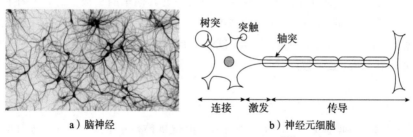

a）脑神经　　　　　　　　　　　　b）神经元细胞

图 3.1　大脑中的神经和神经元 [192]

图 3.1b 显示了构成我们大脑主要部分的神经元。神经元之间的连接发生在树突尖端的突触上。来自前面几个相连的神经元的离子[○]增加了神经元上的电压，在越过阈值时产生一个信号脉冲。这种脉冲（spiking）被称为激发（firing）。一个脉冲通过轴突，到达下面神经元的突触。

来自前一个神经元的离子电流通过突触的情况被观察到。突触根据来自前一个神经元的脉冲和来自该神经元的脉冲之间的时间差异改变其连接的强度。这种强度的变化是基于到来的脉冲的时间差异，或所谓的脉冲时序依赖可塑性（STDP）。似乎我们的大脑利用STDP 的特性来学习。

神经元可以被形式化地表示出来，如图 3.2a 所示。突触处的连接强度可以表示为一个权重系数；此外，每个突触处的电导率决定了到达的离子，从而决定了神经元的电压，从而输出一个信号，当神经元被激活时，偶尔会出现脉冲。这被称为形式化神经元模型[259]。因此，一个神经元网络可以由轴突和激发节点的加权边来表示。

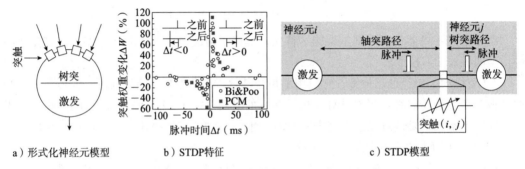

a）形式化神经元模型　　　　b）STDP特征　　　　　　c）STDP模型

图 3.2　神经元模型和 STDP 特征及模型 [234]

过去几十年间提出的机器学习包括决策树[294] 和自组织映射（SOM）[229]；目前的机器学习方法至少是应用了神经科学的一种功能，它不仅考虑了功能，而且考虑激发系统的方法，该方法被称为脑启发计算。

脑启发计算（brain-inspired computing）可以分为两种类型，神经形态计算系统，以及使用浅层和深层神经网络硬件的系统。前一种方法在其硬件中应用神经元动态来实现高效的处理，而后一种方法则在神经元中应用具有非线性活动的统计数据。常见的是，这两种方法都应用非线性函数来产生输出，而输入则通过加权边。也就是说，来自前面的神经元的加权信号（神经形态计算中的脉冲或神经网络中的其他东西）被加总，并在神经元的某个条件为真时激发。在神经形态计算的情况下，如果一个神经元的膜电位（加权边的电流之和）超过某个阈值，就会发生激发。在 DNN 的情况下，典型的脉冲是基于一个非线性激活函数，如一个 sigmoid 函数。

○ 这些通常被称为神经递质。在本书中，当它们被映射到逻辑电路（硬件架构）上时，它们被称为离子。

3.2　神经形态计算

神经形态计算也被称为脉冲神经网络（SNN）。这样的计算使用曼－马里安函数的脉冲和它的结构来推理，而学习则使用 STDP。

3.2.1　脉冲时序依赖可塑性和学习

对于一个特定的神经元，它与前一个连接的神经元的连接强度与激发条件有关，并与学习机制有关。对于一个突触（有效强度），来自前一个神经元的脉冲到达突触的时间，以及来自该神经元的脉冲到达突触的时间，决定了与突触的连接强度，反映了神经元中的电流，从而决定了激发。也就是说，时间上的差异决定了构成学习机制的 STDP[257]。在实现神经形态计算的学习机制时，这一特性应该用硬件来实现。本节介绍了用图 3.2c 所示的 STDP 进行学习。

对于来自一个特定神经元的脉冲，在脉冲到达之前，突触是通过长期电位（LTP）运作的，它在脉冲和突触之间创造了一个持久的强度关系，从而增加了突触上的连接强度。对于来自前一个神经元的脉冲，在一个特定的神经元到达之前，突触是通过长期抑制（LTD）运作的，它在脉冲和突触之间创造了一个持久的弱点，从而降低了突触上的连接强度。LTP 和 LTD 的特点是时间持续时间较短，但效果较好。

对于通过激发来改变有效强度，一个特定的神经元上的激发和前面连接的神经元上的激发之间较短的持续时间有一个指数函数，它可以用一个等式模型得到。也就是说，我们可以通过突触的定时持续时间函数建立一个突触上有效强度的指数函数模型。

在前一个相连的神经元上激发后，特定的神经元上的激发有一个正的持续时间（时间之间的差异），因此这是 LTP。在前一个相连的神经元上激发之前，在特定的神经元上激发具有负的持续时间，因此这就是 LTD。当绝对持续时间较长时，电导率的变化较小，持续时间较短，因此电导率的变化呈指数级增长。

脉冲机制可以用文献 [330] 中指出的等式进行建模。让我们假设时间信息不与神经元共享，而激发是基于离子的干扰，这影响了突触上的有效强度。我们设在神经元 i 和 j 之间的突触处，在时刻 t 时，特定神经元 j 的电压为 $V_{\text{neuron}}^{(j)}(t)$，前面的连接的神经元 i 的电压为 $V_{\text{neuron}}^{(i)}(t)$。这样，我们得到这两个神经元的电压随时间变化的表示分别为 $V_{\text{neuron}}^{(j)}\left(t+\delta_i^{(j)}\right)$ 和 $V_{\text{neuron}}^{(i)}\left(t+\delta_i^{(i)}\right)$，其中 $\delta_i^{(j)}$ 和 $\delta_i^{(i)}$ 是从激发开始计时，到达突触的延迟时间。神经元 j 上的脉冲函数 $f^{(j)}(*)$ 和有效强度 $w_i^{(j)}(t)$ 可以引入神经元 j 体上的总离子 $I^{(j)}(t)$，如下：

$$I^{(j)}(t)=\sum_i w_i^{(j)}\left(t-\delta_i^{(j)}\right)V_{\text{neuron}}^{(i)}\left(t-\delta_j^{(i)}\right) \tag{3.1}$$

有了这样的离子$I^{(j)}(t)$，我们可以利用$f^{(j)}(*)$对时刻t时的神经元j的电压$V_{\text{neuron}}^{(j)}(t)$进行建模，如下所示：

$$V_{\text{neuron}}^{(j)}(t)=f^{(j)}\left(I^{(j)}\left(t-\delta_i^{(j)}\right)\right) \tag{3.2}$$

当$V_{\text{neuron}}^{(j)}(t)\gg0$，神经元$j$在时刻$t$激发并产生一个脉冲。如图3.3a所示，脉冲可以用两个sigmoid函数来表示，一个用于离子的增加，另一个用于扩散。突触上的有效强度$w_i^{(j)}(t)$可以用学习系数$1>\epsilon>0$和电导率的梯度$\Delta I_i^{(j)}(t)$来表示，具体如下：

$$w_i^{(j)}\left(t+\delta_t\right)=w_i^{(j)}(t)+\epsilon\Delta I_i^{(j)}(t) \tag{3.3}$$

其中$\delta_t>0$是一个最小的时间刻度。因此，学习等同于更新有效强度，即从硬件实现的角度来看，权重w可以被看作是电导率。电导率的梯度可以用电流的差异来表示，如下所示。

$$\Delta I_i^{(j)}(t)=I^{(j)}\left(t+\delta_i^{(j)}\right)-I^{(i)}\left(-\left(t+\delta_j^{(i)}\right)\right) \tag{3.4}$$

STDP的特性如图3.3b所示，其中假设强度w处于峰值。

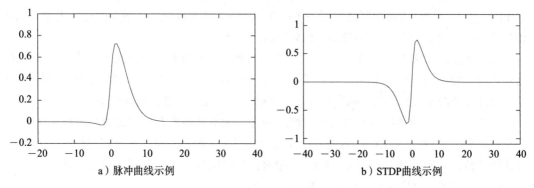

a）脉冲曲线示例   b）STDP曲线示例

图3.3   脉冲和STDP曲线

3.2.2   神经形态计算硬件

图3.4显示了一个神经形态计算架构。一般来说，脉冲是一个单位脉冲，只要电压超过阈值，就会在一个特定的时间内激发。硬件上的时间是由AER保证的，如3.2.3节所述。一个神经元有一个由多个突触组成的树突，和一个激发单元。整个细胞体被称为体细胞。图3.4中显示了五列簇集。这就在硬件约束下创建了一个具有任何拓扑结构的图。一个典型的方法是在单元q中有一个交叉开关和路由器，并在芯片上复制单元。一个脉冲与一个神经元胞体（soma）集群共享，这使得它有可能组成一个复杂的图。

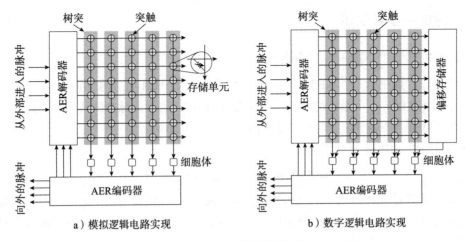

图 3.4 神经形态计算架构

当到来的信号超过阈值时,神经元中的激发单元可以被激发。当神经元激发一个脉冲时,脉冲被发送到连接的神经元,其中可以包括它自己,根据连接的突触权重更新其离子电流。AER 编码器将格式化的内容应用于输出,并输出到另一个单元或反馈到自身。这个模块形成了一个核心部分,并复制了整个大脑的组成。

实现神经形态计算的硬件有两类。连接到体细胞的突触上的脉冲和电导率 w 与体细胞上的总离子之间的乘积,即点积运算,可以用数字或模拟逻辑电路来实现。

(1)模拟逻辑电路。 点积是用一个模拟逻辑电路实现的。树突上的突触是用一个存储单元实现的,它把有效强度 w 作为它的电导率来记忆,如图 3.4a 所示。一个树突构成了存储单元阵列。一条来自定时同步器的输出线,称为 AER 解码器,相当于传统存储单元阵列上的一条地址线。对于一个特定的时间,一个以上的输入脉冲可以从 AER 解码器转发到存储单元阵列上的地址线,每个树突都会根据电导率输出一个读出值。对于存储单元上的每个突触,输入脉冲的电压和电导率在读出线上产生一个输出电流。多个电流在一条读线上,因此相当于记忆单元上的乘法,这些值(电流)的结点相当于总和,因此它们构成了树突上的模拟点积操作。我们可以使用相变存储器(PCM)、电阻式 RAM(ReRAM)和自旋转移扭矩 RAM(STT-RAM)等存储单元。

(2)数字逻辑电路。 树突上的突触阵列可以用一个交叉开关阵列来实现,如图 3.4b 所示。在一个特定的时间,AER 解码器输出一个输入脉冲到交叉开关阵列的一行。该脉冲通过交叉点,当交叉点打开时,相当于一个突触。输入脉冲是与多个树突共享的,因此,交叉的多个输出是可能的。神经元体(激发单元)输入脉冲。需要积累 N 个脉冲来模拟 N 个突触,N 个脉冲被输入到交叉阵列上,以实现离子的总量 I。此外,脉冲是基于 I 的激发,用逻辑电路来实现。因为突触是用交叉开关做的,突触上的电导率有一个类似于脉冲的单位值,需要一个调整方法来调整激发条件。数字逻辑电路模型可分为同步逻辑和异步逻辑。

3.2.3 地址 – 事件表示

3.2.3.1 地址 – 事件表示的概念

神经形态计算使用一个 AER 来表示一个脉冲。一个 AER 由 ID 数组成,用于寻址系统中的神经元和突触。一个激发的脉冲被依次发送到由 ID 表示的脉冲的目标神经元。也就是说,它在互联网络中以分时(时间多路复用)方式发送脉冲。

我们可以将 AER 定义如下,

$$AER = \{\{x_0, t_0\}, \{x_1, t_1\}, \cdots, \{x_{n-1}, t_{n-1}\}\} \tag{3.5}$$

其中 x_* 是神经元在时刻 t_* 上被激发时的神经元 ID,时刻 t_* 可以不是一个数字。基线模型可以通过对每一个时间点的编码来完全表示脉冲的存在,因此它不是一个数字,但这意味着非脉冲也被编码到时间线上。

图 3.5 显示了基于 AER 的脉冲传输方法。在左边,激发的神经元产生脉冲。每个神经元都有自己独特的 ID,图中标注为 1～4。脉冲的单位是高度,可以送入时间线上的编码器。当单位时间内没有脉冲时,这样的状态可以表示为"零"。AER 码可以通过解码器在目标硬件上进行解码。

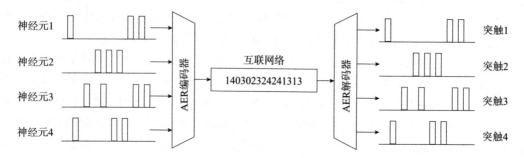

图 3.5 基于 AER 的脉冲传输方法

在二维布局的情况下,神经元被安排在一个完整的网络拓扑结构中。因此,N 个神经元需要一个 $2\log_2 N$ 位的地址代码。该地址可以被布置成 $\log_2 N$ 位的行地址和 $\log_2 N$ 位的列地址。

目标神经元有可能在一个不同的核心和 / 或不同的芯片中。因此,有必要识别目标神经元、目标核心和目标芯片,因此需要一个寻址机制。在同一时间,可能会有多个激发。因此,集成了一个仲裁逻辑电路,或简单地将多次激发视为碰撞[119]。它使用 FIFO 来缓冲等待发送的脉冲。这需要每隔 Δ/n 时间[119]就进行一次地址转换、传递和逆转换,其中 Δ 和 n 分别是激发的持续时间和同一时间的最大激发数量。在这个约束条件下,该架构可以被扩展。

3.2.3.2 用于 AER 的路由器架构

有两种方法来实现 AER 数据包的路由器。

一种方法是使用传统的片上网络（NoC），它是基于目标地址的。另一种方法涉及使用基于标记（Tag）的路由。

AER 数据包的目标地址不能有多个目的地，因为 NoC 架构只支持点对点通信，如图 3.6a 所示。因此，进行扇出（将一个 AER 数据包广播到多个目的地）需要多次传输。因此，它有一个由目的地数量限制的硬时间约束。这种方法可以根据仲裁能力服务于多个输出。

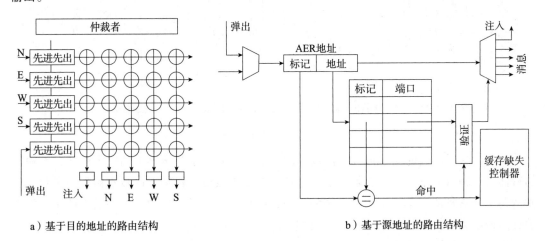

a）基于目的地址的路由结构　　　　　　　　b）基于源地址的路由结构

图 3.6　用神经形态计算的路由器

AER 数据包可以有一个源地址来表明它来自哪里，因此路由器需要持有路由信息来发送至下一个邻居路由器。图 3.6b 显示了这种方法的路由器的一个例子，它使用缓存内存的方法作为查询表来确定目的地。这种方法可以有多个目的地，在二维网状拓扑结构的路由情况下，它最多可以有四个目的地。这种方法必须照顾到缓存缺失，这意味着表中没有 AER 数据包的信息，因此缺失涉及外部内存访问和停滞。

3.3　神经网络

神经网络模拟哺乳动物大脑的功能，并应用统计方法。一个严重依赖统计方法的模型有时被称为统计机器学习。神经元体将输入数据乘以权重，并利用它的总和在激活函数中形成一个激活。我们在这里介绍常见的神经网络模型，之后，将介绍硬件实现的常见方法。

3.3.1 神经网络模型

追加在输入数据上的预期结果被称为标签或教学数据。在神经网络中，不使用可与神经形态计算相媲美的随机图结构，而采用明确的层结构，如图 3.7a 所示。此外，输入数据被称为向量，因为它们由多个标量元素组成。

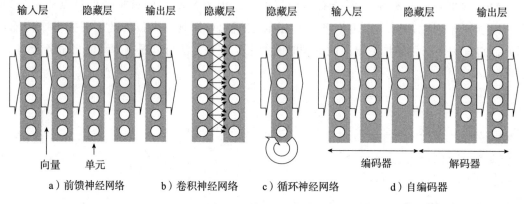

图 3.7　神经网络模型

此外，激活函数的输出被称为激活。前一层的输入向量是该层上的输入激活，而输出的激活可以输入到下一层。突触上的传导性被表示为权重，树突上的权重被称为参数，权重的每个元素被称为单个参数。在图的拓扑结构集合中，对于参数，每一层上的激活类型被称为网络模型，或者简单地说，是模型。对于一个网络模型，作为设计目标的整个模型被称为架构，包括学习机制和方法。

值从输入（底层）层传播到输出（上层）层，神经网络有时被称为 FFN，或多层感知器（MLP），因为它由多层组成。神经网络被分为两种类型，即浅层神经网络和 DNN。

3.3.1.1 浅层神经网络

浅层神经网络在输入和输出层之间有一个中间层（隐藏层）。

（1）支持向量机。 支持向量机（SVM）是一种模型，包括逻辑回归[139]。逻辑回归被应用于在输入向量的特征分布域中创建一条边界线，用边界线做成的区域有一个特定的类别，并创建一个组。通过学习，可以得到制造边界线的参数，其中输入数据拟合到该区域中，在推理时表示其类别。

一个 SVM 在学习过程中不探索最佳边界线，而是根据学习得到的特征图的点的最近距离来推断输入向量的类别。这使得在学习时，输入向量的分布有了一个索引的群体。而逻辑回归为一个 n 维的输入向量，确定 $n-1$ 维的边界，SVM 等价于确定 n 维区域。例如，在 $n=2$ 的情况下，逻辑回归只有一条曲线，而 SVM 在曲线上有一个作为区域的边际。因此，SVM 有时被称为最大边际分类器，因为需要学习以最大化边际。SVM 是一个常用的模型，类似于逻辑回归，用于信息之间的结构性相关程序。

（2）**玻尔兹曼机**。玻尔兹曼机（BM）由可见神经元和隐藏神经元组成，其中每个神经元组成一个输入层和一个隐藏层[164]。隐藏层表示一种依赖关系，表达输入层持有的观察数据元素之间的相关性。它学习的是概率分布[208]。

BM 是一个单向的图模型，被称为马尔可夫随机场（MRF）。通过使用吉布斯分布，它代表了以 MRF 为概率变量的概率分布，一对可见变量和隐藏变量的联合概率分布被表示出来。此外，通过引入潜在变量，我们从联合概率分布中获得可见变量之间的依赖关系。由于模型的复杂性，在 BM 上进行训练的设计很困难，因此需要有关实施和变化的提示。一个受限的 BM（RBM）将神经元约束为一个二分图，因此，在同一层的神经元之间没有连接[313]。这被用于降维、分类、协同过滤、特征学习和主题建模等因素。

3.3.1.2 深度神经网络

在输入层和输出层之间有一个以上的中间层（称为隐藏层）的神经网络被称为 DNN，或深度学习。

（1）**卷积神经网络**。一个 CNN 由一个卷积层和一个池化层组成[279]。卷积是图像处理中常用的一种过滤操作。在图像识别任务中，卷积层提取特征。CNN 将滤波器系数作为权重进行学习。池化是一个插值层，保证了图像中物体位置的差异。

通过卷积和池化的堆叠，并通过复制这样的堆叠，输出层侧（output layer side）获得了高的上下文，也就是说在每一层都获得了特殊的特征，输出侧层（output side layer）实现了高的上下文，最后识别出物体是一个分类问题。

卷积在二维输入数据上操作一个具有特定元素的过滤，这些数据可以用线性维度表示。然后，该节点以特定的模式连接到下面的节点，它并不连接到所有下面的节点，如图 3.7b 所示。此外，还可以增加一个归一化层来补偿这样的对比。

（2）**循环神经网络**。一个 RNN 被用于序列数据[279]。序列数据在信息元素之间有一个顺序，该顺序构建了元素之间的关联性。序列的长度是可变的。RNN 从序列数据内部提取特征，它可用于音频重新校验、视频识别和由序列数据组成的文本数据。

如图 3.7c 所示，一个 RNN 在一个层上有循环的边，其功能是对前面的加权输入（特征）进行记忆。为了支持一个单元中的长时程记忆，使用了长短期记忆（LSTM）。这样的记忆单元在一个节点上有几个门，如输入门、输出门和复位门。每个门由加权边和类似于点积运算的激活函数组成。

（3）**自编码器**。AE 不是一个递归网络，一个特定的网络模型有一个倒置的顺序，倒置的网络被附加到原始网络模型上[310]。一个 M 层的网络模型在其顺序上被倒置（排除和删除第 M 层），并将这个模型附加到原来的网络模型上，如图 3.7d 所示。对于一个由 2（$M-1$）层组成的 AE，第 M 层和第 2（$M-1$）层分别相当于输出层和输入层。训练在 AE 的输入层和输出层之间没有区别。没有输出层的原始模型被称为编码器，而反转的模型被称为解码器。编码器输出一个推理。这意味着我们在没有老师的情况下获得推理和学习的参数。一个 AE 可以用来获得参数的初始值，这被称为预训练 [279]。

这里介绍了一个 CNN、一个 RNN 和一个 AE。大多数深度学习模型结合或修改这些来设计一个用户定义的模型。例如，深度置信网络（DBN）是一个堆叠 RBM 的模型 [195]，它被用于识别和生成模型，如在图像、视频序列和运动捕捉数据等不同的数据类型中 [151]。

设计中最有趣的一点是获得优越的参数，在超参数的设计中提供高度精确的性能，这些参数包括学习率和正则化系数（如附录 A 所述）。这些都涉及模型的设计，此外还有 epoch（一个批次中重复学习的次数）、批次大小和其他因素（在附录 A 中描述）。在这个领域已经进行了大量的研究。

（1）贝叶斯优化。调整超参数涉及获得准确代表某一特征的良好参数，为了引入高推理精度，需要经验和对设计空间进行探索。研究已经应用高斯过程（GP）来优化超参数，参数更新已经被用于涉及敏感性分析、一致性调整和预测的实验 [331]。

贝叶斯优化通过构建函数的概率模型来寻找最小结构，进而参考函数的当前评价。一个具有最小结构的非凸函数可以用相对较少的重试次数找到。

（2）优化学习。已经提出了优化算法，以获得在学习阶段更新得更好的参数，如基于人工处理的算法。为了减少工作量，已经设计了一种使用机器学习获得这种参数的自动算法 [111]。

通过准备网络模型来优化参数，使用目标网络模型的误差信息来更新参数。在优化网络模型和目标优化网络模型之间采用循环的参数更新。

（3）深度生成模型。生成式模型通过使用概率模型生成数据集。一般来说，这用于生成学习用的输入数据和 / 或获得具有特定特征的学习参数。特别是，一个用 DNN 模型构建的生成模型被称为深度生成模型（DGM）[224]。

一个 DGM 由标记的和未标记的生成模型组成。未标记的数据被视为不完整的数据，并使用概率密度函数。DGM 可以与深度学习相结合，可以用少量的标记数据进行有效的学习，并取得比普通深度学习模型更高的精度。

3.3.2 以前和现在的神经网络

一个神经网络可以被表示为一个图。图可以用矩阵表示，对于神经网络来说，自然可以用矩阵运算来表示。此外，它需要超过 2 阶的张量，因此，张量操作具有神经网络的代表性。一个图由节点和连接节点之间的边组成。

在神经网络中，一个节点是一个激活函数，一条边是一个加权链接。加权边用于对来自前一个节点的信号乘以一个权重。加权边被送入节点并对输入进行求和，其结果被用于激活函数。激活函数的输入由矩阵中的点积运算表示（2 阶）。一个边连接不是随机的（除了第 6 章所述的 dropout），它有一定的模式，并构成一个特定的拓扑结构。一个拓扑结构可以是一个分形[236]。此外，还有几个利用层，如在一个残差网络中，几个子网络的附加输出，以及前面的子网络的串联。也就是说，在图的表示中使用了分叉和连接。

有一个问题是，在激活函数数量不变的情况下，哪一个更好，即，在较大的层数和较小的层中激活函数数量，以获得较高的上下文，或者在较小的层数和较大的层中激活函数数量来获得层中的表示能力。我们应该简单地选择最佳的层数和每层中激活函数的最佳数量。关于训练，反向传播可以用一个加权路由来表示。因此，如果一个深度学习处理器架构也考虑到训练，就有必要考虑这样的路由。

基于这样一个框架的深度学习模型有两种类型：静态模型和动态模型。静态模型不能在运行时改变图的结构，但动态模型可以。Chainer、PyTorch 和最近的 TensorFlow 支持动态模型。

静态模型以顺序的方式执行，在控制流下，没有分支流。一个循环是用静态地址计算来表示的。因此，在这样的处理器中，我们不需要一个分支预测单元来完成深度学习任务。此外，地址计算可以在编译时进行分析，并准备好一个有用的数据结构；因此，我们不需要缓存存储器。我们可以实现地址计算和数据结构之间的权衡，从而实现优化。从整体上看，传统的计算架构并不符合深度学习任务的特点。我们可以去掉一个不必要的逻辑电路单元，增加一个新的单元来提高执行性能。

以前实现神经网络的架构的方法是解决外部内存访问的主要问题，并减少内存访问的数量及其传输流量。然而，我们必须考虑支持动态图组成的及早求值（Eager evaluation），因此，以前的静态图执行方法在不久的将来将不能很好地工作。此外，各种激活函数已经被提出，而硬连线实现需要一定的复杂性。此外，随着流水线式机器学习的发展，多个机器学习作业被链接起来并作为一个流水线进行操作，对未来具有未知任务特征的神经网络的支持将非常重要。

TensorFlow、PyTorch、Caffe2、Chainer 和其他各种框架已经被开发出来，研究人员和架构师可以选择他们喜欢的框架。每个框架都有自己的优点和缺点。通过选择一个适合神经网络模型设计要求的框架，用户可以在所设计的神经网络模型上获得更好的性能。很快就会支持一个跨平台。通过使用 ONNX[99]，一个特定框架的神经网络可以迁移到另一个框架。此外，通过支持自己的编译器后端，一个神经网络模型可以被映射到各种设备上。NNVM 的 TVM[95] 是一个专门用于深度学习任务的编译器后端。这些工具将在第 5 章中简要介绍。

3.3.3 神经网络硬件

如图 3.8 所示，有两种类型的实现方法：数字逻辑电路和模拟逻辑电路。这里介绍的是一种数字逻辑电路的实现。在模拟处理中使用的点积类似于神经形态计算方法。

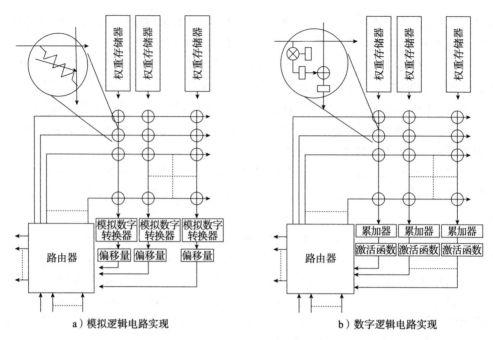

a）模拟逻辑电路实现　　　　　　　　b）数字逻辑电路实现

图 3.8　神经网络计算架构

3.3.3.1　点积的实现

神经网络的硬件结构如图 3.8 所示。

一个模拟实现需要一个非易失性存储单元来进行乘法运算。它的输出在输出线上相加，在 soma 体块上形成点积运算。一般来说，模拟数字转换器（ADC）被用来创建一个数字值，该数字值被送入偏移量（图 3.8a 中的"off"），以支持一个负值并根据其激活函数创建一个激活。

数字实现应用了一个算术单元阵列，如图 3.8b 所示，并进行了 MAD 运算；soma 上的一系列 MAD 实现了点积运算。输出被累计（ACC）以支持大规模的点积，累加器可以有一个初始偏置值。该乘积被送入激活函数（Act）逻辑电路。

有三种方法来进行点积运算。

（1）**MAC 方法**。作为一种方法，乘法 - 累加（MAC）对一个 n 个元素的向量操作数需要 n 个步骤。为了提高性能，通过对向量进行细分并准备多个 MAC，MAC 被并行应用，最后将部分和相加。

（2）**加法器树**。这种方法不复制多个 MAC 单元，而是复制乘法器，用于激活和参数之间的乘法；结果被送入加法器树，如图 3.9a 所示。加法器树有一个树形拓扑结构和一个特定的根，并执行部分求和。在大规模张量的情况下，操作数被细分，子张量被转移到乘法器中；最后，在最后阶段应用累加器。

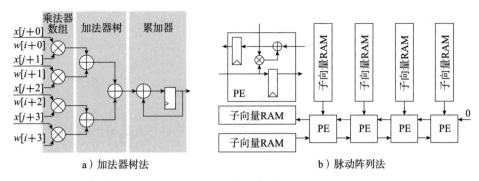

图 3.9　点积操作方法

（3）**脉动阵列法**。多个处理元素（PE）使用相同的模式进行连接，连接使用数据依赖性，或者协调投影映射函数，将依赖图映射到网格空间上，进行连接。数据被送入，结果被输出到外部或保持在每个 PE 中，并系统地执行。这种范式被称为脉动阵列处理[232]。一般来说，程序中的循环部分被应用于这种结构，因此，矩阵运算和卷积运算是典型的应用。图 3.9b 显示了一个矩阵乘法的一维映射。对于一个比物理空间更大规模的设计空间，需要对片段进行分割和调度。

MAC 方法应用于时间处理域，而加法器树方法使用空间域。一个脉动阵列方法可以在时间和空间处理域之间进行协调[268]。因此，用户可以将循环程序的一部分自由地投射到时间域和空间域，并可以实现资源和执行周期之间的权衡。一般来说，具有脉动阵列的硬件有一个固定的（静态）协调。可重构计算（RC）硬件具有协调的可能性，其中一个典型的例子是 FPGA。FPGA 有一个可配置逻辑块（CLB）的 1 位操作节点，而粗粒度可重构架构（CGRA）有一个中等大小或更大的节点粒度[186]。

表 3.1 总结了点积运算的三种实现方法。为了简单比较加法器树和脉动阵列，让我们考虑 $N=r^n$ 和 $M=r^m$。关于步骤数，它们之间的平衡点可以是这样的。

$$M \log_r r^n = M + 2r^n + 1 \tag{3.6}$$

因此，

$$n = 1 + 2r^{n-m} + r^{-m}$$
$$\approx 1 + 2r^{n-m} \tag{3.7}$$

表 3.1　三种方法的比较

方法	步骤	乘法器	加法器
MAC	$O(M(N+1))$	$O(1)$	$O(1)$
加法器树	$O\left(M\lfloor \log_r N \rfloor\right)$	$O(N)$	$O\left(r^{\lceil \log_r N \rceil} - \lfloor \log_r \left(N - r^{\lfloor \log_r N \rfloor}\right) \rfloor - 1\right)$
1D 脉动阵列	$O(M(N+1))$	$O(N)$	$O(N)$
2D 脉动阵列	$O(M+2N+1)$	$O(MN)$	$O(MN)$

因此，我们得到了一个平衡点，在加法器树和脉动阵列方法之间创造了大致相同的步骤，如下所示。

$$m \approx \log_r \frac{2r^n}{n-1}$$

$$\approx n - \log_r(n-1)$$

（3.8）

因此，需要超过$n - \log_r(n-1) < m$的单位才能达到加法器树方法的相同执行性能。然而，在脉动阵列的情况下，规模必须在$n - \log_r(n-1) > m$之内。

图 3.10a 显示了矩阵 – 向量乘法所需的步骤，其中矩阵形状为 $M \times N$。注意加法器树需要基数 2。对于 MAC 方法，步骤的数量是线性增加的。MAC 方法总是需要很多步骤。加法器树对于小规模的矩阵是优越的；然而，脉动阵列对大规模的矩阵更优，如图 3.10b 所示，它展示了加法器树和脉动阵列之间的步骤比例。

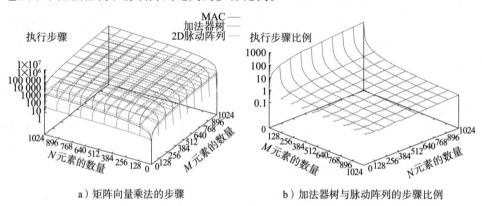

a）矩阵向量乘法的步骤　　　　b）加法器树与脉动阵列的步骤比例

图 3.10　不同的点积实现的执行步骤

图 3.11a 显示了在 45nm 工艺节点上使用表 2.2 的单精度浮点数的点积的面积要求。与图 3.11a 所示的单精度浮点数所需面积相比，32 位整型或值（相当于定点数表示的数值）所需面积不到其三分之一。如图 3.11 所示，加法器树需要的面积总是比脉动阵列小。

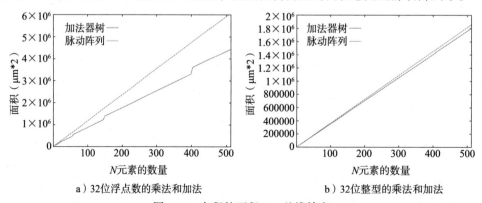

a）32位浮点数的乘法和加法　　　　b）32位整型的乘法和加法

图 3.11　点积的面积 -I：基线精度

图 3.12a 显示了用半精度浮点数做乘法，用单精度浮点数做加法的点积的面积要求。与图 3.12b 所示的乘法用 8 位整型和加法用 32 位整型相比，加法器树方法需要的面积范围与图 3.12a 所示相同。

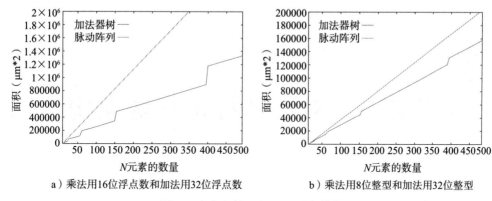

a）乘法用16位浮点数和加法用32位浮点数　　　　b）乘法用8位整型和加法用32位整型

图 3.12　点积的面积 -II：混合精度

3.4　用于模拟实现的内存单元

用于并行计算几个点积的模拟逻辑电路，使用一个内存单元阵列并配置几个树突构成的阵列来实现。

一个内存单元使用特定技术存储一个权重，该单元通过权重电阻输出电流；最后，结点电流就是点积值。在从每个位线读出时，结点电流有一个预激活值。

因此，通过将交叉阵列与对应于交叉点的存储单元组合，可以在交叉阵列上进行矩阵 - 向量运算。然而，不能使用负值，因此，预激活需要一个偏移量来调整，以达到一个正确的值，或者在进行脉冲函数之前，必须应用一个预处理。

- 相变存储器（Phase Change Memory，PCM）。PCM 利用非晶态相和结晶相之间的变化特性。通过迅速减少存储单元中的电脉冲，该单元被改变为具有较高电阻的非晶态相。这个阶段可以通过缓慢地减少脉冲来改变为具有较低电阻的结晶相。

- 电阻式 RAM（ReRAM）。ReRAM 在金属层之间有一个绝缘层，导电丝在绝缘层中形成一个导电路径，该路径认定较低的电阻式记忆单元。记忆是利用记忆单元中的电阻值随应用电压的变化而变化。

- 自旋转移扭矩 RAM（STT-RAM）。STT-RAM 在磁隧道结（MTJ）上使用 STT 效应（一种杂质离子的自旋发生磁极化效应的现象）。它以薄膜绝缘层的可逆铁电极化来记忆隧道势垒状态的值。

正如在其他存储器中看到的那样，通过 STT-RAM，因重复相变减少的材料面积变小了，并且具有较高的切换速度。PCM 的存储单元面积较小。用于神经形态计算的模拟逻辑电路实现在文献 [297] 中进行了总结，因此我们只是简要地介绍了这个领域。

CHAPTER 4

第 4 章

应用、ASIC 和特定领域架构

本章介绍 ASIC，它集成了为特定应用设计的逻辑电路。在这里，一个应用被表示为一个算法。而算法是以软件、硬件或两者的结合来实现的，并具有局部性和依赖性，我们将对此进行介绍和描述。具有良好架构的硬件利用这种局部性和依赖性，可以提高执行性能和降低能耗，从而提高能效。

4.1 应用

本节通过软件开发和硬件开发的比较来描述一个应用程序。

一个以解决用户问题为目标的应用程序可以被描述为一个算法。一个算法由三个部分组成，即变量、引用变量的运算符和将结果替换成变量。实现算法的硬件也涉及通过操作逻辑电路，在变量的存储器之间实现信号传输。

4.1.1 应用的概念

目前，软件程序作为表示算法的一种方法，在单一状态下使用应用这种组件，并且状态在顺序执行的前提下，在程序文件中被自上而下地描述。

软件程序被翻译成指令流并在执行前存储在指令存储器中。指令从指令流的起点到终点依次加载（称为指令提取）。拟提取的指令由 PC 寻址。取出的指令被解码成一组控制信号，并在一个（或几个）功能单元上执行。一般来说，变量会决定 BTA，作为控制流的变化路径被存储在 CSR 中，对用户程序是隐藏的，且（在保护模式下）用户程序不能直接将其存储在寄存器中。相反，编程语言有一个代表控制流的语法。比较指令更新 CSR，然后条件分支指令读取 CSR 并流向正确的路径分支，以改变指令流的流动。

对于硬件来说，应用由 HDL 来表示，如 Verilog-HDL 或 VHDL。在逻辑电路中，信号流不是按顺序发生的，因此，所有的替换可以在同一时间实现。当然，对单个寄存器的写入具有优先权，以避免对寄存器的多次写入。

4.2 应用的特征

本节介绍局部性、死锁属性和依赖性，它们同时出现在软件和硬件的实现上。好的软件通过优化这些属性来利用局部性和依赖性，以适应特定的硬件架构。好的硬件也通过最小化信号流距离及其频率来利用局部性和依赖性，并获得高能效，因此这些因素是最重要的。

在软件的情况下，程序被存储到具有单一地址空间的存储器中，一般来说，有特定的执行模式。指令和数据流构成了程序的行为：每条指令都有依赖性，其特征与变量访问语句之间的执行顺序有关；还有局部性，其特征与在时间和空间上的信号传播有关，例如，在内存访问的内存地址模式中可以看到。

4.2.1 局部性

4.2.1.1 局部性的概念

组成指令流的每条指令都可以用内存地址来识别，该地址是存储在内存中的指令的映射地址，如图 4.1a 所示。同样，所有的数据或变量也可以用内存地址来识别，该地址是存储在数据内存中的数据的映射地址。关于控制流，指令流片段通常在片段的末尾设置一条分支指令，分支会更新 BTA。该片段被称为基本块，如图 4.1b 所示。图中存在一个标记为"BB-F"的循环部分。程序的执行中有一个指针，称为 PC，用于寻址下一条待提取的指令。PC 在基本块上每个周期都会被递增。当指令解码器检测到片段末端的分支指令时，通过选择 BTA 或下一条指令更新 PC。

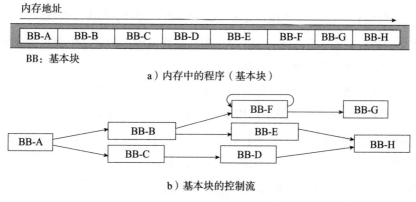

图 4.1 内存中的程序和执行中的控制流

基于基本块内顺序执行的假设，下一条指令是在下一个指令存储器地址上。对于指令存储器地址空间来说，基于增量的地址模式的特征被称为空间局部性。作为一个例子，当多个数据组成一个数组，且以特定的模式访问数组时，基于数据存储器地址增加的一个接一个的访问方式，数据也具有空间局部性。

当一个特定的基本块（如程序中的循环部分）被重复执行时，这个重复执行的基本块会以一种时间模式访问相同的地址，这被称为时间局部性。当高频率重复执行并访问一个特定的内存地址区域时，就会出现高度的时间局部性。

与指令类似，基于内存访问模式的具有时间局部性的数据，可以被看作时间线上的地址。因此，程序有其独特的局部性。改变控制流，这是基于持有分支条件的特殊寄存器（CSR），并具有与数据类似的特性，如4.2.3节所述。指令和数据缓存存储器利用连续的存储器地址空间映射到这种存储器区域，这是利用空间局部性和时间局部性的典型例子。

4.2.1.2　从硬件的角度看局部性

对于电子逻辑电路来说，信号在逻辑电路中的传播涉及信号传播延迟和能量消耗。与软件类似，硬件也有局部性特征，且被认为是具有高度局部性的。

重复或频繁访问的数据集应紧密地分布在同一区域，以缩短距离，抑制延迟，并抑制能源消耗。空间布局创造了时间和空间的局部性。频繁的访问由调度信号的传播决定，而信号传播形成了电路中的数据流。在时间线上的这种时间放置应该是这样安排的：一组相关的信号紧密地位于同一时间域内。

数据重用意味着在某一领域具有时间和空间的局部性。实现高局部性的最简单方法是通过互连网络之间的存储创建一个带宽层次，且在附近的操作逻辑电路上具有高带宽。

4.2.2　死锁

4.2.2.1　系统模型

让我们使用一般资源系统[199]来构建一个管理和调度模型。这被表示为一个一般的资源图，即一个双向有向图。这个图由进程$\Pi = \{P_1, P_2, \cdots, P_n\}$和内存资源$M = \{M_1, M_2, \cdots, M_1\}$的不相交的集合组成。$S \in \Sigma = \{\cdots, S, T, \cdots\}$的系统状态的边代表一个请求或分配。对于单个系统状态S和T，管理是通过以下三种操作实现的：

（1）**请求（Request）**。从一个进程指向M的一个资源的请求边，意味着该进程请求该资源。在状态S中，如果没有请求边从节点P_i指向M的每个确定的资源，那么该状态就变成$S \xrightarrow{i} T$。

（2）**获取（Acquirement）**。从M的资源指向进程的分配边，意味着进程所请求的资源被获取。在状态S中，如果有从节点P_i指向M的每个确定资源的请求边，那么$S \xrightarrow{i} T$。请求边被替换为从M的确定的可重用资源指向P_i的分配边。

（3）**释放**（**Release**）。获取的可重用资源被用于进程P_i。当进程不需要可重复使用的资源或产生可能被请求用于通信的信息时，可重复使用的资源被释放。在状态 S 期间，如果没有检测到从P_i到 M 的可重用资源的请求边，并且一些分配边被指向P_i，那么$S \overset{i}{\to} T$。

更多细节可以在文献 [199] 中找到。

在传统系统中，死锁是一个相当大的问题。让我们用下面的表达式来描述在时间 t 的请求、获取和释放的资源分配操作。

● **请求操作**。一组由$P_i \in \Pi$请求的同一内存资源的地址被表示为$\text{Req\_addr}(i,t)$。

● **获取操作**。一组由$P_i \in \Pi$获取的同一内存资源的地址被表示为$\text{Acq\_addr}(i,t)$。

● **释放操作**。一组由$P_i \in \Pi$释放的同一内存资源的地址被表示为$\text{Rls\_addr}(i,t)$。

请注意，资源是由一组内存地址表示的。除了这样的地址集合外，以一个操作为例，与进程P_i相关的内存资源的数量被表示为$|\text{Req\_addr}(i,t)|$。

4.2.2.2　死锁属性

在一个只支持统计调度的系统中，不会发生死锁。内存资源是相互排斥的。当系统状态持有以下充分和必要条件时，就会发生死锁[199]。

定理 4.1：一般资源图中的循环是一个必要条件。如果该图具有多个单元资源，则死结（Knot）是充分条件。⊖

必要条件可以通过检查请求和获取的集合来检测。在权宜状态下，所有请求死结中的资源的进程会被阻塞，因此，这类资源不能分配给这样的进程。死结中的进程处于死锁状态。死锁管理可以作为内存保护的一部分，因此它是访问内存资源的一个子机制。定理 4.1 为系统模型提供了以下基本的内容，之前提出的表达式显示了一组地址。

推论 4.1：在有$\text{Block}(t) \cap \text{Arbit}(t) \neq \phi$的系统状态下，会发生死锁。

$$\text{Block}(t) = \text{Req\_addr}(i,t) \cap \text{Acq\_addr}(j,t) \neq \phi$$
$$\text{Arbit}(t) = \text{Req\_addr}(j,t) \cap \text{Acq\_addr}(i,t) \neq \phi$$

其中，$i \in \{0 \leqslant i < C, P_i \in \Pi\}, j \in \{i \neq j, \forall j, P_j \in \Pi\}$。

定理 4.2：如果没有任何状态 T 使得$S \overset{i}{\to} T$，则进程$P_i \in \Pi$处于阻塞状态。

推论 4.2：阻塞发生在具有$\text{Block}(t) \neq \phi$的系统状态中。

⊖ 图中的死结 K 是指一个非空的节点集，对于 K 中的每一个节点 x，它可以到达 K 中的其他所有节点，且只能到达 K 中的节点。如果所有有未完成请求的进程都被阻断，那么该状态就是一个权宜状态（expedient state）。——译者注

$$\mathrm{Block}(t) = \mathrm{Req\_addr}(i,t) \bigcap \mathrm{Acq\_addr}(j,t)$$

其中，$i \in \{0 \leqslant i < C\}$，$j = \{i \neq j, \forall j, P_j \in \Pi\}$。

当进程请求获得内存资源时，会发生阻塞。进程在等待获取，因此它显然应该有一个替代状态来避免阻塞。

推论 4.3：在有 $\mathrm{Arbit}(t) \neq \phi$ 的系统状态下，需要进行仲裁。

$$\mathrm{Arbit}(t) = \mathrm{Req\_addr}(j,t) \bigcap \mathrm{Acq\_addr}(i,t)$$

其中，$i \in \{0 \leqslant i < C\}$，$j = \{i \neq j, \forall j, P_i \in \Pi\}$。

推论 4.3 导出了一个仲裁要求，即释放内存资源或阻止某些进程。

4.2.3　依赖性

4.2.3.1　数据依赖性的概念

假设一个软件程序在程序文件中具有从上到下编写的顺序的描述，即它具有顺序执行的特性，并且当它的多条指令同时执行时，将无法执行该程序。图 4.2a 显示了一个由三条语句组成的程序片段，即加法、乘法和最后的减法。这个片段被用来描述算法及其顺序执行之间的关系。程序一般从顶行到底行执行，程序片段中的三条语句相当于编译器生成的三条指令，应按顺序执行以避免破坏算法。

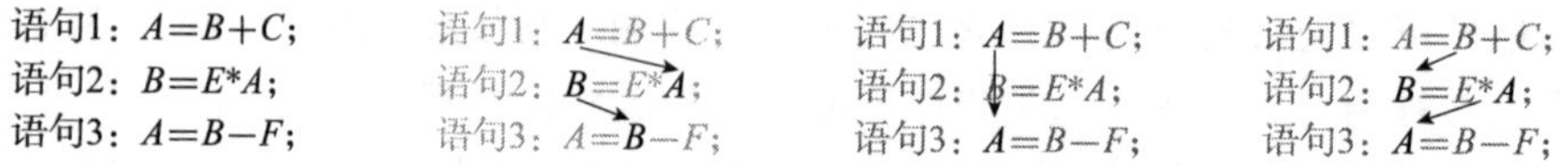

语句1：$A=B+C$;	语句1：$A=B+C$;	语句1：$A=B+C$;	语句1：$A=B+C$;
语句2：$B=E*A$;	语句2：$B=E*A$;	语句2：$B=E*A$;	语句2：$B=E*A$;
语句3：$A=B-F$;	语句3：$A=B-F$;	语句3：$A=B-F$;	语句3：$A=B-F$;
a）程序片段	b）真数据依赖性	c）输出数据依赖性	d）反数据依赖性

图 4.2　算法示例及其数据依赖关系

4.2.3.2　数据依赖性的表示

在对变量进行替换更新或写一个变量之前，若试图引用或读取该变量（本该等待更新或写入之后再读取），则该操作会失败，不能输出正确的结果。这种数据流（相当于逻辑电路上的信号流）形成了一个算法。语句之间特定变量的数据流具有依赖性，这被称为真数据依赖性。包括 ASIC 在内的逻辑电路就是由这种真数据依赖性组成的。

在图 4.2c 中，多个操作都试图写同一个变量。对于一个逻辑电路来说，一个特定的寄存器写操作被定义在一个有优先权的块中，一般用 "if-else" 语句来描述。因此，写入冲突不会发生。不幸的是，在软件程序的情况下，在基本块执行结束时，最后的写入具有最高的优先权。因此，当处理器只是试图在同一时间执行多条指令时，不能保证顺序执行的正确性。语句之间向单个变量的多次写入也是依赖性的一个特征，这被称为输出数据依赖性。

在图 4.2d 中，在引用（读取）一个变量之前，有一条语句试图向该变量写入，因此它的操作失败，违反了顺序执行的规则。这种逆向流必须避免，这也是依赖性的一个特点，称为反数据依赖性。

死锁管理可以为这种依赖性服务，其结果可用于调度。观察表明，依赖性可以作为一个死锁问题进行分析和管理。

让我们考虑下面的例子，它由三个操作组成，分别由标签 S_1、S_2 和 S_3 标识。

1. $A=B+C$
2. $B=A+E$
3. $A=A+B$

数据依赖图（DDG）显示了三个操作的并行处理的可能性。图 4.3a 是一个 DDG 的例子。它显示了顺序执行的必要性和提高性能的困难。如果微架构不支持转发路径，三个操作将被顺序执行。这种考虑有一个执行流程的前提，在这个流程中，三个操作从上到下依次是语句 S_1、S_2 和 S_3。这个前提引入了调度的硬件或软件支持的必要性。

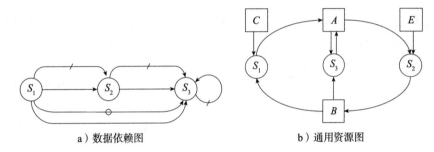

a）数据依赖图 b）通用资源图

图 4.3 数据依赖性的例子

对于上述例子，还有一种观点。当一个微处理器试图同时发出三个操作时，通用资源图有助于考虑依赖性。图 4.4b 是该例子的部分通用资源图。有三个圆圈，即 {(S_1, A), (A, S_2), (S_2, B), (B, S_1)}、{(S_2, B), (B, S_3), (S_3, A), (A, S_2)} 和 {(S_3, A), (A, S_3)}。系统状态处于死锁状态，结果无法保证。

数据流依赖性。数据流依赖性发生在有请求边和分配边的资源上。这表示为 {($S_{t'}$, M),(M, S_t)}，其中 $t'<t$。必须保证指向Block(t)$\neq\phi$的资源的数据流。

具有至少两个不同边的请求和分配的资源必须按照数据流代表的顺序使用。数据流代表操作之间的数据流路径，资源可用于同步系统中的再定时安排。

数据反依赖性。数据反依赖性发生在有请求边和分配边的资源上。这表示为 {(S_t, M),(M, $S_{t'}$)}，其中 $t'<t$。从Block(t)$\neq\phi$的资源指向的数据流必须被阻止。

有向边代表数据流的违例。

输出依赖性。输出依赖性发生在有多个请求边的资源上。这表示为到相同内存资源 ($S_{t'}$, M)和($S_{t'}$, M)的边，其中 $t'<t$。对Block(t)$\neq\phi$的资源有请求的进程对资源有冲突。

输出依赖性清楚地表明，通用资源图必须在时间上进行划分，以创建一个与状态相匹配的顺序。因此，对内存资源有|Req_addr(*,t)|>1请求的进程必须根据优先级安排顺序访问。

数据流可以用通用资源图来表示。基于死锁属性的数据依赖性表明图的时间被分割为几个系统状态的执行顺序，并使调度成为必要。该顺序定义了数据流，其逆向流必须被阻断。对时间分区的需求意味着需要定义优先级，通过资源分配来调度和管理数据流。定义顺序消除了依赖性的可能性，以及构建算法的剩余依赖性。数据反依赖包括单一的进程，如{$(S_3,A),(A,S_3)$}，在这个例子中，这显然是一个请求和获取操作的序列。

控制依赖性。 控制依赖性可以用数据依赖性来表示，其中 CSR 可以是一种资源，通用资源系统可以引导分配。控制流决定了下一个数据流路径，因此控制流（CSR）资源的节点成为计算的瓶颈。因此，该节点是一个用于有效映射到时间轴的分区节点。

4.2.4 时间和空间操作

图 4.4 显示了三个语句的时间映射和空间映射（见图 4.4a）。图 4.4b 显示了抑制处理资源量的目的，这可以在同一时间执行，相当于在微处理器上执行一个软件程序。图 4.4c 显示，每条语句作为一个实例被映射到芯片上，作为 ASIC 的实现，是一种直接的方法。中间结果被存储在流水线寄存器中，或者简单地存储在传播到下一个算术单元的导线上。

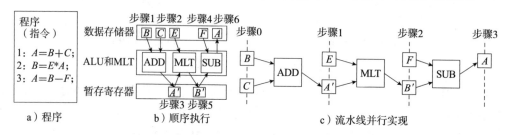

图 4.4 算法实例及其实现方法

图 4.4b 显示了一个使用暂存寄存器来消除数据内存访问的顺序实现。当变量 B 和 C 位于同一内存体时，考虑了两个顺序的内存访问。即使硬件系统支持多个存储到内存的访问，也可能发生冲突。冲突意味着在同一时间对存储体的可能访问次数受到设计的物理限制。因此，对一个存储体的多次访问会对未获准的请求产生延迟。这就是所谓的内存访问冲突，或者简单地称为冲突。顺序执行总共需要六个步骤来完成执行。

在空间映射的情况下，我们可以自由地在芯片上映射变量。此外，所有的变量都可以放在一个芯片上，并且可以创建一个流水线的数据路径，如图 4.4c 所示，总共需要三个步骤来完成执行。我们设计了一个在时间和空间映射之间进行协调的架构，以平衡资源的数量和执行周期的数量。

因此，我们可以根据映射方向，通过时间计算和空间计算的映射方法来创建一个分类。

（1）时间计算。 为了共享资源，该方法需要对执行进行时间复用。这种方法可以抑制资源需求，然而，时间线需要很长的执行时间。

（2）**空间计算**。这是一种将数据流映射到空间的执行方式。这种方法最大限度地提高了并行性，获得了较短的执行时间，但是需要相对大量的资源。

芯片上的资源（如内存和算术单元）是有限的。因此，当顺序执行程序适合资源数量，或将并行执行作为空间映射时，我们需要协调架构设计以利用有限的资源数量。对于高性能的微处理器，二进制指令流由编译器从软件程序中生成，应用寄存器重命名方法来解决指令与处理器核心中发出的指令之间的依赖关系，找到多个独立的指令同时发出，从而从候选指令池中选择可发出的指令，并在避免破坏程序的情况下执行乱序执行。问题在于带宽需求，而且指令窗口根据资源的数量进行缩放，进而产生乱序执行。在 ASIC 实现的案例中，芯片面积是一个物理限制。在这个限制范围内，当顺序执行足够时，就使用有限状态机（FSM），当需要并行数据执行时，就设计一个并行数据路径。架构设计涉及这样一种优化。

对于机器学习硬件，芯片上的硬件资源限制了机器学习模型的规模。DNN 模型需要大量的参数，这些参数不可能全部放在一个芯片上。因此，需要对数据进行分区，从外部存储器加载子集数据并将中间结果存储在外部存储器中。数据的加载和存储意味着访问延迟和功率消耗。大多数功耗的一部分来自外部存储器的访问，这也需要数百个周期的延迟，以及比芯片上的信号传播所需的更高的能耗。

这些事实表明，需要尽量减少分区数据集的数据传输量和频率。

4.3 特定应用的集成电路

4.3.1 设计约束

我们可以根据缩放系数 S 来预测面积、时钟频率、电容、电压、功率和利用率的未来规模，该系数定义如下：

$$S = \frac{S_{node}}{S_{node}^{Scaled}} \tag{4.1}$$

其中 S_{node} 和 S_{node}^{Scaled} 分别是一个制程节点，以及一个早于它的制程节点。然后可以预测因子的未来规模，如表 4.1 所示。术语丹纳德微缩表示丹纳德缩放法工作良好的年代。当丹纳德缩放法失效之后，电压 V_{dd} 的缩放就终结了。因此，功耗容易增加，资源利用率容易降低。

表 4.1 丹纳德微缩和后丹纳德微缩 [351]

属性	丹纳德微缩	后丹纳德微缩
Δ Quantity	S^2	S^2
Δ Frequency	S	S

（续）

属性	丹纳德微缩	后丹纳德微缩
Δ Capacitance	$1/S$	$1/S$
ΔV_{dd}^2	$1/S^2$	1
Δ Power	1	S^2
Δ Utilization	1	$1/S^2$

4.3.1.1　线延迟

先进的半导体技术需要更宽的设计空间，基于半导体工艺的收缩和导线宽度的最小化，其间距会产生更大的导线电阻。因此，导线截面的长宽比较高，用于抑制电阻。

在 20 世纪 90 年代前半期，晶体管的延迟由信号传播延迟决定，因此，晶体管的栅极长度是提高时钟周期时间的重要因素。然而，目前导线延迟决定了关键路径延迟[258]。自 20 世纪 90 年代后半期以来，更长的信号传输需要更小的电阻，因此现在使用的是铜线而不是铝线。图 4.5 显示了局部和全局使用的金属线的相对延迟。尽管通过缩短栅极长度，栅极延迟被很好地缩减，但全局导线会导致延迟的相对增加。

更宽的设计空间在空间中引入了更多的逻辑电路，并且引入了更多的导线，这种趋势往往会使基于逻辑电路的导线延迟更长。因此，与其在模块间直接布线，不如考虑在芯片上进行分组路由[146]。今天，这被称为 NoC，是一种常用的技术。

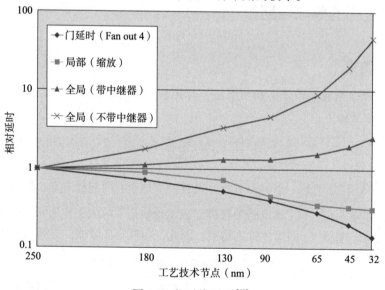

图 4.5　相对线延迟[41]

4.3.1.2　能耗和功耗

能源消耗对于使用电池的边缘设备来说是很重要的。能量消耗 E 可以表示为：

$$E \propto V_{dd}^2 \times C \times A \qquad\qquad (4.2)$$

其中 f、V_{dd}、C 和 A 分别是时钟频率、电压、芯片上的静态电容，以及晶体管总数与活跃晶体管数量的比率。动态功耗 P 可以用能源消耗 E 表示：

$$P = E \times f \qquad\qquad (4.3)$$

功率消耗被转化为芯片上的热能。式（4.3）只针对晶体管，不考虑任何导线。

对于微处理器来说，增加流水线级数以提高时钟频率 f，涉及更多的寄存器来保存中间数据，从而导致更高的功耗[321]。更多的流水线级数引入了对分支错误预测的更高惩罚，因此，超级流水线需要更高的分支预测精度[335]。

式（4.3）对半导体工艺进行缩放，称为丹纳德缩放[120]。在应用 90nm 工艺后，晶体管上的电流泄露增加，电压不容易被缩小。半导体工艺的收缩无助于电压 V_{dd} 的缩减。

因此，我们必须降低时钟频率 f 或活跃晶体管比率 A。如图 2.4b 所示，2000 年以后，提高时钟频率的困难是由散热问题引起的，这增加了功耗。为了处理半导体工艺扩展和设计空间扩展之间的问题——称为暗硅问题[158]，我们需要设计一个逻辑电路来平衡设计复杂性与线延迟和功耗。因此，执行性能和能源消耗应该是平衡的，这个指标被称为能源效率。

4.3.1.3　晶体管的数量和 I/O

图 4.6 显示了一个封装上的晶体管数量和 I/O 引脚数量的物理资源限制。如图 4.6a 所示，芯片上的晶体管数量是针对微处理器而言的。这表明，晶体管数量的扩展是根据摩尔定律进行的。

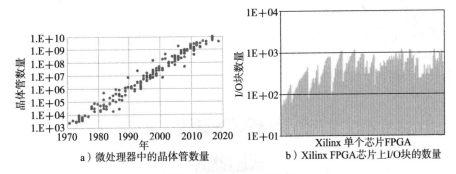

a）微处理器中的晶体管数量　　b）Xilinx FPGA 芯片上 I/O 块的数量

图 4.6　集成构造的历史

然而，这一定律不再适用，因为已经达到了原子尺寸。今天，FIN-FET 晶体管被用来代替平面晶体管，并应用散热片来使耗尽层更加有效。散热片的数量略有增加，以保持 FIN-FET 的性能。因此，我们不能期望在单位面积上的晶体管数量有线性扩展。

关于芯片上的 I/O 数量，除低端产品外，FPGA 芯片上的可配置用户 I/O 块（IOB）的数量如图 4.6b 所示。注意，该图不是时间线。增加的速度已经由于封装技术而所停滞。

4.3.1.4　带宽层次

在一个存放多个变量的特定内存上可能会发生许多访问。也可能发生大量的写入访问（称为扇入），以及大量的读取访问（称为扇出），这就会产生内存访问冲突。因此，层次化的内存结构被引入。传统的计算系统不仅使用内存层次结构来减少内存访问延迟[124]，而且也将其用于这种内存访问冲突。

片上设计可以协调资源分配，因此可以考虑以线延迟为导向的带宽层次，以提高互连网络的性价比。由大量的线组成的较高带宽可以用于功能单元附近的互连网络，并为具有较窄带宽的低层网络实现权衡。在网络之间，通过存储来维护数据的重复使用，因此我们可以看到一个存储层次。

峰值带宽 B_{peak} 可以用以下公式计算：

$$B_{peak} = N_{wire} \times f \qquad (4.4)$$

其中 N_{wire} 是互连网络上的线数，用于估计带宽。除了该峰值带宽，我们还应考虑有效的带宽 B_{effect}，以及在开始和结束时的传输开销 C_{ov}。考虑时钟周期数以及基于数据中的比特数的传输数据大小 L_{data}，B_{effect} 可以估计如下：

$$B_{effect} = \frac{L_{data}}{N_{wire}} \times f \times \left(C_{ov} + \frac{L_{data}}{N_{wire}} \right)^{-1} \qquad (4.5)$$

其中 C_{data} 是用于传输数据的时钟周期数，$C_{data} = L_{data}/N_{wire}$。这里，总有 $B_{effect} \leqslant B_{peak}$。因此，开销 C_{ov} 和 / 或 N_{wire} 决定了有效带宽 B_{effect}。也就是说，大数据用大的 C_{data} 来抵消开销的影响，因此数据流是有效的。

图 4.7 显示了最近的传统计算机中的带宽层次，以路径宽度 N_{wire} 表示。该图显示了从 AVX512 SIMD 数据路径到外部存储器的 DIMM 的路径。靠近数据路径的路径比较宽，在较远的距离上，路径宽度比较窄。

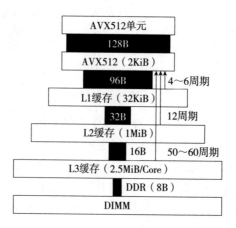

图 4.7　带宽层次

在最后一级高速缓存和 AVX512 寄存器文件之间，传输需要 50 多个时钟周期。DIMM 访问需要数百个时钟周期。靠近数据路径的存储具有较小的尺寸，而在较远的距离上具有较大的尺寸。

4.3.2 模块化结构和大规模生产

在早期的几十年里，计算机是一种特定应用的机器，如用于计算电力网络的差分机。IBM 引入了一种称为模块的构建块，它是计算机使用的一个通用单位。这种方法带来了模块的规则，并创造了一个具有存储程序范式的通用计算机系统。

将设计的硬件编码为一个模块，可以类比为面向对象的软件编程语言所支持的实例。与软件程序类似，不仅使用接口作为参数，还使用返回值，通过定义接口的时序，可以将硬件模块化。今天，我们可以使用硬件 IP。

同样的逻辑电路，如存储器，可以进行大规模生产。大规模生产减少了 NRE 成本的影响，而这种影响可以把价格定得更低，更低的价格使存储器得到广泛的使用。这样的市场增长引入了更大的大规模生产和更低的价格，并创造了一个积极的螺旋。这种商品化导致了这样的螺旋上升，有助于实现大规模生产、较低的价格和市场增长。

估计大规模生产的影响，从直径为 R_{wafer} 的晶圆上获得的芯片数量 N_{die} 可以表示为[193]：

$$N_{die} = \frac{\pi \times (R_{wafer}/2)^2}{A_{die}} - \frac{\pi \times R_{wafer}}{\sqrt{2 \times A_{die}}} \tag{4.6}$$
$$< \left\lfloor \frac{A_{wafer}}{A_{die}} \right\rfloor$$

其中 $A_{wafer} = \pi \times (R_{wafer}/2)^2$ 和 A_{die} 分别为晶圆面积和工艺节点 S_{node} 上的芯片面积。芯片产量 β_{die} 可以由晶圆产量 β_{wafer} 和单位面积上的缺陷数 N_{defect} 定义：

$$\beta_{die} = \beta_{wafer} \left(\frac{1}{1 + N_{defect} \times A_{die}} \right)^N \tag{4.7}$$

其中 N 是一个被称为工艺复杂度系数的参数，对于 16nm 工艺来说，其值为 10 到 14[193]。我们必须考虑故障芯片中的缺陷。那么，实际可用的芯片数量 N_{die}^{yield} 的情况如下：

$$N_{die}^{yield} = \beta_{die} \times N_{die} \tag{4.8}$$

除了可用的芯片数量外，我们还必须考虑制造时的生产率 N_{fab}。因此，可运往市场的芯片数量 N_{chip}^{ship} 可以表示如下：

$$N_{chip}^{ship} = \min \left(N_{die}^{yield}, N_{fab} \right) \tag{4.9}$$

因此，我们的发货速度不能大于制造吞吐量N_{fab}。这个等式意味着有必要将生产调整到接近制造吞吐量N_{fab}，因此需要将产量最大化。因此，毛利P_{gross}可以表示如下：

$$P_{\text{gross}} = P_{\text{chip}} \times N_{\text{chip}}^{\text{ship}} \times \gamma - (C_{\text{fab}} + C_{\text{NRE}}) \tag{4.10}$$

其中，P_{chip}、γ、C_{fab}和C_{NRE}分别是每个芯片的价格、销售率、制造成本（包括测试和包装成本）以及NRE成本。因此，每个芯片的价格可以表示如下，

$$P_{\text{chip}} = \frac{P_{\text{gross}} + (C_{\text{fab}} + C_{\text{NRE}})}{\gamma N_{\text{chip}}^{\text{ship}}} \tag{4.11}$$

因此，通过设定合理的每颗芯片的目标价格，成本可以成为一个次要因素。此外，出货的芯片数量越多，每颗芯片的价格就越低。为了增加$N_{\text{chip}}^{\text{ship}}$，芯片面积$A_{\text{die}}$直接影响到价格。因此，为改进工艺节点，我们通过扩大比例系数S获得更多的芯片数量N_{die}，从而实现先进的半导体工艺技术。需要注意的是，NRE成本C_{NRE}和制造成本C_{fab}是随着比例的变化而变化的函数，它们的值会因为先进的工艺节点而增加。

4.3.3　牧村波动

参照牧村波动[255]，通用处理器的性能不足以满足新的应用。趋势接下来转向利用ASIC实现，之后，微处理器赶上了性能要求。因此，趋势再次转向具有可用性导向的通用处理器的通用化能力。这种变化的趋势可以表现为通用化和专门化之间的摆动，如图4.8所示。

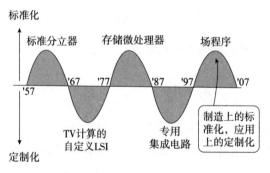

图 4.8　牧村波动[255]

本来，应用程序是用来解决用户问题的算法，是一个不同于泛化和专门化的载体。通用化和专门化是实现应用时的一个权衡问题，在一个约束条件下，在应用的设计中发挥作用。基于通用处理器的系统不能负责启动新应用的营销阶段，因为处理器规格和应用之间不匹配。GPU是一种专门的可编程LSI，用于大型的DLP应用，而FPGA是一种专门的可编程LSI，用于逻辑电路优化。由于其停滞不前的执行性能，以及为推进通用目的的使用

场景，微处理器不能再为客户需求做出贡献。这为将 GPU 和 FPGA 应用于计算系统创造了机会。

4.3.4 设计流程

ASIC 的设计流程与 FPGA 的流程几乎相同，如图 2.13 所示，除了最后几个阶段涉及晶体管的放置和布线的物理信息。

尽管 FPGA 在芯片上有一个构件，并且这种设备在 HDL 中被用作 IP，但 ASIC 有设计的自由，因此几乎没有编码限制。因此，FPGA 和 ASIC 有各自的编码选择。

NRE 成本是建模、设计和开发的固定成本。这种成本包括工具、库和知识产权许可的费用以及工人工资。

4.4 特定领域架构

4.4.1 特定领域架构简介

4.4.1.1 特定领域架构的概念

传统的计算系统面临着执行性能的停滞和巨大的功耗问题。这些问题是由微架构的通用化引起的，它要求系统上可以运行任何工作负载。针对这些问题的一个解决方案是应用特定领域架构（DSA）。

术语“特定领域”（domain-specific）是指针对一个特定的应用领域，如深度学习或网络分析。此外，专门化有一定的范围。例如，关于深度学习，以推理或训练为目标是一种专门化，而以 CNN 或 RNN 为目标是另一种专门化。DSA 是针对特定应用领域的硬件和 / 或硬件系统。

为了开发这样的架构，我们首先需要知道应用的特点，并决定什么类型的操作和内存访问模式是最经常使用的。也就是说，我们需要找到更优先的操作和内存访问模式。这可能与传统的计算系统有很大的不同，也可能大致类似，这取决于它们的特性。这种差异表明需要对应用领域进行优化。

第 6 章将介绍提高执行性能和能耗的方法。如第 6 章所述，大部分的执行性能来自 MAC 操作工作负载的减少。此外，大部分能耗的减少来自外部存储器访问的减少。执行性能和能耗之间的一个共同瓶颈点是张量的稀疏性。因此，如何获得稀疏性以及如何利用它是深度学习硬件领域的主要议题。

4.4.1.2 特定领域架构的准则

文献 [193] 描述了 DSA 的准则，可以总结为以下几点。

- **减少对外部存储器的访问流量和频率**。特定的应用领域有它自己的数据传输流量模式和对外部存储器的访问频率。它可能包括控制数据，如指令和 / 或由数据路径操作的数据。

因此，使用专用存储器，就像在 FPGA 的片上存储器块中发现的那样，不仅可以降低延迟和能耗，还可以提高指令级和 / 或数据级的并行性。此外，还可以找到特殊的访问模式。因此，通过专业化的地址生成，有机会将流量和频率降到最低。此外，通过减少正常访问和 / 或控制数据的数量，可以减少数据流量。对于深度学习任务来说，一些模型压缩技术，例如剪枝、dropout、dropconnect，以及零值跳过和近似技术，产生了数据的稀疏性，是减少数据流量的最重要的一点。

- **将资源投入到部件的专门化**。传统的微处理器将资源投入到控制和内存访问、ILP（如分支预测和推测执行）、乱序执行、超标量架构和高速缓存中。同样地，DSA 也可以投入自己的增强点。例如，DLP 专注于专门的地址生成，大量的片上存储器和分布式专用存储器有助于提高执行性能和能源消耗。
- **与领域相匹配的专门并行性**。有三种类型的并行，即指令级、数据级和 TLP 型。一个特定的应用领域有其自身的并行性和平衡性。通过对领域进行专门并行化，该架构在执行性能上得到了提升。
- **使用特定领域的编程语言**。一个 DSA 有自己的控制特点，因此，传统的编程语言在架构和语言之间有一个相对较大的语义差距。通过为目标领域准备特定的编程语言，这个差距就被填补了，控制架构和引导数据通过架构变得很容易。这很容易通过编程语言的专门化来减少开销。

4.4.2 特定领域语言

硬件和语言都是专门针对特定的应用领域。大多数这种特定领域的语言都是基于应用程序中丰富的 DLP，其中包括提高执行性能和降低能耗的机会。

4.4.2.1 Halide

Halide 是一个基于 API 的标准 C 语言 DSL，始于图像处理应用领域。最近，它也专注于深度学习任务，因为图像处理任务与 CNN 模型有类似的特点。

一个程序有两个部分，一个是计算，另一个是存储。计算部分描述了一个代表算法操作的计算内核。存储部分描述了内核的输入和输出的调度。内核使用一个嵌套循环，其嵌套顺序是由调度决定的，为了便于优化，其嵌套顺序被降低了。较小的循环根据边界推理来寻找其边界。

接下来，Halide 试图组成一个滑动窗口并折叠存储，以尽量减少内核及其接口存储所需的资源。代码通过循环、向量化和 / 或展开进行扁平化处理。扁平化的结果是一个数组索引，用于访问线性存储器。最后，代码被排放到目标代码中，可以在目标设备上运行。

Halide 提出了一个领域秩序，它决定了计算和存储的粒度，使用顺序化的传统的循环改造概念和并行化，向量化和循环展开，循环嵌套的重新排序，最后递归地分割循环的维度，以便更容易优化。拆分等同于向量化和 / 或展开。

4.5　机器学习硬件

机器学习硬件是一个专门用于机器学习的 DSA。我们将在第 7 章描述一个机器学习硬件的案例研究，包括神经形态计算和一个 DNN。

有几种类型的机器学习硬件。使用作为逻辑电路实现的硬接线神经网络模型是一种直接的方法，如图 4.9a 所示。已编写好的神经网络模型在逻辑电路上执行，而可编程的机器学习硬件是适应这种逻辑电路执行的另一种方法，如图 4.9b 所示。

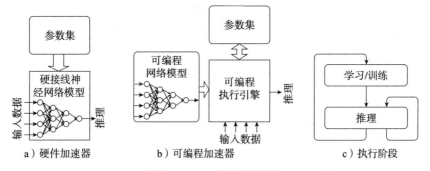

a）硬件加速器　　　　　b）可编程加速器　　　　　c）执行阶段

图 4.9　加速器和执行阶段

在最近十年的早期，使用加速器是一个主要的方法，它提供参数，输入数据，并输出推理结果。与其说是硬连接的逻辑电路，目前主要使用的方法是具有灵活性的可编程加速器，而不是硬连线的逻辑电路。此外，还推出了可编程的深度学习处理器。一般来说，可编程的机器学习硬件被称为机器学习处理器，它包括一个深度学习处理器。对众核处理器、GPU 和某些类型的 ASIC 的研究和开发已经应用了机器学习处理器方法。神经网络模型和硬件实现所需的规格之间存在差距，例如物联网和边缘设备，因此，需要进行优化，将模型装入硬件架构。物联网和边缘设备是特定的应用，足以在一个特定的神经网络模型中使用，倾向于应用开发作为加速器。虽然这取决于其生产量，但由于 FPGA 的可重构性，它可以使用户逻辑电路多次更新，因此在其发布后，支持修复甚至是修补小错误的能力，因此 FPGA 可以成为此类设备的一个主要平台。

大多数机器学习硬件应用在两个阶段：训练以获得参数，以及使用参数进行推理，如图 4.9c 所示。有相当多数量的类似于第 6 章描述的参数，但并不是所有的参数都可以在芯片上被普遍应用，可能需要从外部存储器加载一些参数。例如，第 1 章中描述的 Alex Net 是 2012 年 ImageNet 挑战赛的冠军，它有 240MiB 的参数，其次是 VGG-16 的神经网络模型，它有 552MiB 的参数 [184]。其他暂存变量在训练时也有巨大的数量，这需要相对更大的内存大小和更多的内存访问。训练需要加载、存储和更新参数，以及推理也需要加载参数。这样的内存访问是对执行性能及其能耗影响最大的关键因素，因此也是能源效率的关键因素。到目前为止，大多数研究都集中在这一点上。

4.6 深度学习上的推理分析和训练分析

让我们从参数和激活的规模、操作数、执行周期数和能耗等方面考虑 Alex Net 的工作负载。关于工作负载，我们使用一个非常简单的计算机系统，如表 4.2 所示，因为一个更简单的系统可以显示神经网络模型执行的固有特征，而且我们的分析目的不是针对特定的硬件结构。处理器核心在 EXU 上是流水线式的，因此，乘法器和加法器上每周期的操作数超过 0.5。

表 4.2　系统配置参数

参数	单位	数量	描述
内存访问开销	Cycles	8	外部内存访问
内存时钟频率	MHz	400.0	内存接口上的时钟频率
内存 I/O 宽度	bits	256	
指令发布宽度	Instr.	1	
核心时钟频率	MHz	400.0	处理器上时钟频率
乘数数量	Units	1	
乘数操作数宽度	bits	32/8	
乘数管道深度	Stages	1	
加法器数量	Units	1	
加法操作数宽度	bits	32	
加法管道深度	Stages	1	
除数数量	Units	1	
除数管道深度	Stages	32	
操作数宽度	bits	32	无旁路路径

4.6.1　深度学习上的推理分析

4.6.1.1　参数和激活的规模

图 4.10a 显示了 Alex Net 中的词数在对数尺度上的情况。输出激活作为输入激活被送

入下一层。因此，下一层的输出和输入激活词是一样的。Alex Net 中的激活词数大于 8M。因此，我们可以预测，激活的内存访问的工作量会造成执行的瓶颈。除了全连接层，大多数层都有许多激活词。

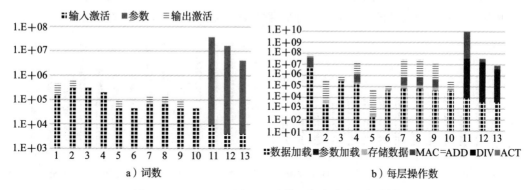

图 4.10　Alex Net 配置 I：基线上的字大小和操作数

全连接层由矩阵 – 向量乘法组成，因此，参数的数量会影响参数的加载。我们可以预测，这将在该层上引入许多执行周期。

4.6.1.2　操作及其执行周期

图 4.10b 显示了每层的操作数。其趋势与 Alex Net 模型中的词数相似，意味着词数，即内存访问对操作有巨大影响。

图 4.11a 显示了 Alex Net 模型的执行周期数。卷积的第一层对执行周期有影响，因为图像帧的大小和通道的数量造成了巨大的数据量；然而，最有影响的层是第一层全连接，需要巨大的 MAC。

图 4.11b 显示了执行周期的细分。尽管参数对全连接层也有影响，但大多数层需要许多执行周期来访问激活的内存。卷积的加载参数在执行过程中占有重要地位。如图 4.11a 所示，在第一个全连接层上的 MAC 操作也是有影响的，因为矩阵的规模很大。

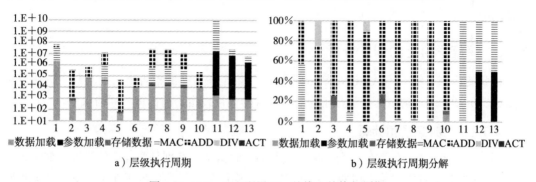

图 4.11　Alex Net 配置 II：基线上的执行周期

4.6.1.3　能耗

图 4.12a 显示，大多数层都需要激活和参数的能量。特别是，在全连接层上的大规模矩阵操作需要大量的参数，这对执行周期和能耗都有影响。能量消耗的趋势直接受到执行周期数的影响。所有有参数的层都会因从外部存储器加载参数而产生大量的能量消耗。

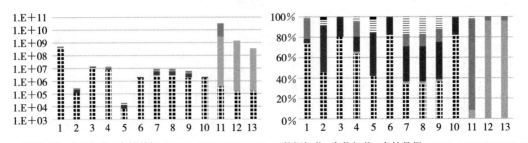

a）层级能耗　　　　　　　　　　　b）层级能耗分解

图 4.12　Alex Net 配置 III：基线上的能耗

如图 4.10a 所示，来自上一层的输入数和这一层的输出数为参数创造了一个极其庞大的矩阵。如图 4.12b 所示，全连接层的第 11 层由于有大量的 MAC 操作，所以在乘法器上消耗了大量的能量，如图 4.10b 所示。除了全连接层外，大多数层都受到加法器的影响，因此加法器不仅用于加法，还用于池化的比较和归一化的约简操作。

4.6.1.4　能效

整体而言，该硬件需要 2.22 GOPS 和 11.3 mW，因此功率效率和能源效率分别约为 196.78 GOPS/W 和 78.71 EOPS/J。这些数字是针对 Alex Net 及其变体模型的硬件设计的最低要求。

卷积需要根据通道的数量进行大量的加法，造成了执行周期和能量消耗的主要部分。一个全连接层需要 90% 的 MAC 周期和 90% 的参数读取能耗。参数始终是一个关于能源消耗的问题。

4.6.2　深度学习上的训练分析

让我们详细了解一下 Alex Net 上的训练工作量。在目前的报告中，批次归一化还没有被分析，虽然训练上的数据流量是正确的，但其操作被设定为与推理相同的水平。

4.6.2.1　数据量和计算

图 4.13a 显示了词的数量。全连接层有大量的数据字，特别是要计算的梯度（如附录 A 所述），其参数来自邻居输出层侧。来自邻居输入侧层的激活的导数正在不断构建全连接层和卷积层的一部分词。具体来说，导数的词数是卷积层中的一个主要部分。

图 4.13b 显示了每一层的算术运算的数量。用于更新参数计算数量的 MAC 运算在全连接层和卷积层中都是主要部分。在卷积层的情况下，用于计算更新量的逐通道加法也是运算的主要部分。用于计算的 MAC 操作和乘法也是全连接层和卷积层的主要操作部分。

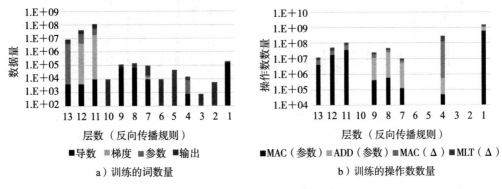

a）训练的词数量 　　　　　　　b）训练的操作数数量

图 4.13　Alex Net 后向传播性质 I

4.6.2.2 执行周期

在由大量参数组成的全连接层中，用于加载的时钟周期数，如用于计算更新量的参数，是该层的一个主要部分。用于存储暂存变量和更新参数的外部存储器的时钟周期数也对全连接层有影响。卷积层也有非常大的参数，取决于通道深度。MAC 在卷积层中需要大量的时钟周期。如图 4.14b 所示，逐通道的加法也是卷积层的主要部分。

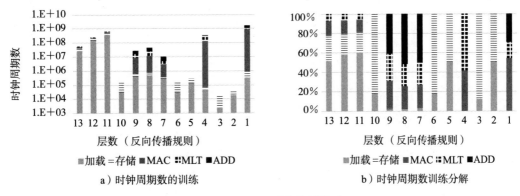

a）时钟周期数的训练　　　　　　b）时钟周期数训练分解

图 4.14　Alex Net 后向传播性质 II

4.6.2.3 能耗

虽然算术对执行的时钟周期数有影响，但内存访问是能耗的一个主要方面。内存访问包括层中的参数，来自相邻输出侧层的参数（梯度），以及来自相邻输入侧层的导数。输入层侧的卷积层对全连接层的参数没有影响，因此，MAC 可能是能量消耗的一个主要部分，如图 4.15 所示。

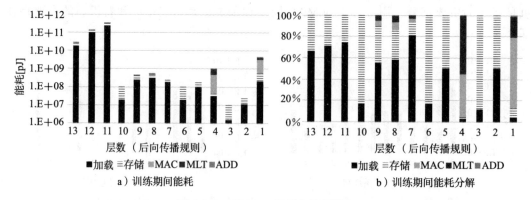

a）训练期间能耗   b）训练期间能耗分解

图 4.15   Alex Net 的后向传播特点

CHAPTER 5

第 5 章

机器学习模型开发

第 5 章主要讨论神经网络模型的开发。首先对 GPU 环境下的常见开发过程和软件栈进行了描述。接下来，为了快速应用神经网络模型，我们将介绍在特定平台下优化代码的常用方法。一般来说，向量化和 SIMD 可以加快运算速度，而实际编码的关键是实现高效的内存访问，因此也介绍了内存访问优化。此外，介绍神经网络模型开发中常用的脚本语言 Python 及其虚拟机（VM）。最后介绍 CUDA，它是一种使用 GPU 的通用计算系统。

5.1 开发过程

本节详细介绍了一个机器学习模型所使用的开发过程。

5.1.1 开发周期

机器学习的开发包括神经网络模型的设计、编程（编码）、训练，以及验证和评估。这些阶段构成了开发周期，网络模型架构师通过这些过程，为神经网络模型的设计提供评估和验证的反馈。这就构成了实现所需推理精度的开发周期[339]，如图 5.1a 所示。

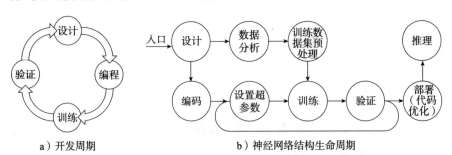

a）开发周期   b）神经网络结构生命周期

图 5.1 开发周期及其生命周期[339]

（**1**）**设计**。在设计网络拓扑结构的同时，其规模、每层激活函数的数量和层的类型、输入向量的大小、输出层的尺寸以及包括损失函数在内的训练类型都应该适合所设计的神经网络模型。输出是神经网络模型的一个规格描述。

（**2**）**编程（编码）**。神经网络模型的编码是基于规格描述的。一般来说，我们可以使用应用编程接口（API），或者一个框架，如 5.1.3 节所述，以缩短开发时间。

（**3**）**训练**。使用训练数据集、测试集和验证测试集对开发的神经网络模型进行训练。超参数根据上一周期的评估结果进行调整。

（**4**）**验证**。根据规格和验证测试集，对执行情况进行正确性验证。考虑性能验证和／或测试集的响应时间，其中前者检查执行情况，并达到所需的推理精度，作为一个泛化的性能。执行可以通过调整超参数和／或优化神经网络模型来进一步优化，最后向设计阶段提供反馈。

深度学习模型的生命周期的细节显示在图 5.1b 中。设计不仅涉及对神经网络架构的考虑，还涉及对用于训练的数据集的考虑。为了达到较高的推理精度并考虑架构，必须根据采样数据的构造方式对数据进行清理和分析。在验证之后，必须对原型代码进行重新编程以进行部署，因此，这一阶段涉及为目标硬件平台优化代码。

5.1.2　交叉验证

5.1.2.1　留出法

在 1.3.3.2 节，我们描述了一种基线验证，用于将训练数据集分成三个训练数据子集，即验证数据和测试数据，以避免将训练与评估结合起来。训练数据与验证和测试数据的混合意味着揭示了评估和测试的答案，因此，验证和测试的推理的准确性可以与训练分离开，反之亦然。

然而，这种过度拟合缺乏对训练结果的评估。这种类型的混合被称为泄露[214]。为了避免泄露，有必要对训练数据进行分割，这被称为留出法。

5.1.2.2　交叉验证

留出法只是将训练数据集分成子集，因此，当训练数据集本身较小时，可以实现小的验证和测试数据。

通过将数据集分成多组，并将一组分配给验证，其他组分配给训练，所有的数据集都可以用于训练和验证[214]。例如，当把训练数据集分成四组时，训练和验证可以被应用四次。这种方法被称为交叉验证法[154]。

5.1.2.3　序列数据的验证

由序列组成的数据，如时间线数据，则应保持其顺序。一个简单的方法是用留出法使验证和测试数据与当前的数据分离开。

以进行交叉验证为例，让我们考虑四个折叠。交叉验证将数据集分割成四个子集。整个过程由四个训练组成。最初，第一、第二和第三子集被用于训练，最后一个被用于验证。接下来，第二、第三和第四个子集被用于训练，而第一个子集被用于验证。对于第三个训练，第三、第四和第一个子集被用于训练，第二个子集被用于验证。对于最后一次训练，第四、第一和第二子集被用于训练，第三子集被用于验证[214]。

5.1.3　软件栈

开发机器学习模型的常用语言是 Python 脚本语言，如后所述。软件栈为开发提供了准备和支持，使其有可能实现高水平的编码和可移植性。

一个软件栈，从上层到底层，包括一个提供原语的 API（框架），这些原语提供常用的功能，并支持图形表示；一个库，如 NVIDIA 的 cuDNN，它被优化为在特定的平台硬件上执行；以及一个数值运算库，如 BLAS，用于矩阵和向量操作。

提供开发支持，如软件设计工具包（SDK）。

（1）应用程序编程接口（API）或框架。 应用程序编程接口（API）是一个由编码中经常使用的功能和程序例程组成的库。它定义了处理、输入和输出、数据类型和例程。表 5.1 列出了典型的开放源码的 API。

表 5.1　开源深度学习 API 的比较

API	创始人	开发语言	接口	预训练模型	网址
PyTorch	Facebook	C++，Python	C/ C++，Python	是	[27]
TensorFlow	Google Brain Team	C++，Python	C/ C++，Python	否	[174]

（2）库。 库用于为特定硬件架构优化的 API 原语的执行。通过分离 API 和库，框架可以针对特定的库进行更新，而库可以针对与框架隔离的特定硬件架构进行优化。平台硬件开发可以专注于开发属于 API 规格的最佳内核，这可以为每个硬件平台提供高性能[133]。

- cuDNN。cuDNN 使用显卡上的图形存储器，旨在加速张量操作，如卷积和线性代数操作[133]。常见的方法包括降低维度，应用快速傅里叶变换（FFT）实现卷积，以及直接对其应用矩阵运算等。从 GPU 上降低维度会增加片上内存的消耗，并限制 GPU 上的 DLP，最终增加外部内存访问。此外，cuDNN 不适合当前神经网络模型（如 CNN）中使用的小张量操作。FFT 消耗了相对较大的片上存储器。为了提供高性能，直接的矩阵操作倾向于为特定的尺寸进行优化，因此不适合普遍使用。一个 cuDNN 结合了降低和平铺来改善内存占用的问题和卷积的执行性能。
- BLAS。基本线性代数子程序（BLAS）被用作基本线性代数操作的库[238]。这些包括向量、矩阵—向量和矩阵操作。图 5.2 显示了 Python 程序的一个流程。它在通常执行的一个具体部分调用了一个 API，这个 API 会调用一个在特定的硬件架构上运行的库，并在该硬件上执行。结果被返回到使用 Python 程序编码的神经网络模型。

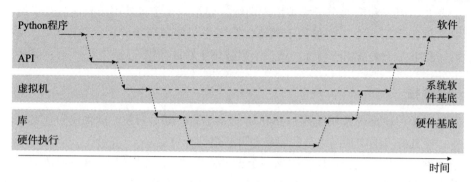

图 5.2　通过软件栈的程序执行

下层软件栈调用 API，如果可以在 GPU 上执行则 API 调用 GPU 的库，在 GPU 上执行后，参数从上层继承到下层。执行结果通过 API 返回给神经网络模型程序的实例。

5.2　编译器

有各种框架可供选择，用户可能希望使用他们喜欢的框架来达到这种目的。该框架应该可以由用户选择，如图 5.3 所示。

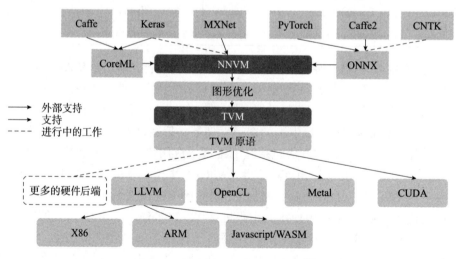

图 5.3　深度学习任务的工具流 [95]

5.2.1　ONNX

因此，在框架之间进行转换的 ONNX 就是这样一种选择。由一个特定框架描述的网络模型可以迁移到另一个框架。

　　ONNX 是开放的格式，用来表示深度学习模型[99]。目前 Caffe2、Microsoft Cognitive Toolkit、MXNet、Chainer、PyTorch 和 TensorFlow 都支持 ONNX 模型。任何输出 ONNX 模型的工具都可以从 ONNX 兼容的运行时和库中受益，这些运行时和库的设计是为了在业界一些最好的硬件上实现性能最大化。

5.2.2　NNVM

　　此外，我们可以使用一个 NNVM 来生成我们自己的一组路由和配置数据的二进制代码。一个 NNVM 编译器由一个 NNVM 组成，其结果被送入一个 TVM[95]。TVM 是一个张量中间表示（IR）栈，它起源于特定领域的语言 Halide[97]，它实现了计算图中使用的运算符，并为硬件的目标后端进行了优化。NNVM 目前只支持 MXNet 框架，对 Keras 的支持正在开发中；但是，我们可以通过应用 ONNX 来使用 NNVM 编译器，作为一个例子，可以简单地将 Caffe2 模型翻译成 MXNet 模型。

5.2.3　TensorFlow XLA

　　加速线性代数（XLA）是一个特定领域的线性代数编译器，用于优化 TensorFlow 的计算[100]。目前，XLA 同时针对 TensorFlow 和 PyTorch，包括与目标无关的优化和分析，之后进行与目标有关的优化和分析，以及针对目标的代码生成（后端）。

5.3　代码优化

　　通过修改代码以适应特定硬件平台的特点，程序可以在缩短执行时间的情况下执行；因此，我们可以加快训练的速度，而一般来说，训练需要很长的时间。

5.3.1　提取数据级并行

　　在 CPU 和 / 或 GPU 平台上，控制流指令是前瞻性执行的，因此，前瞻性执行引起的缺失预测涉及很多时钟周期的巨大惩罚。我们可以通过将几个标量数据打包成一个块，就像向量、矩阵和 / 或张量一样，减少创建循环的控制流指令的执行次数，从而减少由前瞻性执行引起的这种惩罚的数量。

5.3.1.1　向量化

　　当平台支持向量和矩阵操作时，编译器会生成向量和 / 或矩阵指令或例程，处理器使用这种数据块并行执行。

　　因此，我们可以期待在它的支持下提高性能。只需少量的投资，增加一小部分逻辑电路来支持这样的执行，就可以获得明显的性能改善。因此，与其在相同的执行模式下使用许多标量数据，以获得较短的执行时间，我们还不如使用这样的数据级并行执行的支持，在程序中采取将数组数据结构转化为向量、矩阵和 / 或张量，并进行适当的内存分配，释放内存冲突。

一般来说，一个循环体有两类数据依赖性。循环部分由控制流执行组成，如循环索引的计算，比较运算以决定是否退出循环，以及继续循环或循环体后的下一条指令的分支判定（基本块）。一种是迭代内依赖，即循环体的一次迭代中的数据依赖。另一种是迭代间依赖，即在循环体的多次迭代中的数据依赖。向量化必须考虑到这种依赖性，因此，应用向量化的机会是有限的。代码必须通过编译器后端实现轻松的向量化。

向量化删除了组成控制流的几条指令，并在循环中进行重复执行；因此，当循环中可向量化部分较小时，我们不能期望有改进。

5.3.1.2　SIMD 化

当打包数据中的一个元素没有数据依赖性时，这种独立的数据可以作为 DLP 来同时执行。

如果将一个向量细分为 N 个子向量的过程是并行执行的，我们可以期待 $O(N_{par})$ 倍的速度。单指令流多数据流（SIMD）侧重于具有多个独立数据的 DLP，并在同一时间使用同一操作。这种向量化和 SIMD 不仅需要应用并行执行的硬件支持，还需要解释并行执行的指令流片段（基本块）的编译器的支持。

SIMD 化通常集中在程序中的一个循环的一部分。当最里面的循环能够以 N 路进行展开时，我们可以映射 SIMD 操作单元的 $N \leq N_{max}$ 个通道，其中 N_{max} 是数据通路中由于其数据字宽而产生的最大通道数。SIMD 假定多个操作在循环中没有迭代内的依赖性，这需要在迭代循环体的语句之间进行链接。

5.3.2　内存访问优化

5.3.2.1　数据结构

使用向量化和将描述神经网络模型的代码的 SIMD 化，我们获得了执行速度的提高。然而，现实中的执行涉及从外部存储器加载和存储变量。这也涉及在操作前后将操作结果替换为特定的变量。因此，我们需要考虑将数据移动及其在硬件上的数据结构作为代码优化的方式。

存储器是由几个存储体构成的，在同一时间对同一个存储体的几次访问是受限的，作为一个逻辑电路设计，数据分配到存储器上会降低性能。对于存储在一个内存存储体中的数据集，程序试图读取或实现对数据集中几个数据的并行写入访问，这时内存访问会产生一个存储体冲突。这就产生了对内存存储体的顺序访问，引起了等待延迟，从而降低了性能。我们需要将程序中的 DLP 最大化。如果标量数据发生这样的内存冲突，只需增加额外的标量数据槽就可以解决，并调整内存映射来避免这个问题。

这种现象通常会发生在处理器的传统缓存上。张量变量中某一特定元素的内存冲突造成的开销[○]可能是张量变量中元素数量的数倍。为了避免存储数据的内存冲突，该架构有一个缓冲区；然而，如果内存写入事件的数量超过了缓冲区的大小，它很容易因顺序访问的长时间延迟而降低性能。

5.3.2.2　内存分配

因此，我们必须考虑在内存空间中分配的变量。然而，我们必须注意到，直接将变量分配到一个内存空间上会消除可移植性。在可移植性和由内存冲突引起的性能下降之间有一个权衡，我们必须考虑数据结构来抑制目标硬件的内存访问的这种开销。此外，对于程序中的一个循环，一般会考虑特定的内存访问模式，因此可以应用分片法[369]，比如处理迭代间数据依赖的代码部分。

5.3.2.3　内存中的数据字对齐以及缓存空间

内存地址空间是基于字节寻址的，一个地址分配给一个字节，连续的地址安排连续的以字节为单元的数据内存。传统计算系统中的内存地址空间是线性的。一般来说，像 char（8 位）、short（16 位）、int（32 位）和 long（64 位）这样的数据类型被排列在线性地址空间中。例如，int 是按 4 字节对齐的，因此，在 32 位地址空间中，从 0x00000004 到 0x00000007 的地址是一个数据字。

如果计算系统有一个用于深度学习任务的缓存存储器，我们除了考虑数据类型的对齐，还必须考虑缓存行的对齐。例如，如果缓存存储器有一个直接映射的缓存架构，并采取 64 字节的缓存行和共 256 行，它使用 32 位地址空间，其中低位的 6 位地址，用于映射到缓存行中的字节，接下来的 8 位用于将缓存行对应的数据块大小映射到 256 行的地址上。因此，上 18 位被用来映射一个 ID（称为标记），这 2^{18} 个数据块竞争高速缓存的一行。此外，如果数据块的单元访问不在高速缓存行的对齐排列上，高速缓存的行为会更加复杂。

5.4　Python 脚本语言和虚拟机

5.4.1　Python 和优化

C 语言不能改变数据类型，因为在函数描述的开头有类型声明。动态语言（称为脚本语言），如 Python，不声明数据类型[250]。Python 是一种简单的语言，其代码占用的空间相对较小。此外，Python 及其环境是开源的、免费的。

应该通过以下步骤进行优化；但是，这些步骤往往被忽视，所以我们应该记住它们[175]。

○　实际上，它可能是缓存内存行的数据数量的好几倍（缓存行大小）。

1）概要分析代码中出现的内容。

2）改进代码中的性能缓慢部分。

3）用概要分析法检查更新的部分。

有三个主要原因导致了较低的执行性能和高资源消耗[175]。

- CPU 受限（CPU bound）。这种状态在处理器上是一个高计算需求的工作负载。向量化和 SIMD 化可以减轻压力。低工作负载与内存受限问题有关，我们需要检查操作数的内存存储体冲突。

- 内存受限（Memory bound）。数据结构和算法之间的不匹配是一种不必要的内存访问的状态，从而产生内存冲突。我们可以通过计算总内存访问量与实际内存访问量的比率来检查这种状态。在操作方面，这涉及数据结构，使用正确的结构很重要。

- I/O 受限。这个状态是 I/O 处理的等待时间。异步处理被用来消除等待时间，或在此状态下踢给另一个任务。多线程会产生这种状态。

由于 Python 的以下规定，Python 上的优化在向量化和 SIMD 化方面有困难[175]。

Python 对象不能保证最佳的内存分配。Python 支持垃圾收集、自动保留和释放，因此很容易发生内存碎片化。[⊖]

Python 应用了自动类型设置，而不是编译器设定，这产生了一些问题。

代码执行的顺序可以动态改变，因此使代码（算法）优化变得困难。

5.4.2　虚拟机

Python 语言是一种在虚拟机上运行的脚本语言。虚拟机模拟了一个计算机系统，特别是一个处理器和内存系统。Python VM 中的处理器采取堆栈类型，而不是 R-R 类型，其中所有操作数都在一个 RF 中。[⊜]

Python VM 将一个 Python 脚本解释为操作软件上的字节码（指令集）。仿真器引擎执行解释后的指令片段。详细来说，仿真器引擎执行与字节码相对应的程序。

一个虚拟机系统构建了一个由运行源代码组成的内存镜像，在虚拟机中，处理器从内存中获取并执行字节码。因此，与传统计算机类似，它有上下文信息。[⊜]通过切换上下文，几个进程可以在虚拟机上运行。此外，一个调度类型（解码和分发方法）的仿真器引擎执行字节码对应的解释例程，它是由传统处理器中使用的调度器机制实现的。

图 5.4 显示了虚拟机中使用的常见示意框图[329]。装载器制成了要执行的源代码的内存映像。在构造过程中，将源代码解释为字节码是很有效的。从内存镜像中读取组成的字节码，或者在读取一行尚未解释为字节码的源代码时将其解释为字节码，然后虚拟机执行与

⊖ 计算机中的内存是以一种叫作页的单位大小来管理的。在虚拟内存上的内存分配和释放在虚拟内存中产生了几个不连续的区域的分配。这就造成了缓存内存的低命中率，降低了性能。

⊜ 一个R-R类型，即一个寄存器-寄存器类型，假定在使用变量和/或常量之前，所有操作数变量在RF中已经准备就绪。RF=寄存器文件。

⊜ 上下文是处理器中寄存器的信息，它保持着处理器的状态。

该字节码相对应的程序。它在执行时引用上下文，模拟堆栈型处理器的机制。

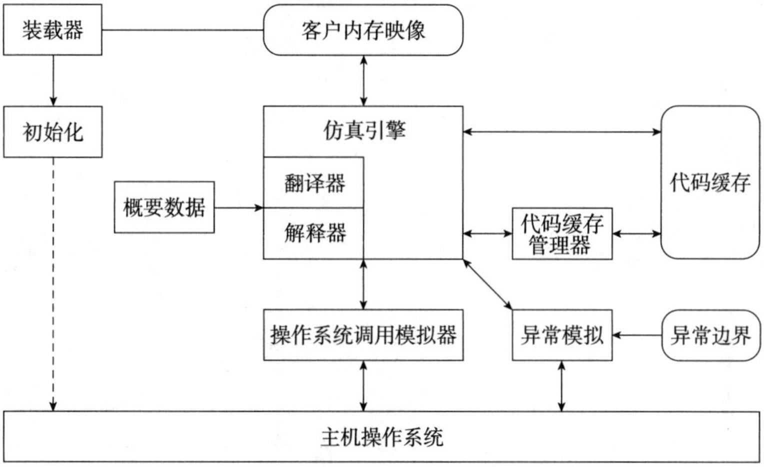

图 5.4　进程虚拟机框图 [329]

特定虚拟机的不同平台有不同的内存寻址模式，因此，内存地址转换很重要。例如，它检查小端或大端 ⊖，并从虚拟机的内存中获取字节数据。

5.5　计算统一设备架构

图 5.5 显示了存储和计算统一设备架构（CUDA）概念之间的映射关系。微处理器和 GPU 分别在左边和右边。

处理器和 GPU 通过一个 PCIe 互连网络相互连接。它们之间的通信是基于它们之间共享的统一内存地址空间中的数据传输。双方的 DRAM 被视为一个统一的存储器。数据传输通过带有内存复制功能的 CUDA 的传输任务在两边的外部内存（DRAM）间进行。

因为 GPU 有一个 DSA，它是专门用于图形处理的。因此，它为不同的任务提供了专门的存储缓存。GPU 的常量缓存和纹理缓存被映射到 DRAM 的特定区域。当发生缓存缺失时，这种缓存会分别加载常量和纹理。

一个千兆线程引擎（Gigathread Engine）控制着网格，这些网格被分配给 SMP。选定的网格使用一个线程束（Warp）调度器进行调度和分配。每个线程都被分配到一个特定的处理器，它有一个专用的程序计数器（PC）。一级缓存和共享内存被映射到一个片上存储器。共享内存可用于线程之间的通信。CUDA 可以处理寄存器文件、一级缓存和共享内存的存储。

⊖　字节数据顺序基于其地址的大小，大端就是高位字节排放在内存的低地址端，低位字节排放在内存的高地址端。小端就是低位字节排放在内存的低地址端，高位字节排放在内存的高地址端。——译者注

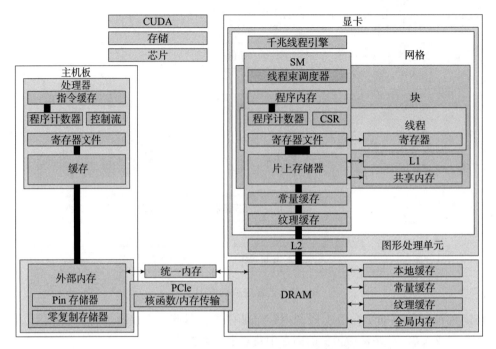

图 5.5　存储和 CUDA 概念之间的内存映射

　　一个线程块中的线程可以通过映射到片上存储器的共享内存相互通信。线程有一个与传统处理器相当的上下文。RF 在 CUDA 上是可见的（作为一个寄存器）。

CHAPTER 6

第 6 章

性能提升方法

更深的流水线是提高性能的一种流行的方法，通过细分模块来实现更高的时钟频率，然而流水线寄存器引入了更大的功耗。本章介绍了不考虑使用更深的流水线的性能提升技术。

数据移动量越大，在芯片上引入的能源消耗量也越大，并且，外部内存访问的增多会导致较大的能源消耗量和较高的延迟；因此，能源效率很容易因外部内存访问的低性能而下降。CPU 和 GPU 也有同样的问题。然而，它们并不关注外部存储器访问，只是简单地应用高性能的外部存储器控制。它们也没有找到降低能耗的方法，而只是简单地应用 8 位或 16 位数据宽度的量化。本章介绍了机器学习硬件中常用的提高硬件性能或能耗的方法。

6.1 模型压缩

我们把一种旨在减少构成神经网络模型的参数数量的方法称为模型压缩。这种技术减少了对外部存储器的访问，从而减少了其流量和等待时间；因此，执行时间和能源消耗也可以得到提高。

6.1.1 剪枝

当一个神经网络模型针对给定的训练数据集具有多余的表示能力时，它在输入向量中引入一个多余的维度，并且很容易发生过拟合。当一个神经网络模型有不必要的单元或边时，一种方法是通过修剪那些对推理的准确性没有任何贡献的边，将其参数设置为零。这导致修剪后的神经网络模型只有对准确性有贡献的单元和边。然而，作为修剪的基线，其目的是简单地用零来代替不具影响的参数。通过使用零值跳过方法优化这样一个稀疏的神经网络,如6.4节所述,网络模型本身的大小,即占用空间大小,可以被减少。

6.1.1.1　剪枝的概念

当更新的权重低于一个特定的阈值时,就可以实施边剪枝。当原始神经网络模型的所有权重都被剪枝后,一个值作为常数被添加到偏置项中。剪枝可以在训练阶段应用。当所有连接到该单元的边被剪枝后,该单元就被剪枝了。

因此,有可能出现多米诺骨牌效应,即一个层中一个单元的修剪会在下一个层中引入零激活,如图6.1所示。因此,这可以形成一个层中单元的剪枝,而且这种剪枝会重复进行,直到多米诺骨牌效应的结束。因此,剪枝产生了参数的稀疏张量。稀疏张量可以通过编码来组成,用CSR或CSC编码去除这些零,如6.4.2节所解释,或者当单元被移除时,神经网络模型可以被优化到一个更小的规模。

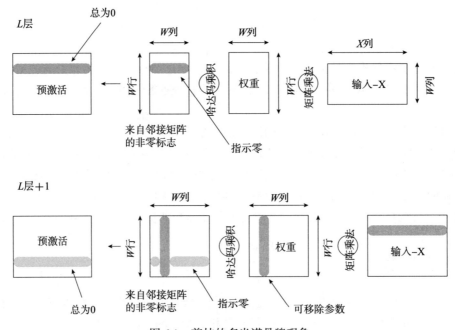

图 6.1　剪枝的多米诺骨牌现象

用零值跳过剪枝,导致相对较小的神经网络模型,它有一个小的参数集,因此可以减少外部内存访问;但是,芯片上的额外数据流量会产生一个等待时间,内存大小的要求可以减少。

如图6.2所示,发生了一个颗粒度的剪枝。细粒度剪枝的目的是修剪张量中元素的随机位置。当一个数据结构在张量上具有一个行优先的顺序时,下一个更粗粒度的层次是对列元素进行剪枝,它采取的是相当于张量中列数的位置的常数偏移。下一个层次是对行元素进行剪枝,这些元素在行优先顺序上是相邻的。这两级是单维剪枝。第四级是修剪多个维度，是粗粒度的剪枝。第五级是对张量本身进行剪枝。最后，最后一级是在并行训练的情况下修剪神经网络模型，这需要多个具有不同初始参数或不同结构的网络模型。

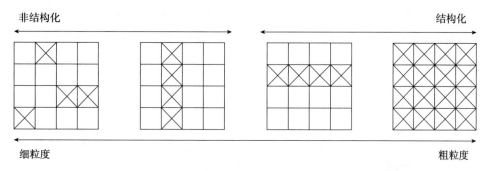

图 6.2 张量的剪枝粒度

6.1.1.2 剪枝方法

有两种主要的剪枝方法[304]，即敏感性方法和惩罚项方法，前者估计误差函数对可移除元素的敏感性，后者在目标函数中加入一些项，对选择有效方案的网络进行奖励。这两种方法的共同点是找到对前向传播没有贡献的权重。因此，在训练过程中找到一个几乎为零的权重就足够了，并使用一定的阈值来过滤可移除的权重。

（1）**敏感性方法。**该方法通过检查误差函数的行为来估计参数对网络模型输出的贡献。敏感性可以根据误差函数的行为来估计；因此，我们可以使用误差函数的导数。一种方法是应用权重的活动，而导数是针对活动的。通常的平方误差之和被用于训练。另一种方法是使用通过 epochs 的导数之和，而导数是针对总和的。训练后，每个权重都有一个估计的灵敏度，灵敏度最低的权重可以被删除。另一种方法是通过估计误差相对于权重的二阶导数来衡量权重的"显著性"。这种方法使用黑塞（Hessian）矩阵元素来表示误差函数 E 的梯度导数。剪枝是迭代进行的，即训练出合理的误差水平，计算出突出性，删除低突出性权重，然后继续训练[304]。

（2）**惩罚项方法。**通过这种方法，在误差函数中加入了一个成本项。敏感性 S 不是实际删除权重并直接计算 $E(0)$，而是通过监测权重在训练期间经历的所有变化的总和来近似计算。一个单元所消耗的"能量"，即"它的活动在训练模式中的变化程度"，是其重要性的一个标志[304]。如果该单元变化很大，它可能编码了重要的信息。如果它没有明显的变化，它可能没有携带多少信息。一种方法是用能量项来表示惩罚。尽管训练时间很长，但没有观察到过度训练的效果，表明网络被减少到最佳的隐藏单元数量。另一种方法使用网络复杂度项，由所有连接复杂度的总和表示。误差函数被修改以最小化隐藏单元的数量和权重的大小。这两种方法都需要替代的超参数来调整额外成本项的影响。

6.1.1.3 剪枝的例子：深度压缩

图 6.3 显示了一个剪枝的例子[184]。修剪从通过普通训练学习神经网络中的连接开始，得到一个稀疏的结构。稀疏性被用来剪枝具有小权重的连接。这种剪枝是基于一个阈值的。它最终重新训练神经网络以获得可用于推理的参数。非零数通过 CSR 或 CSC 编码处理，如 6.4.2 节所述。

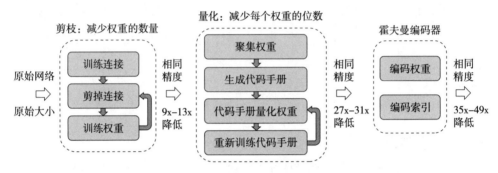

图 6.3 剪枝示例：深度压缩[184]

表 6.1 总结了深度压缩对 LeNet-5 图像分类模型的影响。如表所示，卷积层分别减少了66% 和 12%。此外，剪枝后的总权重也很显著，减少了原始模型权重的 8%。

表 6.1 在 LeNet-5 上剪枝如何减少权重数量[184]

	卷积层 1	卷积层 2	输入 1	输入 2	总计
权重的数量（×10³）	0.5	25	400	5	431
剪枝后权重数量的变化（%）	66	12	8	19	8

6.1.1.4 非结构和结构剪枝

具有零值的元素是依赖于训练的，我们无法预测非零元素的位置。因此，非零元素的位置的随机性使得模型难以压缩。

为了使压缩更容易，人们研究了结构剪枝。结构剪枝的目的是修剪特定的位置，以方便在张量中创建一组零和非零。结构剪枝减少了非零位置的索引开销，因此有助于简化硬件。

6.1.1.5 dropout 和 dropconnect 的差异

dropout 和 dropconnect 根据每个 epoch 的概率进行剪枝，而不是根据贡献度和一定的阈值；这些随机删除单元或边，如 6.1.2 节和 6.1.3.1 节所述，在训练阶段进行。此外，这些技术使用被移除的单元和边进行重建，因为其目的是提高参数值，以实现更大的特征表示，最终获得高的推理精度。在推理阶段，这些技术对参数和单元数量的减少没有贡献，尽管剪枝确实有助于这一目的。因此，剪枝有助于减少计算复杂性、片上存储器大小、片上流量，并最终提高能源效率。

6.1.2　dropout

大型网络的使用速度也很慢，因此很难通过在测试时结合许多不同的大型神经网络的预测来处理过拟合问题[336]。dropout 是一种用于解决这个问题的技术。

6.1.2.1　dropout 的概念

dropout 是用来在训练期间使 MLP 网络中的激活函数失效的。一层中的哪个激活函数被放弃是根据概率决定的。一个 epoch 的训练可以减少激活函数的数量，因此它的输入边，即连接到函数的权重，可以被删除。此外，这种方法不需要持有激活函数以及它的导数的输出。因此，它为时间数据集创造了一个相对较小的占用存储空间。例如，对参数张量使用稀疏表示，对权重进行人工遮蔽，可以有效地减少占用存储空间，同时保持原始张量。

6.1.2.2　dropout 的方法

图 6.4a 和图 6.4b 显示了在不同 epoch 中的 dropout。对于 dropout，激活函数（s）是根据概率随机选择的，这是多少个节点被丢弃的比率。在测试和部署神经网络后，每个权重都要乘以该层被丢弃的概率，以调整激活值，因为丢弃的节点数量与概率相当。

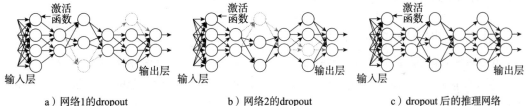

a）网络1的dropout　　　　b）网络2的dropout　　　　c）dropout 后的推理网络

图 6.4　dropout 方法

在文献 [336] 中，指出了 dropout 的特征。因为 dropout 可以被看作一种随机的正则化技术，所以很自然地要考虑它的确定性对应物，它是通过对噪声进行边际化而得到的。在这项研究中[336]，我们表明，在一个简单的案例中，dropout 可以被分析性地边际化，从而得到一个确定性的正则化方法。dropout 可以被解释为一种通过向神经网络的隐藏单元添加噪声来使其正则化的方法。在 dropout 期间，我们在噪声分布下随机地最小化损失函数。这可以被看作最小化一个预期损失函数。

通过使用伯努利分布来选择要丢弃的节点，预激活 $z_i^{(l)}$ 可以表示如下：

$$r_j^{(l-1)} \sim \text{Bernoulli}(p) \tag{6.1}$$

$$z_i^{(l)} = w_i^{(l)}\left(r_j^{(l)} \circledast x_j^{(l-1)}\right) + b_i^{(l)} \tag{6.2}$$

其中 $r^{(l)}$ 作为节点的掩码操作。这种方法在训练时能有效地减少全连接层中的单元。谷歌最近激活了一项 dropout 专利[197]。

图 6.5a 显示了在不同的神经网络模型上没有和有 dropout 的错误率。很明显，应用 dropout 可以提高推理的准确性。就激活而言，稀疏性从图 6.5b 所示的弱变为图 6.5c 所示的强。大多数激活值接近于零，只有少数高值。

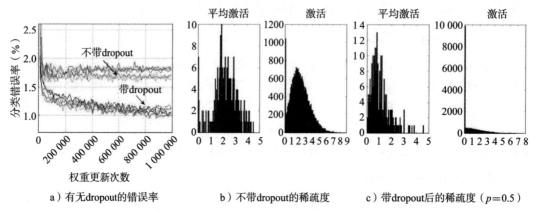

a）有无dropout的错误率   b）不带dropout的稀疏度   c）带dropout后的稀疏度（$p=0.5$）

图 6.5   带 dropout 的错误率和稀疏度[336]

6.1.3   dropconnect

6.1.3.1   dropconnect 的概念

dropout 以每层的概率使激活函数失效；类似地，dropconnect 利用概率使边失效[363]。因此，这项技术是一个广义的 dropout 模型。也就是说，当一个激活函数的所有边都被移除时，dropconnect 等同于 dropout。与 dropout 类似，这种方法可以有效地减少全连接层中的边。

6.1.3.2   dropconnect 的方法

dropconnect 需要概率 p 和每层的每条边的无效性来实现有效的丢弃。一组验证标志可以通过以下方式获得：

$$M_{i,j}^{(l-1)} \sim \text{Bernoulli}(p) \tag{6.3}$$

M 相当于一个权重矩阵的掩模矩阵。然后可以按以下方式进行预激活[363]。

$$z_i^{(l)} = M_{i,j}^{(l-1)} \circledast w_i^{(l)} x_j^{(l-1)} + b_i^{(l)} \tag{6.4}$$

6.1.4   蒸馏

6.1.4.1   蒸馏的概念

这种方法的重点是训练一个小规模神经网络模型，该模型是从训练过的神经网络模型中提炼出来的。在对小规模神经网络进行训练后，它在训练后的神经网络的推理性能上获得了成功，如图 6.6 所示。

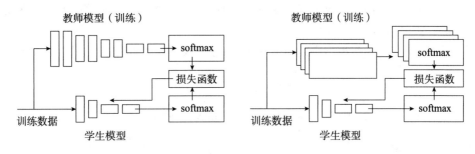

a）利用大规模教师模型进行蒸馏   b）使用教师模型集合进行蒸馏

图 6.6 蒸馏方法

因此，它在较小规模的神经网络上以较小的参数数量运行，因为小规模的神经网络有较小的参数数量，每层的单元数量较少，层数也比训练好的神经网络模型少。因此，加载参数的数量相对较少，在较小的网络拓扑结构上以较小的计算复杂度执行，从而降低了延迟时间。

普通规模的训练有素的神经网络将小规模的网络模型作为学生来教导。因此，受过训练的神经网络模型和小规模的神经网络分别被称为教师和学生模型。正如最初的想法，知识从教师模型提炼到学生模型[196]。一般来说，应用 softmax 模型之前的输出在不同类别中具有共同的特征，提炼的重点是在使用输出时正确识别未知数据。

学生模型可以使用教师的预测和标签，使用标签的损失被称为硬目标损失；否则，使用教师的预测的损失被称为软目标损失。

6.1.4.2 蒸馏方法

蒸馏的重点是分类问题，它使用 softmax 函数，其表示方法如下。

$$\mathrm{softmax}(x_i)=\frac{\mathrm{e}^{x_i}}{\sum_j \mathrm{e}^{x_j}} \tag{6.5}$$

这个函数显示了每个类别的概率。原始方法在 softmax 中使用温度 T，如下所示[196]。

$$\mathrm{softmax}_{\mathrm{distil}}(x_i)=\frac{\mathrm{e}^{\frac{x_i}{T}}}{\sum_j \mathrm{e}^{\frac{x_j}{T}}} \tag{6.6}$$

较大的 T 使输出分布更柔和。超参数 T 使得从教师模型到学生模型的知识有效转移成为可能。教师和学生模型应用修正的 softmax，学生应用交叉熵的损失函数，具体如下[196]。

$$\text{Loss}_{\text{student}} = -\sum_i \text{softmax}(i)_{\text{distil}}^{\text{teacher}} \log\left(\text{softmax}(i)_{\text{distil}}^{\text{student}}\right) \qquad (6.7)$$

请注意，修改后的 softmax 有超参数 T，这使得它的导数小了 $1/T$ 倍，因此，在使用软目标损失时，需要用 T 进行放大。

另一项研究[113]对学生模型中的损失使用了 L2 范数，具体如下。

$$\text{Loss}_{\text{student}} = \frac{1}{2} \| z - v \|_2^2 \qquad (6.8)$$

其中 v 和 z 分别是对教师和学生模型应用 softmax 之前的输出。

6.1.4.3　蒸馏的效果

表 6.2 显示了蒸馏法对 ResNet 模型的影响。第一行显示了教师模型（标记为 T），它有 2 810 万个参数，错误率分别为 26.73% 和 8.57%。第二行和第三行显示的是学生模型；这个规模较小的模型的参数数量不到一半，推理准确率大约下降了 3 个点。此外，乘加的总数量量（MAD）也减少了一半。应该指出的是，尽管在调优技术中使用的相同规模的模型有更少的参数，但推断的准确性却得到了提高。

表 6.2　通过蒸馏得到的参数个数和推理误差 [143]

模型	参数	乘加的总数量	top-1 错误率（%）	top-5 错误率（%）
ResNet34（T）	28.1×10^6	3.669×10^9	26.73	8.57
ResNet18（S）	11.7×10^6	1.818×10^9	30.36	11.02
ResNet34G（S）	8.1×10^6	1.395×10^9	26.61	8.62

6.1.5　主成分分析

6.1.5.1　PCA 的概念

主成分分析（PCA）是一种将原始输入数据线性地转换成其中输入数据元素之间不相关的空间的方法，因此具有较少的元素数量。

我们可以看到，输入向量在绘图中具有自己的分散性，在其旋转后可以映射到轴上。这被应用于将 D 维的离散性映射到更低的维度上，如（D-1）维。重复这个过程，较低维度的信息较少，因此 PCA 是一种有损失的近似方法。一个较小的输入向量有可能实现一个相对较小的神经网络模型。它用降低的训练数据集进行训练，在应用于推理时需要降低输入向量，并在输出层上重建输出。

6.1.5.2　PCA 的方法

让我们设定有 m 个元素（m 维）的输入向量 x 和一个二维空间。通过绘制元素，它将显示其自身的分散性。首先，我们需要计算一个协方差矩阵 Σ[25]，

$$\Sigma = \frac{1}{m}\sum_{i=1}^{m}(x^{(i)})(x^{(i)})^{\top} \tag{6.9}$$

然后我们可以计算出特征向量 u_1，u_2，最后是 u_n。通过将特征向量设置为 U 的列，可以形成矩阵 U。输入向量可以通过以下公式旋转到 x_{rot}[25]。

$$x_{\text{rot}} = U^{\top}x = \begin{bmatrix} u_1^{\top}x & u_2^{\top}x \end{bmatrix}^{\top} \tag{6.10}$$

当然，逆旋转是 $Ux_{\text{rot}} = x(UU^{\top} = I)$。旋转后的输入数据可以被映射到较低维度的 $\tilde{x}^{(i)}$，如下所示。

$$\tilde{x}^{(i)} = x^{(i)}_{\text{rot.1}} = u_1^{\top}x^{(i)} \tag{6.11}$$

当 $1 \leqslant i \leqslant n$ 时，对于 $k \in i$，在 k 达到零后，可以实现轻权重。然后进行 n 次降权后，我们就可以得到降权后的输入向量。

6.1.6　权重共享

请注意，这种权重共享与应用于训练的权重共享不同。

6.1.6.1　权重共享的概念

每一层的参数集的权重数量由输入激活的维度和该层的激活函数的数量决定。通过在层内或层间共享权重，这种方法可以减少权重的总数。这种技术被称为权重共享。通过准备一个机制来分享具有相同值的权重，可以减少权重的总数。在 6.2.3 节中描述了一种切边，可以应用于创建一个共同的值。

6.1.6.2　权重共享方法的例子

图 6.7 显示了采用近似法的权重共享的方法[183]。上半部分显示了索引是如何被用于分享的。一个索引是对一个近似值的识别。同一范围内的权重值具有相同的索引。在这个例子中，权重共享共四组。

这种方法的复杂性是基于如何在参数张量中创建一组索引。有必要确定每个范围的索引，并在张量中的特定索引中寻找一个。此外，还有必要从张量中创建一组索引，这需要与支持的张量的最大尺度成比例的其他存储资源。

底部显示梯度，梯度被索引分组；一组被求和（归约），但不被除以 4 来生成平均值，因为我们想做"四个"梯度值。总和的值用于权重更新。

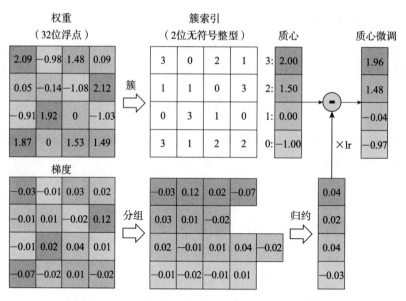

图 6.7　采用近似法的权重共享和权重更新[183]

　　图 6.8a 显示了应用权重共享的数据大小。y 轴和 x 轴分别是以元素数计算的总张量大小和以比特计算的量化字宽。字宽按对数尺度增长，因为量化时有一个基于类数的等效簇索引，尽管总张量大小是线性增长的。分享适合于小规模的张量，可以有相对充足的量化值，如图 6.8b 所示。这意味着在张量中应将共享或出现共同值的概率设置得相对较大；然而，这很可能会给有效训练带来困难。

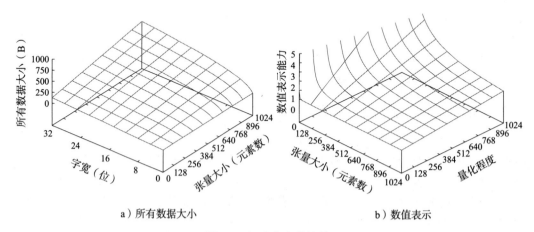

a）所有数据大小　　　　　　　　b）数值表示

图 6.8　权重共享的效果

6.1.6.3　张量近似

　　减少参数张量中元素数量的另一种方法是通过组成一组低阶张量来近似张量。在进行近似之前，我们需要对张量进行因子化。让我们假设有 $n \times n$ 个维度的张量 A，有一个特征值 λ 和一个特征向量 x，如下所示。

$$Ax = \lambda x \qquad (6.12)$$

上述等式可以改写如下，

$$(A - \lambda I)x = 0 \qquad (6.13)$$

其中 I 是一个等同张量。那么它的判定等于零。因此，我们通过对判定进行因子化，得到了 A 的因子化张量。此外，我们用式（6.13）得到特征向量。我们得到的特征向量的数量达到了 n。

特征值分解是在对称张量的特殊情况下，对张量进行因子化的第一步。张量 A 可以用对角线张量 D 表示，其非对角线元素为零。

$$A = PDP^{-1} \qquad (6.14)$$

其中 D 的对角线元素是张量 A 的特征值。通过在获得特征值后计算张量 P，我们得到对角线张量 D，因此我们最终得到一个分解的张量，通过式（6.14）表示。

我们可以将该分解扩展为具有不对称形状的普通张量，这被称为奇异值分解（SVD），其表示方法如下，

$$A = U \Sigma V^{\top} \qquad (6.15)$$

张量 U 和 V 是对称张量，而 Σ 是一个非对称张量，相当于式（6.14）中所示的对角线张量 D。非对称张量，称为奇异值矩阵 Σ，需要一个零的填充。奇异值矩阵有一个非零的对角线元素，等于一个特征值的平方根。通过计算 $A^{\top}A$ 的特征值分解，可以得到右奇异矩阵 V。这时，我们也通过计算特征值的平方根得到 Σ。计算之后，我们可以计算出左奇异矩阵 U，其列向量 u_i 如下。

$$u_i = \frac{1}{\sqrt{\lambda_i}} A v_i \qquad (6.16)$$

其中 v_i 是右边奇异张量 V 的第 i 个列向量。然后我们可以改写式（6.16）。张量 A 的列向量 A_i 可以定义如下，

$$A_i = u_i v_i^{\top} \qquad (6.17)$$

最后，我们得到一个由 r 阶低级张量组成的近似张量 A，如下所示。

$$A = \sum_i^r \sqrt{\lambda_i} A_i \qquad (6.18)$$

6.2 数值压缩

我们把去除或减少组成张量的元素的技术称为参数压缩。

6.2.1 量化和数值精度

6.2.1.1 直接量化

量化是用来在数据字的字宽约束下，用代表一个字的比特数来做一个离散的数字表示。无符号整数表示法的直接量化 DQ(*) 是用以下公式计算的。

$$\mathrm{DQ}(x)=\left\lfloor \frac{2^{Q}-1}{2^{W}-1}x \right\rfloor \tag{6.19}$$

其中 Q 和 W 是量化后和量化前的位宽，或者说 $2^{W}-1$ 是数字表示的绝对最大数量。DQ(x) 的输入 x 和输出有一个数值上的差距，这被称为量化误差或量化噪声。如果 W 较大，则误差与输入 x 不相关；但是，当 W 较小时，则误差与输入 x 相关，并产生失真 [348]。

6.2.1.2 线性量化

在浮点数量化的情况下，它需要一个更广泛的表示范围，因此量化不能有效地覆盖或创建一个稀疏的数字表示。因此，这样的量化需要一个剪裁，使得 x 可以拥有最大和最小的输入数为 Clip(x)=min(MIN，max(MAX，x))。我们可以做出这样的线性量化 LQ(*)，如下。

$$\mathrm{LQ}(x)=\mathrm{Clip}\left(\lfloor S\times x \rceil\right) \tag{6.20}$$

其中 S 是量化缩放因子，其确定方法如下。在 Clip 函数中，数值中带有一个符号标志位。取 MIN 为 $2^{Q-1}-1$，MAX 为 $2^{W-1}-1$，Q 和 W 是量化后和量化前的位宽。

$$S=\frac{2^{W-1}-1}{2^{Q-1}-1} \tag{6.21}$$

其中 W 位也被假定带有符号标志位。

6.2.1.3 较低的数值精度

因为单精度浮点的数字表示法有一个共同的表示方法，已经有一些报告证明，没有必要采用这种高精度的数字表示法 [317]。这是从 2017 年的 16 位定点表示开始的，它实现了只取 -1 或 $+1$ 的二进制表示。表 6.3 显示了数字表示法的摘要。FP、BF 和 FX 分别是浮点、BFloat 和定点。

表 6.3 数字的数值表示

格式	x 的表示
FP32	$-1^{x[31]}\,2^{x[30:23]-128}\{1.x[22:0]\}$
FP16	$-1^{x[15]}\,2^{x[14:10]-16}\{1.x[9:0]\}$
BF16	$-1^{x[15]}\,2^{x[14:7]-128}\{1.x[6:0]\}$
FX32	$-1^{x[31]}\,\{(x[31])\,?\,\tilde{x}[30:30-Q].x[30-Q-1:0]+1:x[30:30-Q].x[30-Q-1:0]\}$

（续）

格式	x 的表示
FX16	$-1^{x[15]}\{(x[15])?\tilde{x}[14:14-Q].x[14-Q-1:0]+1:x[14:14-Q].x[14-Q-1:0]\}$
Int8	$-1^{x[7]}\{(x[7])?\tilde{x}[6:0]+1:x[6:0]\}$
Ternary	$\{-1,0,+1\}$
Binary	$\{-1,+1\}$

首先，这些被应用于参数；目前，它们也被应用于激活。此外，不仅是推理，而且是训练，梯度计算也被认为是采取二值计算。

单精度浮点算术运算有一个共同的数据精度，对推理精度和数据精度之间关系的研究表明，较低的精度对推理来说是足够的[317]。一个层上的必要的数值精度似乎与前面的层和后面的层有关。乘法器上的乘加（MAD）可以有较低的精度，可以采取整数和/或定点表示；但是，这种乘积的总和不能更低，因为整数表示的位宽决定了在一个特定的神经元（激活函数）上处理多少个突触，即多少个权值。这样的限制很容易实现，需要有一个饱和度；但是，这往往在大规模的神经网络模型上造成饱和。例如，Xilinx 报告[166]显示了一个 8 位整数，这可能是在 DSP 块上配置的 MAD 的乘数。

（1）**BFloat16**[93, 215]。BFloat16 相当于单精度浮点表示法（FP32）中最高 16 位部分，从 FP32 舍入到最近的偶数（RNE）。因此，它可以简单地从 FP32 转换为 BFloat16，方法是切断 FP32 数字中最低 16 位尾数部分，用这部分计算出 RNE 数字。它支持 NaN 型，与 FP32 类似。

这种表示方法有两个优点。一个优点是可以简单地与 FP32 进行转换。另一个优点是 BFloat16 的范围与 FP32 相同（它们有相同的指数范围）。这一优点消除了对超参数调整的需要，而其他数值表示法需要超参数调整来提高收敛性。在乘法上混合使用 BFloat16，在加法上混合使用 FP32（累加），实现了接近全 FP32 的训练结果，这意味着在全 FP32 训练和混合训练之间发生了几乎相同的收敛性。

（2）**16 位定点数**[177]。对于宽度较窄的定点表示法，必须考虑有限的宽度导致的进位，这样就会出现意想不到的小数字。研究表明，即使采用 16 位的定点表示，通过对定点进行适当的舍入，也可以获得与单精度浮点运算类似的推断精度。人们提出了两种舍入方法，即四舍五入和随机四舍五入。随机四舍五入的方法得到的推断精度与单精度浮点的推断精度相当。

（3）**动态精度**[140]。对于定点表示，虽然分数的乘除法需要移位操作，但加减法可以用普通的整数运算来进行。假设整数在特定层上的参数和输入激活中具有相同的宽度，有人提出了动态改变分数的宽度的方法。这种方法检查溢出率，当溢出率小于参数和输入激活的溢出率时，增加分数宽度；当溢出率是参数和输入激活溢出率的两倍时，减少分数宽度。

前向和后向传播在更新参数时设置了 10 位和 12 位的分数，实现了与单精度浮点运算相似的推理错误率。

（4）**BinaryConnect** [142]。随机二值化也被研究过。一个参数是一个实数，参数被送入一个用于推理和训练的 Hard_Sigmoid 函数，并使用 0.5 的阈值将参数二值化为 +1 或 -1。如果 Hard_Sigmoid 函数 $\left(\text{Hard\_sigmoid(x)}=\max\left(0,\min\left(1,\frac{x+1}{2}\right)\right)\right)$ 小于或等于 0.5，则将 -1 设置为参数，如果大于 0.5，则设置为 +1。在更新参数时，具有原始实数的参数被剪掉。使用这种方法，在推理和训练中不需要乘法器，只需在加法器上检查加减法的符号标志即可。

（5）**BinaryNet** [141]。BinaryNet 的二进制化方法与 BinaryConnect 的方法不同。只有一个符号标志被检查。通过将正值或零值设置为 +1，将负值设置为 -1，可以用 XNOR 操作代替乘法。因此，这种方法可以去除乘法器，并可以提高集成度，实现更高的并行操作。在推理时，输入层上的输入向量需要用其位域宽度进行 XNOR 运算，下面各层可以应用基于 XNOR 的点积法。

推理和训练都使用了批次归一化。在基准中，虽然出现了比 BinaryConnect 更大的测试错误率，但学习速度却很快。

（6）**二进制加权网络** [301]。一个二进制加权网络有二进制（单比特）参数。卷积可以是 $IW \approx \alpha(IB)$，其中 I 和 B 分别是输入和 {-1, +1}。因此，由 1 位代表的 α 是近似的缩放系数。这里，当 B 有符号标志断言时，-1 被设置为参数；否则，+1 被设置为参数。这里，α 具有以下平均范数 L1：

$$\frac{\|W\|_{l1}}{n}=\frac{\|W\|_{l1}}{c \times w \times h} \tag{6.22}$$

其中 c、w、h 分别为通道数、滤波器（核）宽度和滤波器（核）高度。因此，$\alpha(IB)$ 上的每一行都可以通过用 B 加或减 I 的每一行再乘上缩放比例 α 得到。二值化在推理和训练时应用，但在更新参数时不应用，与 BinaryNet 类似。

（7）**XNOR-Nets** [301]。XNOR-Nets 不仅对参数进行二进制化，而且对输入向量进行二进制化。输入向量中的元素的符号标志也被检查，断言被设置为 -1；否则设置为 +1，因此我们得到输入 $I=\{-1, +1\}$。卷积可以是这样的。

$$IW \approx \left[\text{sign}(I) \circledast \text{sign}(W)\right] \odot K \odot \alpha \tag{6.23}$$

其中 K 是一个滤波器（内核），$\text{sign}(I)$ 是一个通过检查 I 的符号标志的二进制化函数，其中 $\circledast$ 是 $\text{sign}(I)$ 中的行元素和 $\text{sign}(W)$ 中的列元素之间的点积。点积可以用 XNOR 和一个种群计数器来实现。与 BinaryNet 类似，点积不用于更新参数。

（8）**量化神经网络**（**Quantized neural network**）[203]。BinaryNet 和 XNOR-Nets 上的梯度计算使用实数。一个量化的神经网络在梯度下降计算中使用二值化。这种方法使用一个近似值。用对数量化 [266] 进行量化。Logarithmic_quantization(x, bitwidth) 等于以下

公式:

$$\text{Logarithmic\_quantization}(x, \text{bitwidth}) = \text{Clip}(AP2(x), \min V, \max V) \qquad (6.24)$$

其中 $AP2(x)$、$\min V$、$\max V$ 分别是接近 x 值的 2 的幂、最小和最大量化范围。批次归一化也使用基于移位操作的近似值。输入向量元素 s 可以用公式 $s = \sum_{n=1}^{m} 2^{n-1}(x^n \cdot w^b)$ 得到,其中 m 和 W^b 分别是输入向量元素的位域宽度和具有 k 个元素的 1 位权重向量。点积使用 XOR 操作,并通过种群计数器进行累加。最后,m 位累加结果被批次归一化,最后得到输入向量。它可以从二进制到多比特的表示方式进行缩放。

6.2.2 对内存占用和推理准确性的影响

让我们考虑几种方法来做一个具有较低精度的数字表示。这类方法在表示和推理的准确性之间有一个权衡,当提供较少的数字信息时,推理的准确性就会下降。

6.2.2.1 内存占用

由于总的数据量较小,较低的精度直接有助于减少用于存储激活和参数的数据量。

图 6.9 显示了训练和推理的批次大小为 1 和 32 的激活和权重的内存占用情况[265]。一个大的小批次规模在训练和推理中都有相对较多的激活量。在一些神经网络模型中,激活量可以超过总数据的 90%。因此,对激活的压缩可以是有效的,特别是当一个具有将激活数量减半的潜力的 ReLU 激活函数,它可以平均达到零。此外,在被评估的神经网络模型中,推理的权重略高或激活的数量相对较少。

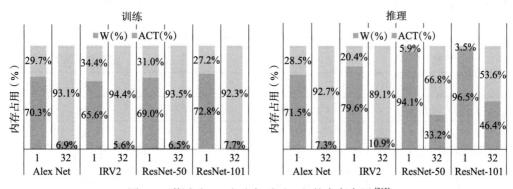

图 6.9 激活(ACT)和权重(W)的内存占用[265]

图 6.10 显示了有效压缩比(ECR),它是根据未压缩的有效尺寸除以压缩的尺寸计算出来的。直接量化不能有效地减少占用量。5 位量化显示了最好的 ECR,除了其他方法在重新训练后,多余的量化(例如,2 位)在较大的网络模型上的权重的内存使用方面更为有效。重新训练的量化对减少权重的占用有更大的作用。一个多余的、较低的量化也能实现更好的 ECR。

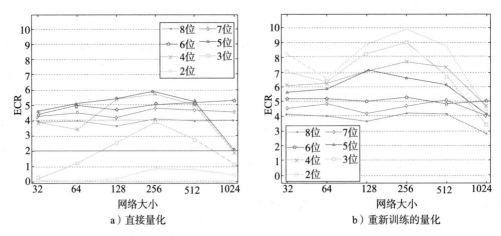

a）直接量化　　　　　　　　　b）重新训练的量化

图 6.10　有效压缩比 [342]

XNOR-Net[301] 有 16MB、1.5MB 和 7.4 MB 的内存占用量，分别用于 VGG-19、ResNet-18 和 Alex Net。然而当精度翻了一番时，对应的内存占用量分别为 1GB、100MB 和 475MB，但通过最小的表示法，二值化极大地减少了内存占用。

6.2.2.2　对推理准确率的副作用

表 6.4[129] 显示了在定点精度的前提下，数字表示法的不同组合在推理和训练中的错误率。在用于训练的 16 位定点的不收敛情况下，由于计算中使用的梯度参数的比例很小，所以 16 位的数字表示法不足以用于训练。此外，还证明了训练需要浮点精度，而训练用的定点精度会增加误差。这一结果支持混合精度的架构。

表 6.4　定点计算对错误率的影响 [129]

推理	训练	错误率（%）
浮点	浮点	0.82
定点（16 位）	浮点	0.83
定点（32 位）	浮点	0.83
定点（16 位）	定点（16 位）	（不收敛）
定点（16 位）	定点（32 位）	0.91

表 6.5[179] 显示了几个神经网络模型的推理准确率，不同的定点精度水平从 2 位到 8 位的激活组合，以及卷积层和全连接层的参数。推理的准确率下降了 0.1 到 2.3 个点不等。这是量化的一个严重问题。看来，具有相对较低复杂度的神经网络模型在改变为具有较低数值精度的架构时，对推理准确率没有影响。

表 6.5　带定点精度的 CNN 模型 [179]

神经网络模型	层输出（位）	卷积参数（位）	全连接层参数（位）	FP32 基线准确率（%）	定点准确率（%）
LeNet (Exp1)	4	4	4	99.1	99.0 (98.7)
LeNet (Exp2)	4	2	2	99.1	98.8 (98.0)
Full CIFAR-10	8	8	8	81.7	81.4 (80.6)
SqueezeNet (top-1)	8	8	8	57.7	57.1 (55.2)
CaffeNet (top-1)	8	8	8	56.9	56.0 (55.8)
GoogLeNet (top-1)	8	8	8	68.9	66.6 (66.1)

　　表 6.6 显示了采用激活（A）和权重（W）组合的 Alex Net 的推理准确率 [265]。top-1 的准确率因过多的量化而下降，如 1 位的激活和权重。在低于 4 位量化的情况下，推理准确率很容易下降。这表明对权重的量化比对激活的量化对推理准确率的影响更大。这意味着应该谨慎地应用参数的量化来抑制推理中的错误，这意味着训练需要量化误差插值作为成本函数的正则化项。

表 6.6　Alex Net top-1 验证的准确率 [265]

	32 位 A	8 位 A	4 位 A	2 位 A	1 位 A（%）
32 位 W	57.2	54.3	54.4	52.7	—
8 位 W	—	54.5	53.2	51.5	—
4 位 W		54.2	54.4	52.4	
2 位 W	57.5	50.2	50.5	51.3	
1 位 W	56.8	—	—	—	44.2

　　图 6.11 显示了 32 层 ResNet [135] 的网络量化后每个网络参数的平均码字长度的准确率。一个码字相当于该参数的位宽。通过更积极的量化，即小于 7 位，推断准确率会下降。此外，对激活的积极量化而不是对参数的积极量化会带来更多的错误。在有微调和无微调的情况下，黑塞加权的 k-means 量化方法对观察到的网络模型达到了最好的准确率。在较低的数值精度下，微调可以抑制精度的下降。

　　图 6.12 显示了在不同的网络规模上，对所有权重进行 2 位直接量化，以及只对部分权重组进行 2 位直接量化的带浮点数的误差 [342]。显示了一个趋势，即大规模的网络可以实现高准确率。这一事实似乎表明，量化可以通过更深的网络进行插值。推理准确率的下降可以通过微调来恢复。显然，一个关键任务的网络模型不能有较小的数字精度。

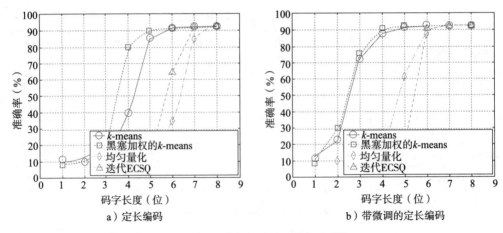

a）定长编码   b）带微调的定长编码

图 6.11   准确率与平均码字长度 [135]

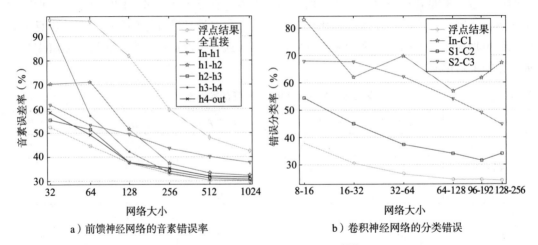

a）前馈神经网络的音素错误率   b）卷积神经网络的分类错误

图 6.12   直接量化灵敏度分析 [342]

图 6.13 显示了动态定点表示法对排列不变的（PI）MNIST、MNIST 和 CIFAR-10 的影响。请注意，最终的测试误差是归一化的，也就是除以数据集的单一浮点测试误差。图 6.13a 显示了测试错误率以及用于传播的位数（不包括符号）。它表明 7 位（加上符号位）足以进行测试评估。图 6.13b 显示了参数更新权重的情况，在这种情况下，动态定点需要的位宽比传统定点相对窄一些，只有 11 位（加上符号位）。这种方法在传统定点表示中也很有效。

关于 XNOR-Net 在 ImageNet（ILSVRC2012）上以权重二值化以及权重和输入二值化作为训练曲线的推理准确率进行了研究，如图 6.14 所示。结果显示，XNOR-Net 分别优于二进制连接（BC）和二进制神经网络（BNN）。然而，作者并没有比较具有更高准确率的模型，如单精度浮点。

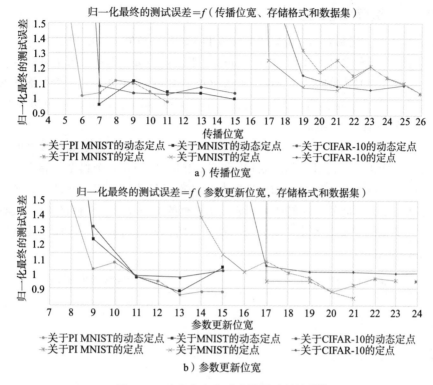

图 6.13 动态定点表示法的测试误差 [140]

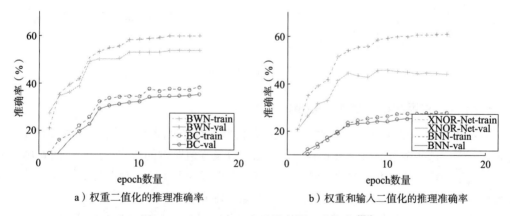

图 6.14 XNOR-Net 实现最高推理准确率 [301]

　　总而言之，多余的量化会使推理的准确率显著下降。我们不仅要考虑量化方法，还要考虑神经网络模型上推理准确率的下降。我们应该考虑在嵌入式解决方案的情况下，哪种方法对目标神经网络模型更好。

6.2.2.3　对执行性能的影响

{−1，+1} 的二进制表示，分别被赋予 0 和 1 的值。然后，乘法相当于一个 XNOR 操作。此外，可以通过种群计数（称为 pop-count）来实现减法。因此，乘法可以是一个位的 XNOR；例如，一个 32 位的字可以有 32 个 XNOR 操作的 32 个乘法。一个双输入的单比特位 XNOR 门由三个反相器、两个 NOR 门和一个 AND 门组成，因此，从相当于 NAND 门的数量来看，总共由四个门组成。

因此，它引入了更高的执行性能，如图 6.15 所示。通过改变通道和滤波器的大小，速度的加速会发生变化，分别显示如图 6.15a 和图 6.15b。因为在一个典型的卷积中，通道的数量少于 300 个，所以我们通过增加通道的数量获得了足够的加速；但是，更多的数量不能使速度提高那么多。此外，我们还可以说，小规模的滤波器可以获得足够的加速；然而，增加规模对二值化的滤波器大小没有好处。结果表明，增加通道数比增加滤波器规模更有效，因为 pop-count 会增加。

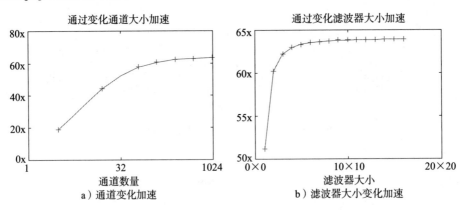

图 6.15　XNOR-Net 加速 [301]

6.2.2.4　对减少能源消耗的影响

图 6.16 显示了在 Alex Net 模型上较低的数值精度对降低能耗的影响，乘法器的操作数为 8 位整数。这些图包括对参数和激活的压缩，以及零值跳过的操作。因此，图 6.16 显示了目前关于推理加速器的结构的趋势。能源消耗至少减少了 4 倍。对于第 11 层的一个明显的大矩阵操作，它极大地减少了能耗，大于基线的 18 倍。

此外，图 6.16a 意味着我们需要更多的技术来减少内存访问，特别是对于那些总是被使用的激活。

图 6.17a 显示了不同精度水平下的设计面积和功耗。大括号中的第一个和第二个数值分别表示权重和输入的精度。作为一个显著的观点，逻辑电路是设计面积中的主要部分之一；然而，就功耗而言，它是一个相对较小的部分。我们可以在图 6.17a 中看到外部存储器访问和片上 SRAM 访问所消耗的能量。

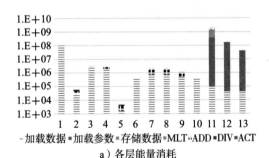
a）各层能量消耗

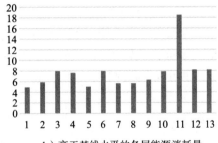
b）高于基线水平的各层能源消耗量

图 6.16　Alex Net 的 Int8 乘法器能耗

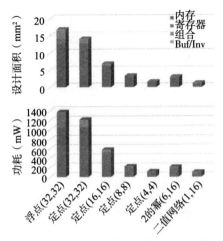
a）不同精度水平下的面积和功耗

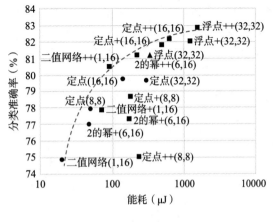
b）能耗与推理准确率

图 6.17　较低精度对面积、功耗和精度的影响 [187]

图 6.17b 显示了 CIFAR-10 分类问题 [187] 的能耗与推理准确率的关系。黑色的点表示初始单精度浮点基线。蓝色（印刷版为中灰色）点表示量化模型。红色和绿色（印刷版中为深灰色和浅灰色）点是较大网络的结果。如果系统架构师考虑在能源消耗和推理准确率之间进行权衡，较低的准确率是降低硬件实现成本的一个选择。此外，图 6.17b 还显示，推理准确率的降低可以通过更大的网络模型来恢复，尽管这种方法在降低外部存储器访问及其功耗时，对于相对较少的参数来说失去了降低准确率的目的。

6.2.3　切边和剪裁

切边法用于切掉一小部分，可以是低位的近似值，如半精度浮点数的 Bfloat16，也可以是定点数中低位域的零。这种方法直接减少了参数和 / 或激活所需的总数据量。

在设置下限和上限时，采用剪裁来达到饱和的效果。ReLU6 是一个典型的用 0 和 6 进行剪裁的例子。这种方法避免了通过累积而产生的进位，可以减少累加器的宽度。

通过切边和 / 或在数字表示中的剪裁，可以引入一个为参数应用共同值的机会。这种效果可用于权重分享。此外，增加零值的数量可以采取编码和跳零的技术，很容易获得这样的效果，有助于减少内存访问的空转周期和减少能源消耗。片上存储器的要求和外部存储器的访问也可以得到抑制。

6.3 编码

传统的编码方法，如运行长度压缩和霍夫曼编码，可以在数据具有特定模式或分布时应用。通过这些技术，更多的权重可以很容易地应用于芯片，因此可以减少外部存储器的频率和数量；因此，延迟和能源消耗很容易被抑制，从而提高能源效率。然而，在操作之前，需要进行解码（解压）。有效的编码方法是专注于减少或去除零，零是在参数中，并有机会减少外部存储器的访问，如图 6.18 所示。

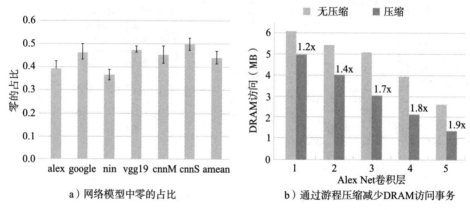

a）网络模型中零的占比   b）通过游程压缩减少DRAM访问事务

图 6.18　零可用性和游程编码压缩效应 [109, 130]

6.3.1 游程编码

6.3.1.1 游程编码的概念

游程编码在数据流中使用冗余。相同的连续值被当作单一的数据，用一个标头表示相同连续数据的数量作为长度。一种主要的运行长度实现方法是切换式运行长度，具有非冗余块编码和冗余块编码的两个阶段。它在非冗余块编码和冗余块编码之间切换，两者都有一个代表块长度的头。作为一种极其简单的方法，非零元素在张量中是不连续的，并且假定一个冗余的值，如零，是已知的。

6.3.1.2 游程编码的实现

切换游程的算法照顾了两个特殊情况。一种情况是处理对长度表示的限制；例如，如果考虑 8 位，那么超过 256 个连续的字必须被分割成几个块。然而，这需要在冗余块之间切换到一个非冗余块。另一种情况涉及对缓冲区长度的限制，因为头必须在编码的数据流之前加入（因此，它需要一个缓冲区）。缓冲区的长度限制了非冗余块的长度，因此需要分割成几个非冗余块，在非冗余块之间切换到冗余块。这两种情况都有一个问题，即在切换后的单字中，下一个切换的块只有一个字。解码是极其简单的，当它是一个冗余块时，会产生相同的值。

6.3.1.3　游程编码的效果

图 6.19 显示了切换算法和简单游程算法的游程编码的效果。这两种算法都有不同的数据结构，因此，它们之间的比较是不可能的。x 轴显示了输入数据流中零的频率。关于切换后的游程需要大量的头，因此，具有大约 50% 稀疏度的输入流不能被压缩。一个简单的游程可以将 90% 以上的输入数据压缩到 20% 的稀疏度。

图 6.19b 显示了游程编码的压缩率，它假定非零元素在张量中不是连续放置的。

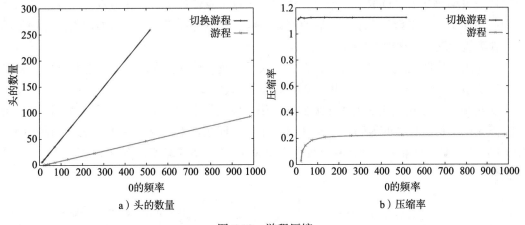

a）头的数量　　　　　　　　　　　　b）压缩率

图 6.19　游程压缩

具有随机数的向量的游程编码被限制在 20%；然而，对具有这样一个具有通道深度的二维内核的卷积层进行高排序的操作，可以实现良好的压缩。

6.3.2　霍夫曼编码

霍夫曼编码一般用于视频压缩。通过与二进制和三元数字表示相结合，零位可以通过这种编码进行压缩。

6.3.2.1　霍夫曼编码的概念

霍夫曼编码使用的假设为，流中每个数据点的出现频率是已知的。
它首先构成了一个频率表。之后，它利用频率表构建一个二进制树，称为霍夫曼树。

为了构建霍夫曼树，它首先需要寻求最不频繁的数据，然后是不频繁的数据，这些数据可以是霍夫曼树的叶子。两个节点的频率相加，用来创建两个节点的结值。除了已经用于节点的表项外，重复这样的方法来寻找和创建节点。

在建树之后，为每条边分配一个二进制值，例如，左边是 0，右边是 1。从树的终端开始，每个数据点的代码都是通过读取二进制值来组成的。该代码被用于模式匹配，以从原始数据到代码的转换。

6.3.2.2 霍夫曼编码的实现

如前一节所述，霍夫曼编码需要揭示所有数据的频率，这意味着需要用计数来创建频率，需要一个频率表，而缓冲区必须容纳数据流的片段，以形成频率构成、霍夫曼树构成和读取二进制代码的流水线。

当流水线由三个阶段组成时，可以采用三缓冲区。一个缓冲区包括一个表和压缩缓冲区。这对每个流水线阶段都有效，频率表和霍夫曼树可以整合到一个存储中。其顺序如下：根据优先级编码从表中读取一个条目，找到最接近节点值的条目。在节点值和寻求的频率之间应用加法，以更新节点值。然后使用霍夫曼编码进行编码。当只对参数使用这种编码时，在离线情况下这样做就足够了。

在使用模式匹配进行编码之前，霍夫曼编码表应该被存储在芯片上或芯片外的存储器中。当数据量足够小时，可以使用查找表来实现模式匹配。

图 6.20 显示了用霍夫曼编码压缩的副作用。横轴是平均位宽，因为霍夫曼编码对每个数据点采取了可变长度的编码。图 6.11 显示了在相同条件下，较低精度对推理准确率的原始影响[135]。霍夫曼编码可以将有效数据量减少 3~4 比特的宽度，而原始方法需要 8 比特的宽度。

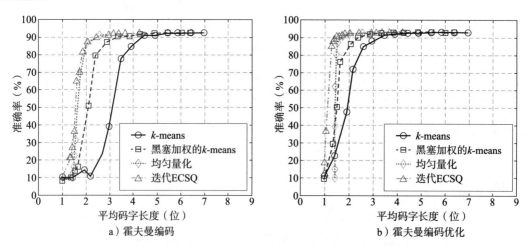

a）霍夫曼编码   b）霍夫曼编码优化

图 6.20 霍夫曼编码推理准确率[135]

6.3.3 压缩的效果

6.3.3.1 参数的压缩

图 6.21 显示了在每一层上设置为 50% 的压缩参数时的效果。它表明执行周期的趋势与基线相似。图 6.21b 和图 6.22a 显示,参数压缩在执行周期减少上效果很好。该方法只在全连接层对基线的速度提升有贡献,因为其他层的参数数量相对较少。

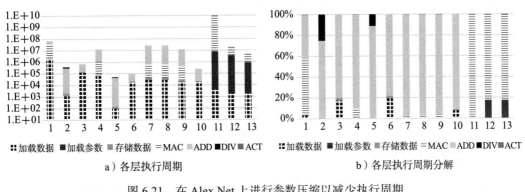

a) 各层执行周期   b) 各层执行周期分解

图 6.21　在 Alex Net 上进行参数压缩以减少执行周期

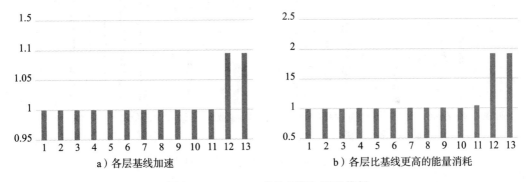

a) 各层基线加速   b) 各层比基线更高的能量消耗

图 6.22　Alex Net 参数压缩加速和能耗

关于第 11 层,第一个全连接层需要大量的 MAC 周期,如图 6.21a 所示,因此参数压缩不能很好地促进执行周期和能量消耗的减少,如图 6.23 所示。如图 6.21b 所示,卷积不仅需要一个 MAC 执行,还需要在内核之间进行加法(通道方向)。

图 6.22 显示了 Alex Net 模型上参数压缩后的能量消耗。全连接层的参数加载得到了很好的减少。因此,如图 6.21b 所示,最后两层几乎是理论上的 2.0 提升,因为加载参数是一个主要的工作负载。关于全连接层的第 11 层,大部分的执行周期被用于 MAC,如图 6.21b 所示;因此,参数压缩不能有助于减少该层的能量消耗。

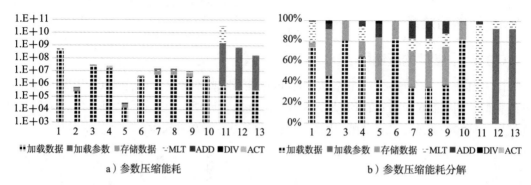

a）参数压缩能耗　　　　　　　　b）参数压缩能耗分解

图 6.23　Alex Net 参数压缩能耗

6.3.3.2　激活的压缩

图 6.24 显示了激活压缩的效果，它被设置为每个层的 50% 压缩。图 6.24a 显示，通过激活压缩，没有参数的层的执行周期数可以很好地减少。如图 6.25a 所示，这样的层可以在压缩率的基础上提高执行效果。

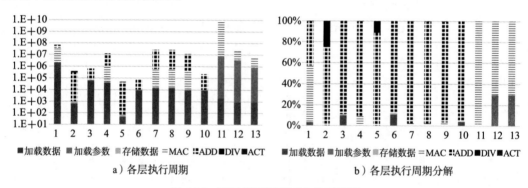

a）各层执行周期　　　　　　　　b）各层执行周期分解

图 6.24　通过激活压缩减少执行周期

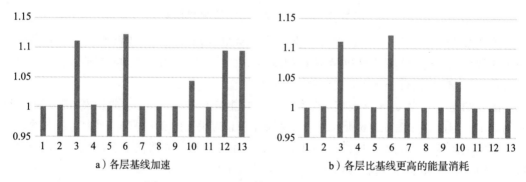

a）各层基线加速　　　　　　　　b）各层比基线更高的能量消耗

图 6.25　Alex Net 的激活压缩加速和能耗提升

与参数压缩类似，除了全连接层，加法是执行周期的主要部分。图 6.24a 和图 6.25a 显示，这种非参数层的执行周期数可以减少。从图 6.24b 和图 6.26 可以看出，第二层和第五层的归一化需要很高的分割率。

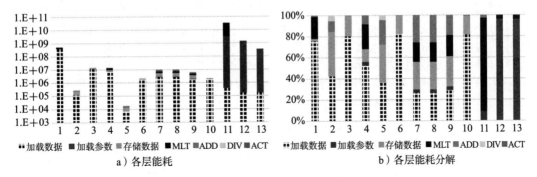

a）各层能耗　　　　　　　　　　　　b）各层能耗分解

图 6.26　Alex Net 的激活压缩能耗

图 6.25a 显示了与基线相比的加速比。在池化层和全连接层中实现了轻微的改进。图 6.25b 显示了比基线更高的能量消耗。池化层的能量消耗略有减少；然而，与加速比不同，它对全连接层没有贡献，因为主要因素是该层的 MAC 执行。

6.3.3.3　参数和激活的压缩

图 6.27 显示了参数和激活压缩的效果，激活压缩被设置为每层的 50%。图 6.27a 显示，卷积层和全连接层的执行周期数都可以很好地减少。如图 6.27b 所示，这样的层可以通过压缩率提高执行；特别是第 1、12 和 13 层实现了接近理论速度 2.0 的加速比。此外，没有任何参数的层上的执行周期数可以通过压缩激活来减少。

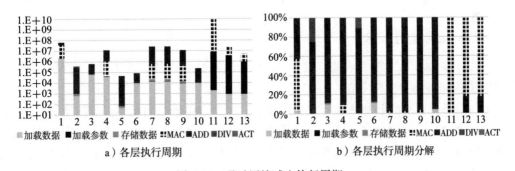

a）各层执行周期　　　　　　　　　　b）各层执行周期分解

图 6.27　通过压缩减少执行周期

图 6.28 显示了 Alex Net 模型的能源消耗细目。在 50% 的压缩率下，参数仍然是能量消耗的主要因素。然而，如图 6.29a 所示，同时压缩激活和参数可以提高执行性能。图 6.28b 显示，除法是各层规范化的主要因素，因为内存访问的其他因素都得到了很好的减少。除了第 1 层和第 11 层之外，大多数层都实现了几乎理论上 2.0 的提升，因为主要的能量消耗，通过压缩，内存访问量得到了很好的减少。

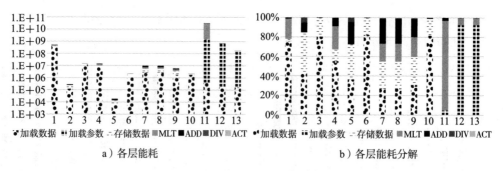

a）各层能耗

b）各层能耗分解

图 6.28 Alex Net 压缩能耗

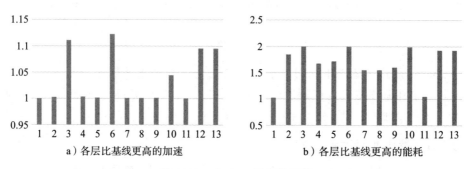

a）各层比基线更高的加速

b）各层比基线更高的能耗

图 6.29 Alex Net 的能效压缩

6.4 零值跳过

6.4.1 零值跳过的概念

一部分参数集是由零组成的，因为 ReLU 激活函数一般都会产生这样的零。据报道，全连接层中 40% 的参数是零值。

我们不需要在乘法和加法操作中使用零值，因为这样做会消耗不必要的能量。带零的乘法可以跳过，带零的加法也可以通过或跳过。通过在操作前检查零值，输出零值或带操作跳过的通过值，会产生有效的操作，而且操作层任务所需的延迟可以通过跳过的数量减少。这种跳过零值的操作被称为零值跳过（zero-skipping）。

6.4.2 CSR 和 CSC 的稀疏表示

对于一个有许多零的稀疏张量，可以重建一个只有非零值的张量，这可以减少芯片上必要的内存大小。例如，这种技术可以在剪枝后应用。如果我们知道数据集由零组成，也可以跳过内存访问。这需要一组索引来记录，以保证非零值的位置。因此，需要一个索引存储器，以及张量和索引存储器访问控制。

6.4.2.1 CSR 和 CSC 编码的概念

有两种方法用来表示稀疏张量，压缩稀疏行（CSR）编码和压缩稀疏列（CSC）编码，如图 6.30 所示。这两种编码类型都使用两个索引数据进行压缩。CSR 和 CSC 表示分别用于行先序和列先序的数据结构。

$$\begin{pmatrix} 0 & 8 & 2 & 5 & 0 \\ 1 & 0 & 7 & 0 & 0 \\ 6 & 0 & 0 & 0 & 0 \\ 0 & 3 & 0 & 4 & 0 \end{pmatrix}$$

A_CSR=[8 2 5 1 7 6 3 4]　　A_CSC=[1 6 8 3 2 7 5 4]
N_CSR=[0 3 5 6 8]　　　　　N_CSC=[0 2 4 6 8]
I_CSR=[1 2 3 0 2 0 1 3]　　I_CSC=[1 2 0 3 0 1 0 3]

a）稀疏张量示例　　　　b）CSR编码　　　　　c）CSC编码

图 6.30　CSR 和 CSC 编码示例

6.4.2.2 编码算法

算法 6.1 显示了 CSR 编码使用两个计数器，"indx_a" 和 "indx_n"，以检查原始矩阵的位置。编码是非常简单的，硬件实现也很友好。然而，它的硬件实现有一些限制；一个限制是索引词 "indx_a" 和 "indx_n" 的宽度。另一个制约因素是 A_CSR、N_CSR 和 I_CSR 的向量长度限制。关于 CSC 编码，交换行和列的循环很简单。

算法6.1: CSR 编码

```
RETURN: indx_a, indx_n, A_CSR, N_CSR, I_CSR;
indx_a = 0;
indx_n = 0;
N_CSR[0] = 0;
for indx_row = 0; indx_row< Nrow; indx_row++ do
    N_cnt = 0;
    for indx_column = 0; indx_column< Ncolumn; indx_column++ do
        if A[indx_row][indx_column] != 0 then
            A_CSR[indx_a] = A[indx_row][indx_column];
            I_CSR[indx_a] = indx_column;
            indx_a++;
            N_cnt++;
        end
    end
    N_CSR[++indx_n] = N_cnt + N_CSR[indx_n - 1];
end
return indx_a, indx_n, A_CSR, N_CSR, I_CSR;
```

6.4.2.3 解码算法

算法 6.2 显示了 CSR 解码，它使用两个计数器 "indx_col-umn" 和 "indx_row"。首先，它以零初始化冲刷数组 "A"。为了将非零值嵌入数组 "A" 中，使用了 N_CSR 和 I_CSR。如果应用流，那么只有当稀疏张量中的元素不在索引中时，才足以输出零值。关于 CSC 编码，交换行和列的循环也很简单。

算法6.2: CSR 解码

RETURN: A;
A[N_{row}][N_{column}] = {0};
indx_column = 0;
indx_row = 0;
for cnt_row = 0; cnt_row<indx_a; cnt_row++**do**
  for cnt_column = 0; cnt_column<indx_column; cnt_column++**do**
    indx_column = N_CSR[++indx_row] - indx_column;
    A[cnt_row][I_CSR[indx_column]] = A_CSR[cnt_row×
    N_CSR[indx_row] + cnt_column]
  end
end
return A;

6.4.2.4　CSR 和 CSC 编码的效果

让我们把矩阵形状设为 $M×N$，把数据宽度和稀疏率分别设为 W_{data} 和 R_{sparse}。A_CSR 和 I_CSR 中的元素 N_{elem} 的数量相当于以下内容：

$$N_{elem}=\lceil (1-R_{sparse})MN \rceil \tag{6.25}$$

我们假设 M_{max} 和 N_{max} 是架构的行和列尺寸。I_CSR 的数据大小 W_I 如下。

$$W_I=\log_2 N_{max} \tag{6.26}$$

N_CSR 中的最大元素数 N_N 和其数据大小 W_N 分别为 M_{max} 和 $\log_2 M_{max}N_{max}$。因此，我们得到一个 $M×N$ 矩阵的总数据量 W_{CSR} 如下：

$$W_{CSR}=(W_{data}+W_I)N_{elem}+W_N N_N$$
$$=(W_{data}+\log_2 N_{max})\lceil (1-R_{sparse})MN \rceil+M_{max}\log_2 M_{max}N_{max} \tag{6.27}$$

M、N 和 R_{sparse} 的值可以动态改变，而其他的是架构硬件参数。因此，第一项和第二项是动态架构参数，分别取决于非零的数量和偏移量。

在编码之前，总的数据大小为 $W_{data}MN$，因此压缩率可以是这样的：

$$R_{CSR}=\frac{W_{CSR}}{W_{data}MN}$$
$$\approx \left(1+\frac{\log_2 N_{max}}{W_{data}}\right)(1-R_{sparse})+\frac{M_{max}}{W_{data}MN}\log_2 M_{max}N_{max} \tag{6.28}$$

为了有效，RCSR 应该小于 1。因此，我们得到以下关于如何实现稀疏性 R_{sparse} 的条件：

$$R_{sparse} \approx \frac{1 + \frac{M_{max}}{W_{data} MN} \log_2 M_{max} N_{max} - \frac{1}{1 + \frac{\log_2 N_{max}}{W_{data}}}}{1 + \frac{\log_2 N_{max}}{W_{data}}}$$

$$= \frac{W_{data}}{W_{data} + \log_2 N_{max}} \times \tag{6.29}$$

$$\left\{ 1 - \left(\frac{W_{data}}{W_{data} + \log_2 N_{max}} - \frac{M_{max}}{W_{data} MN} \log_2 M_{max} N_{max} \right) \right\}$$

$$> \frac{M_{max}}{W_{data} MN} \log_2 M_{max} N_{max}$$

我们得到矩阵组合的如下条件：

$$MN > \frac{M_{max}}{W_{data}} \log_2 M_{max} N_{max} \tag{6.30}$$

在方程右边的条件下，我们必须考虑张量的大小，M 和 N。此外，我们还得到以下架构条件：

$$M_{max} \log_2 M_{max} N_{max} > W_{data} \tag{6.31}$$

如果数据的字宽被设置为 W_{data}，那么硬件应该在式子的左边的约束下。

6.4.3 零值跳过的用例

有两类用例，抑制执行周期和抑制能源消耗。

6.4.3.1 用于抑制执行周期的零值跳过

一个用例是删除不必要的乘法和加法运算。当一个操作有一个值为零的操作数时，乘法是不必要的，输出一个零就足够了。在加法的情况下，当其中一个操作数为 0 时，输出一个非零的操作数就足够了。

图 6.31a 显示了应用于 Alex Net 模型的零值跳过操作在执行周期方面的用例效果。如果只在乘法器上支持零跳操作，那么执行仍然是在加法器上，执行周期的数量不会因为乘法和加法之间的结构危险而减少，因为加法需要全部的执行周期。

图 6.31 显示了 Alex Net 模型的每一层的执行周期数。图 6.31b 显示，通过去除其他算术运算，归一化层的划分可以成为一个主要因素。卷积的第七层到第九层仍然需要内核（通道）之间的巨大加法；否则，其他因素就会很好地减少。通道的修剪可以减少这个工作量，如附录 B 所述。

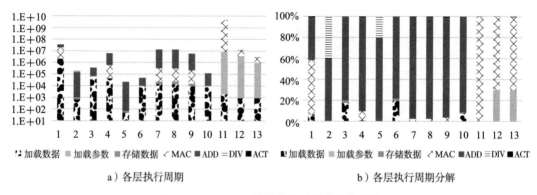

a）各层执行周期   b）各层执行周期分解

图 6.31　Alex Net 的零值跳过操作执行周期

图 6.32a 显示了在稀疏度为 0.5（50%）的基线上的速度提升。通过压缩技术（如 CSR 编码）减少了激活和参数加载的周期数。此外，执行的零值跳过可以很好地减少操作的周期数，在大多数层中几乎达到了 2.0 的理论加速比。

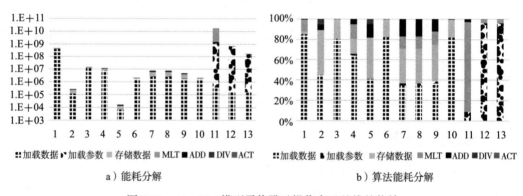

a）能耗分解   b）算法能耗分解

图 6.32　Alex Net 模型零值跳过操作高于基线的能效

6.4.3.2　用于抑制能源消耗的零值跳过

另一个用例是减少数据的占用空间，这减少了对内存大小的要求，并导致内存访问的减少，从而减少了能源消耗。

评估考虑了对参数和激活的压缩。通过压缩，参数和激活的负载都得到了很好的减少，因此它扩大了激活存储的因数，如图 6.33a 所示。激活的加载和存储仍然可以减少能量消耗，因为内存访问仍然是这种消耗的一个主要因素。在参数和激活上都出现了相同的压缩比例，如图 6.32b 所示，大部分的层达到了接近理论数量的 2.0，因为跳过了加法。第二层和第五层的增强值略低，因为采取了具有巨大延迟的除法操作。第一层有一个巨大的输入向量，不能被压缩，因此能量消耗没有减少多少。

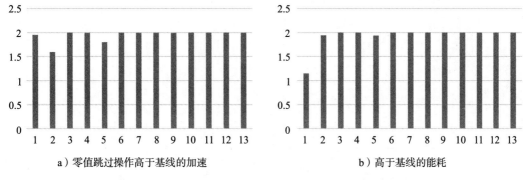

a）零值跳过操作高于基线的加速　　　　b）高于基线的能耗

图 6.33　Alex Net 能耗分析

6.5　近似

一个神经网络的鲁棒性是由其应用的特点产生的。因此，我们可以在神经网络架构中应用更多的近似值。

6.5.1　近似的概念

可以在概率函数、损失函数、激活函数和运算符的层面上实现近似，以简化逻辑电路，提高实现密度（并行的函数数量），降低能耗。逻辑电路的简化可以引入更短的关键路径，引入高时钟频率，并缩短硬件开发的验证时间。

基于近似，原始值和近似值之间会有误差，这种技术需要在训练期间通过梯度下降和 /或损失函数进行参数计算的插值。

6.5.2　激活函数近似

主要的激活函数的近似值是通过剪裁进行的，具体如下。

$$\mathrm{Clip}(x,\mathrm{MIN},\mathrm{MAX})=\min\big(\mathrm{MIN},\max(\mathrm{MAX},x)\big) \tag{6.32}$$

其中 MAX 和 MIN 分别为最大值和最小值。在这个范围内，近似函数取 x。

6.5.2.1　Hard_Tanh

图 6.34a 显示了双曲切线的曲线。tanh 的近似值可以表示如下。

$$\mathrm{Hard\_Tanh}(x)=\mathrm{Clip}(x,-1,1) \tag{6.33}$$

图 6.35a 显示了基于两者之差计算的近似值的精度误差率。在高比率下，tanh 的二阶导数会产生很大的误差。

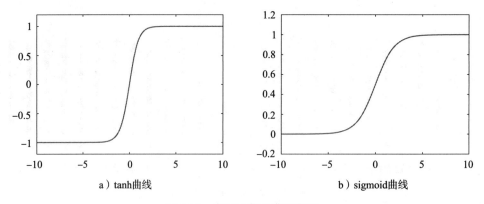

a）tanh曲线   b）sigmoid曲线

图 6.34　激活函数的典型例子

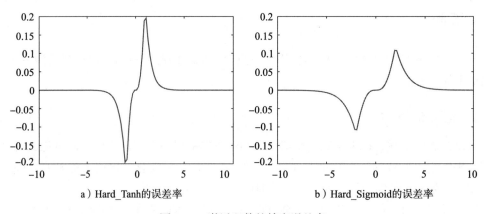

a）Hard_Tanh的误差率   b）Hard_Sigmoid的误差率

图 6.35　激活函数的精度误差率

6.5.2.2　Hard_Sigmoid

图 6.34b 显示的是一个 sigmoid 的曲线。sigmoid 的近似值可以表示如下。

$$\mathrm{Hard\_Sigmoid}(x)=\mathrm{Clip}\left(\frac{x/2+1}{2},0,1\right) \tag{6.34}$$

图 6.35b 显示了通过它们之间的差值计算的近似值的精度误差率。在高比率下，tanh 的二阶导数会产生很大的误差；然而，基于它在 sigmoid 上相对较小的二阶导数，它产生的误差相对较小。

6.5.2.3　ReLU6

ReLU 不是一个有界函数。因此，它可以实现对累积的数字表示的上限。ReLU6 一般用于抑制不必要的饱和度，这种饱和度会降低推理的准确性。

$$\mathrm{ReLU6}(x)=\mathrm{Clip}(x,0,6) \tag{6.35}$$

值为 6 的剪裁是一个经验性的超参数。

6.5.3　乘法器的近似

当我们探索 Alex Net 模型的能量消耗时，乘法器为 MAC 操作消耗了大量的能量。因此，我们可以期望通过近似的乘法来减少能量消耗。

6.5.3.1　移位器表示

在定点或整数数字表示的情况下，乘法器可以通过使用左移位器进行近似。我们可以通过以下方式获得近似的源操作数 src2 的索引。

$$\mathrm{src2} \geqslant \arg\max\left(2^i\right) \tag{6.36}$$

因此，我们可以使用左移位器进行乘法 Mult（＊），如下所示。

$$\mathrm{Mult}(\mathrm{src1}, \mathrm{src2}) \leqslant \min(\mathrm{MAX}, \mathrm{srcl} \ll i) \tag{6.37}$$

其中 MAX 是数值表示法中可用的最大值。因此，最大误差约为 MAX/2。

一个 M 位 $\times N$ 位的简单的乘法器，由一个 $M \times N$ 个 AND 门阵列和 N 个（$M+1$）位加法器组成。那么，乘法器 A_{mult} 的 NAND2 等效门的数量如下：

$$A_{\mathrm{mult}} = 1.5 \times MN + 4 \times (M+1)N \tag{6.38}$$

其中，一个 AND 门和一个单比特的全加器需要 1.5 和 4.0 倍的等价的 NAND2 门数量。

移位器包括 N 个阶段，每个阶段由 M 个 2- 操作数的 1 位多路复用器组成。移位器 A_{shift} 的 NAND2 等效门的数量如下。

$$A_{\mathrm{shift}} = 3.5 \times \log_2 M \times \log_2 M \tag{6.39}$$

最大移位量 N 等于 $\log_2 M$，移位器最多有 $\log_2 M$ 级的选择器。因此，面积比 R 可以表示如下。

$$
\begin{aligned}
R &= \frac{A_{\mathrm{mitit}}}{A_{\mathrm{shift}}} \\
&= \frac{5.5M^2\left(1+4.0/(5.5M)\right)}{3.5\left(\log_2 M\right)^2} \\
&> \frac{5.5M^2}{3.5\left(\log_2 M\right)^2}
\end{aligned}
\tag{6.40}
$$

其中假定 N 等于 M。图 6.36a 显示了从移位器近似法到简单乘法器的面积比，即 NAND2 门的等效数量。乘法器可以很容易地通过乘数 N 来增加其面积。移位器近似法的面积至少要小 5 倍，对于 16 位的数据路径，面积要小 6 倍，如图 6.36b 所示。

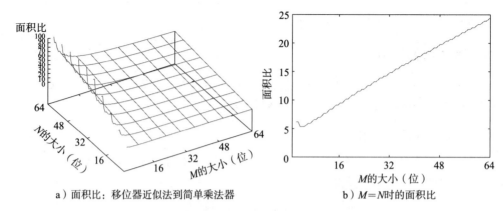

a）面积比：移位器近似法到简单乘法器　　　　b）$M=N$ 时的面积比

图 6.36　基于移位器的乘法在面积方面的优势

图 6.37 显示了一个无乘法器的架构[350]。作者提出了一种从浮点到定点数字表示法的转换算法，包括三个阶段。第一阶段量化为 8 位，直到网络模型训练后达到参数更新的收敛。第二阶段使用学生 - 教师学习来提高推理的准确性，因为量化会降低推理的准确性。最后一个阶段使用集合学习，对同一网络结构和模型集合进行多次训练。

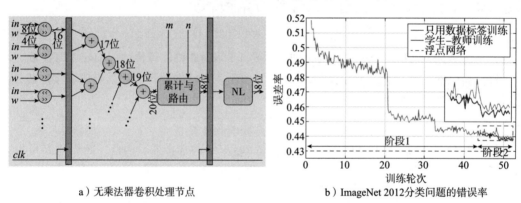

a）无乘法器卷积处理节点　　　　b）ImageNet 2012 分类问题的错误率

图 6.37　无乘法器卷积架构及其推理性能[350]

图 6.37a 显示了一个处理节点，其第一个流水线阶段上的移位器取代了对乘法器的需求。这个架构使用加法器树的方法来累加一组乘法。图 6.37b 显示了 ImageNet 2012 分类问题的错误率。浮点法和提议的定点法的误差有一定的差距；但是，第 1 阶段的训练减少了这个差距，第 2 阶段获得了较低的误差率，范围与浮点法相似。

6.5.3.2　LUT 表示

另一种取代乘法器的方法是使用查找表（LUT）[302]。在文献 [302] 中，应用了一个两阶段的 LUT 构成。在第一阶段，操作数的值被搜索出来，并输出地址。地址解码器在两个阶段之间，它将操作数的地址解码到第二个 LUT。第一阶段类似于一个高速缓冲存储器，然后对该条目产生一个命中信号。

这种方法可以有一个较小的第一个 LUT，它可以有 $x \geqslant \mathrm{argmax}_i(2^i-1)$，其中 i 的位宽可以小于 $\log(\mathrm{MAX}_x)$ 位。如果乘法有两个操作数 i_x 和 i_y，那么地址解码器的复杂度为 $O(i_x \times i_y)$。

6.6 优化

在不损失吞吐量、响应时间或推理准确性，或降低其实现要求的情况下，已经开发了实现损失和数据量之间权衡的方法。这些技术被称为模型优化。

6.6.1 模型优化

6.6.1.1 组合式优化

通过结合之前描述的几种方法，优化获得了最大的性能。通过设置目标推理准确率，可以通过保持目标来实现优化。通过这种方法，可以实现具有必要推理准确率的硬件性能。对于 SqueezeNet，它是一个 Alex Net 变体神经网络模型，它有 1/510 的参数数量，一个优化的网络模型有 0.5MB 的参数，可以在边缘设备上运行。

6.6.1.2 内存访问优化

在文献 [370] 中，作者提出，移动内核与基线相比，提高了推理的准确性，如图 6.38b 所示。因此，这种技术似乎可以适用于量化的补充。图 6.38a 所示的移位可以通过加载内核的内存访问的偏移来实现。一个静态的神经网络模型有静态的内存访问模式，因此我们可以做一个包括偏移的仿射等式。加载时考虑这个等式。

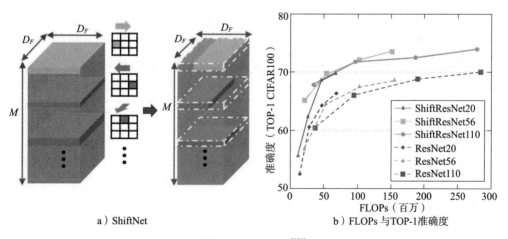

a）ShiftNet   b）FLOPs 与 TOP-1 准确度

图 6.38 ShiftNet[370]

6.6.1.3 融合层

一个特定层的激活应该被送入下一层。因此，通过将多个层融合成一个层块，中间的激活可以位于数据路径中[110]。因此，不需要访问外部存储器来溢出和填充激活。这就尽可能快地引入了数据重用。因此，它也引入了一个本地存储器的层次结构。

图 6.39 显示了融合层的效果。融合后所需的 DRAM 传输量减少了，同时增加了额外的片上存储器的大小，以便在本地存储中间数据。这也表明，有一个最佳的片上存储器大小，对减少外部存储器访问有很大的贡献。

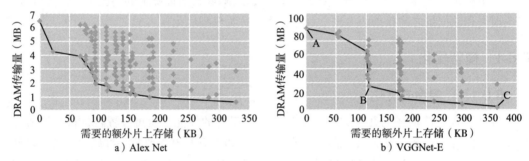

a）Alex Net   b）VGGNet-E

图 6.39　所需的本地存储数据传输量与融合层所需的额外片上存储器之间的关系[110]

6.6.2　数据流优化

6.6.2.1　数据流优化的概念

一般来说，神经网络模型中参数集的数据大小要大于芯片上的内存容量。此外，对于训练阶段的时间性数据生成，一般的神经网络模型需要外部内存访问来溢出和填充芯片内存上的数据。

也就是说，我们需要考虑神经网络模型的数据流，以避免片上存储器的低效使用，从而大幅提高执行性能和能源效率。数据流优化的目的是优化芯片上神经网络模型的数据流。

一般来说，对于用于深度学习的 DSA，必须注意神经网络模型不能放在芯片上。因此，有必要对模型、参数和激活的路径进行分区。也就是说，需要对分区后的片段进行调度，以实现映射到芯片上的有效顺序。

6.6.2.2　数据重用

图 6.40a 显示了一个矩阵 - 矩阵乘法的重用效果的例子，$C=A \times B$。这个例子是基于分片技术的。乘法需要一个三级嵌套循环，即 i、j 和 k，对结果 C 的每一个元素进行 MAC 操作，分片因子以 T_i 为例进行描述。

如图 6.40a 的上半部分所示，试图产生 $20(=T_i \times T_j)$ 个 C 的元素。部分积 C 被恢复，其序列需要的存储大小为 20。这需要一个相当于图 6.40a 所示彩色区域的缓冲区大小，因此需要一个大小为 29 的缓冲区。关于操作数，A 和 B 分别需要五个和四个元素的缓冲区。

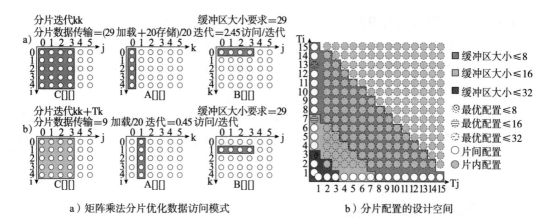

图 6.40　数据重用示例 I [290]

此外，A 和 B 在方向 k 上移动，以进行装载。因此，A 和 B 分别承担了 20/4 和 20/5 的负载，即 4 和 5 的重复使用。这是通过 $T_i \times T_j$ 迭代实现的，因此需要一个大小为 20 的规模。因此，这种方法每个迭代需要 2.45 次访问，带有一个有 29 个元素的缓冲区。

图 6.40a 显示了底部的部分，它试图产生 $20(= T_i \times T_j)$ 个 C 元素，但在芯片上保留部分积 C。这种方法适用于 A 和 B 的加载，以及相同数量的迭代。因此，这种方法在 29 个元素的缓冲区下，每次迭代需要 0.45 次访问。这两种方法需要相同的缓冲区大小和迭代次数，但通信成本（每次迭代的访问次数）不同。

图 6.40b 显示了分片的设计空间，其中轴是分片系数。一个大的缓冲区大小能够容纳更多的矩阵元素。$i = j = 1$ 的边界需要跨分片间配置，以便在相邻的分片间进行通信。对于分片间的重用优化，其中一个分片系数必须等于 1，这就会修剪空间[290]。因此，作为例子，最佳配置是 $T_j = 1$。

在文献 [345] 中，描述了一个数据重用的例子，如图 6.41 所示。该图显示了三种类型的重用，一种是卷积重用，一种是特征图重用，一种是过滤器重用。作者还提出了它们自己的行静止重用的方法，其中特征图的一行被重用和传播，如图 6.41b 所示。

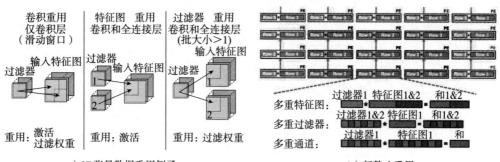

a) 2D张量数据重用例子　　　　　　b) 行静止重用

图 6.41　数据重用示例 II [345]

6.6.2.3　重用导致的约束

数据重用需要控制操作顺序和其数据准备顺序。因此，它需要一个高质量的调度。此外，在多余的情况下，坚持数据重用，需要大量的硬件资源投资，并导致高能耗。我们必须平衡数据重用和其硬件成本。

对于一个具有 $K_d, d \in D$ 和 D 维内核的卷积，采用最大重复使用次数，即 $\max(K_d)$。重用是在时间轴上表示的，因此大规模的张量有可能实现高数据重用；但是，它也需要大规模的执行步骤。

6.7　性能提升方法的总结

传统 CPU 和 GPU 中的缓存内存不适合深度学习任务。数据的局部性和缓存存储架构上的局部性处理之间存在不匹配。此外，缓存存储不支持每一级存储层次中的独占存储，这意味着需要在每一级中多次复制数据块，这是一种低效的存储层次结构。

表 6.7 总结了硬件性能提升方法，不包括逻辑电路的更深流水线。所应用的阶段被分为推理、训练和两者结合的三个阶段。此外，应用的目标被分为参数、激活、输入向量和任何使用的数据。对于量化，量化误差是一个关于推理阶段的准确性的问题。有几个命题用于向损失函数添加插值项以获得参数，包括量化误差。近似也必须给损失函数增加一个插值项，因为它直接影响到推理误差。硬件和软件的共同设计是最近的一个趋势。

表 6.7　硬件性能提升方法综述

方法	描述	应用阶段	应用目标	目的
	减少参数和 / 或激活函数的总数			
模型压缩	剪枝：修剪边缘和单位，没有贡献的准确性	训练	激活、参数	计算复杂度和数据缩减
	dropout：按概率无效激活	训练	激活	计算复杂度和数据缩减
	dropconnect：按概率使边失效	训练	参数	计算复杂度和数据缩减
	主成分分析：通过寻找不相关元素来降低输入向量	推理	输入数据（向量）	减少数据
	蒸馏：从大模型到小模型的知识提炼	训练	参数	计算复杂度和数据缩减
	张量分解：低秩张量的张量近似	训练	参数	计算复杂度和数据缩减
	共享权重：共享层内和 / 或层间的权值	训练后	参数	减少数据

（续）

方法	描述		应用阶段	应用目标	目的
数值压缩	减少参数大小				
	量化	量化的数值表示	推理训练	激活、参数	损失函数所需的插值项（选项）
	削边	阈值下的值切割	训练	训练之后	计算复杂度和零跳数据减少
编码	通过数据编码的压缩 / 解压		推理训练	激活、参数、时间变量	数据减少
零跳	操作数为零时跳过操作		推理训练	操作	计算复杂度和零跳数据缩减
近似	近似函数和运算符		推理	激活、参数	需要插值的损失函数
优化	模型优化	模型拓扑约束	训练后	拓扑	计算复杂度和零跳数据缩减
	数据流优化	使用数据回收和或局部	推理训练	所有数据流	内存访问优化

CHAPTER 7

第 7 章

硬件实现的案例研究

本章介绍关于神经形态计算和神经网络硬件的案例研究。具体来说，我们专注于 DNN，而不是浅层神经网络，如 SVM。神经形态计算硬件在以前的综述论文中已经讨论过，因此我们只提供简单的介绍。基于模拟和数字逻辑电路类别，我们使用众核处理器、DSP、FPGA 和 ASIC（在第 2 章中描述）的类别来描述这种类型的硬件。

7.1 神经形态计算

7.1.1 模拟逻辑电路

7.1.1.1 苏黎世大学和苏黎世联邦理工学院：cxQuad 和 ROLLS

这些机构为图像识别设计了两种类型的芯片[204]。一个叫 cxQuad，用于池化和卷积；另一个叫可重构在线学习脉冲（Reconfigurable Online Learning Spiking, ROLLS），是一个主要用于分类的神经形态处理器，应用了九个 cxQuad 芯片。cxQuad 芯片由四个核心组成，有一个 16×16 的神经元阵列，通过一个模拟逻辑电路实现。它有 1K 个神经元和 64K 个突触，其中连接到神经元的每个突触块由 12 位宽的 64 入口的内容可寻址存储器（CAM）单元组成。神经元使用自适应指数积分以及激发方法。cxQuad 有三种类型的路由器（核内、片上核间和片对片），并使用基于 AER[119] 的脉冲传输方式运行。脉冲使用 3 级分层方法路由，并附有本地到全局的通信。cxQuad 芯片使用 180nm 的半导体工艺制造，具有 43.8mm^2 的面积，在 1.8V 电压下消耗 945μW 的功率。

ROLLS 有 256 个神经元，总共有 133 120 个突触。其神经元的配置与 cxQuad 相同。

它有三种类型的突触：线性时间复用、短时可塑性（STP）以及长期电位（LTP）。STP 突触有可以重现短期适应动态的模拟电路，以及可以设置和改变可编程权重的数字电路[204]。LTP 突触包含模拟学习电路和数字状态保持逻辑[204]。ROLLS 使用 180nm 的半导体工艺制造，面积为 51.4mm^2，在 1.8V 时消耗 4mW 的功率。

7.1.2　数字逻辑电路

众核使用软件程序模拟神经科学领域，而不是通过硬件实现进行直接评估。

7.1.2.1　曼彻斯特大学：SpiNNaker

SpiNNaker 是一个基于众核芯片的大规模并行处理（MPP）系统[220]。图 7.1a 显示了一个单芯片的节点图，其中处理器核心通过一个中央 NoC 系统连接。处理器核心的数量是实现过程中的约束条件。该众核处理器基于 18 个 ARM 核心，采用全局异步和局部同步（GALS）的方法设计。图 7.1b 显示了具有 18 个核心的芯片，中心是一个 NoC 路由器。AER[119] 被用于生成的脉冲的路由[357]。AER 数据包包括一个表示生成时间的时间戳和在脉冲处创建的神经元 ID。

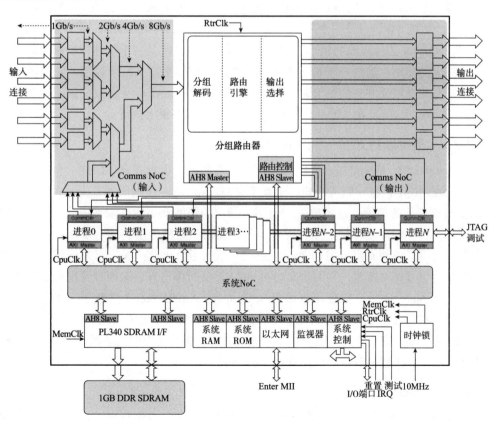

a）SpiNNaker芯片节点框图

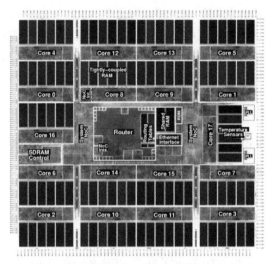

b）SpiNNaker 芯片照片 [220]

图 7.1　SpiNNaker 芯片

仿真模型是由一个用 Python 编码的库组成的，称为 sPyNNAker。这个库包括一个板卡 SW 和一个主机 SW，以及一个用于在系统上生成配置文件的工具链。板卡 SW 用于配置由 48 个 SpiNNaker 芯片组成的板卡上的仿真模型。主机 SW 是一个描述神经网络的库，不考虑实际板卡的使用，通过一个被称为种群图的图形描述来定义整个模型。它被转换成一个定义了所有的神经元和它们的突触的神经元图，而神经元图本身也被分割成多个子任务（称为部分种群图），可以在 ARM 核心上运行，最后可以在板上执行。

7.1.2.2　曼彻斯特大学：SpiNNaker-2

SpiNNaker-2 [262] 是 SpiNNaker 的后续项目。它侧重于由查找表（LUT）和乘法组成的指数函数，因此这个函数一般考虑 60～100 个周期。SpiNNaker 编译器首先预先计算出符合 LUT 的指数衰减值的范围，这需要一个由用户指定的网络动态的高水平描述。然后，LUT 被复制到每个核心的本地存储器中，并在运行时使用。这种方法有两个限制：由于片上存储器有限，仅可以使用有限数量的时间常数和一系列指数函数；如果有人想建立一个时间常数是动态的学习规则模型，则需要实时再生 LUT 或暂停仿真，这两种情况都是主要的性能瓶颈。对于 SpiNNaker，指数函数需要 95 个周期。SpiNNaker-2 集成了一个限于 s16.15 定点数的全流水线指数函数。挑战在于用移位器取代指数函数中的乘法器，在算术逻辑电路中，乘法是主要的能量消耗。该架构基于迭代方法，循环是以四因子展开的。在 22nm 工艺的 $5928nm^2$ 上，指数函数需要消耗 0.16～0.39nJ。

7.1.2.3　IBM：TrueNorth

TrueNorth 是一个用于推理的神经形态计算硬件 [261]，它的核心有 256 个神经元。它有一个可扩展的架构，最多有 4096 个核心（64×64 布局）[261]。图 7.2 显示了该芯片的分解图。左边的图片是一个 64×64 的核心阵列，中间的图片是阵列的右上角，右边的图片是其中一个核心。一个神经元最多可支持 1024 个突触。突触（权重）是一个有符号的 9 比特权重，并支持 256 个阈值。脉冲被送入交叉开关，通过交叉点被转移到神经元。脉冲用于从存储器中读取权重。当脉冲被传送到交叉开关时，脉冲对权重存储器进行处理。神经元接收并积累由脉冲处理的权重。在输入图像一侧，核心的右侧显示了一个大的权重存储器。来自调度器的脉冲输出进入交叉开关并寻址到核心的 SRAM，两个信号都被送入神经元块，权重被即将到来的脉冲断言所累积。

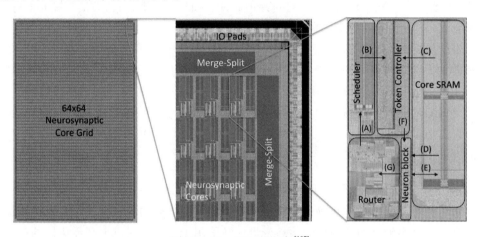

图 7.2　TrueNorth 芯片 [107]

因为 TrueNorth 核心是一个数字逻辑电路，并且有一个基于交叉开关的突触，所以不能在交叉点的列（soma）的输出上将一个负值作为预激励。因此，为了取一个具有数字精度的负值权重，它使用权重存储器，该值被送入神经元体进行累加。

当累加值大于阈值时，它就会产生激发并产生一个脉冲。产生的脉冲被视为一个 AER 包 [119]，它被转移到自身或另一个核心 [260]。因此，为了将产生的脉冲转移到一个特定的核心，该核心有一个 AGU。除了核心以外的逻辑电路是异步的，而为了使它们完全同步，使用了一个与时钟相对应的 10KHz 信号。

有必要将在 TrueNorth 上训练的参数下载下来，然后进行推理。最近提出了神经形态计算的反向传播 [159]。在 MNIST 数据集上，一个 64 核的配置实现了 99.42% 的准确率，消耗了 121μJ 的能量。

7.1.2.4　清华大学：Tianji

Tianji 由多个核心组成，每个核心有一个路由器，作为核心之间的接口，用于以下数据在多个核心之间流通：一个脉冲，一个突触阵列，一个用于将脉冲输入阵列的同步器，一个使用来自突触阵列的信号创建激发的神经元块，以及一个参数管理器。神经元通过时间多路复用进行操作，并使用 120nm 的半导体工艺和一个具有六个核心的芯片进行制造。

此外，还开发了一个名为 NEUTRAMS 的工具链[205]。该工具链包括一个四层的开发过程。最高的一层用于对神经网络进行编码。下面的一层根据学习结果转换编码的网络模型，并增加一个稀疏连接、一个精度较低的数字表示、以及一个新的附加层。第三层用于映射到一个物理平台。最后一层是基于设置的模拟。

7.1.2.5   浙江大学：Darwin

Darwin 处理器的一个芯片上有 8 个神经元，使用系数为 256 的时间复用，支持多达 2048 个神经元[322]。它应用 AER[119] 进行路由脉冲，使用其 AER 包持有的神经元 ID 来设置目标神经元，并从外部存储器加载权重和延迟时间。

它根据延迟时间将脉冲存储到一个由 15 个槽的环形缓冲器组成的延迟队列中。加权的脉冲被相加，结果被送入一个神经元并根据激发条件输出。这个架构支持 4 194 304 个突触。对于在 25MHz 下的手写数字识别，它仅有 0.16s 的延迟，并达到了 93.8% 的准确率。脑电图（EEG）解码的准确率为 92.7%，并采用 180nm 半导体工艺设计，面积为 25mm^2。此外，它在 70MHz 以及 1.8V（0.84mW/MHz）时消耗 58.8mW 的功率。

7.1.2.6   Intel：Loihi

Loihi 支持突触学习过程的可编程性。它支持对应于具有可配置的时间限制的过滤突触前和突触后脉冲序列的脉冲轨迹，对应于具有不同时间限制的特定脉冲序列过滤器的多个脉冲轨迹。每个突触有两个额外的状态变量，除了用于为学习提供更多灵活性的正常权重外，还对应于携带有符号脉冲值的特殊奖励脉冲的奖励轨迹，代表强化学习的奖励或惩罚信号[148]。

一个 Loihi 芯片包括 128 个神经形态核心，其中 1024 个原始脉冲神经单元被分组为构成神经元的几组树[148]。它还包括三个嵌入式 x86 处理器核心和片外通信接口。神经元核心与一个二维网状拓扑 NoC 连接，其异步实现方式与其他芯片类似。其包括 4 个网状阵列。网格协议支持一个芯片上的 4096 个神经形态核心，并支持多达 16 383 个芯片的分层寻址。

学习规则是基于 STDP 的。神经形态核心有 2M 位的 SRAM，并且有 ECC。图 7.3b 显示了神经形态核心的架构。输入的脉冲通过突触、树突和轴突模块。突触单元从存储器中读取与输入脉冲对应的权重。树突单元更新神经元的状态。轴突单元产生脉冲。学习单元使用编程的学习规则在 epoch 边界更新权重[148]。

Loihi 是一个 60mm^2 的芯片，使用 14nm 工艺制程，用 20.7 亿个晶体管和 33MB 的 SRAM 实现了 128 个神经形态核心和 3 个 x86 核心。它可以在 0.50～1.25V 的电压范围内工作。该芯片是根据一个卷积稀疏编码问题对具有 224 个原子字典的 52×52 图像进行评估的。

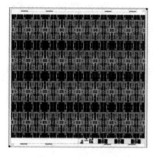

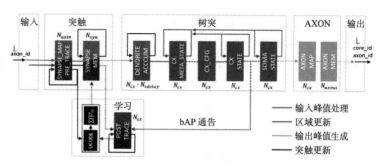

a）Loihi芯片照片　　　　　　　　　　　b）Loihi神经网络核心架构

图 7.3　Intel Loihi[148]

7.2　深度神经网络

7.2.1　模拟逻辑电路

7.2.1.1　犹他大学：ISAAC

ISAAC 的目标是通过对数据路径采取更深入的流水线处理，实现更高的吞吐量以及减少缓冲区大小[319]。DaDianNao 被用作基线架构，多个分片通过网状拓扑结构相互连接。分片由一个用于输入数据的嵌入式 DRAM（eDRAM）缓冲器、一个被称为原位乘积（IMA）的 MAC 单元和一个输出寄存器组成，它们通过一个共享总线相互连接。此外，还包括一个 sigmoid 功能单元（FU）和一个最大池化单元。

IMA 单元由四个交叉阵列、四个模拟数字转换器（ADC）和一个作为神经元工作的移位和加法单元组成，这五个单元在各阵列之间共享。这里，需要 2^{16} 个阻力位来进行 16 位的乘法运算；此外，在阵列之前需要一个 DAC，阵列之后需要一个 ADC，这些都会消耗芯片面积并产生计算错误（精度限制）。为了减小 ADC 的大小，使用了一种编码，其中一列中的每一个 w 位突触权重以其原始形式或以其"翻转"形式存储。w 位的权重 W 的翻转形式表示为 $W = 2^W - 1 - W$[319]。

因此，交叉点上应用了点积法，并且每一个乘积都在输出阶段被累加。也就是说，一个 16 位精度的点积法至少需要 16 个步骤。偏置总是加在权重上，并将结果存储在每个单元，因此，在点积之后必须减去总的偏置。例如，16 位带符号的定点数需要减 2^{15}，为此要应用移位和加法单元。与 DaDianNao 类似，这里采用的是逐层操作，在前一层操作完成后，再开始下一层的操作。这意味着该架构是专门针对没有分叉和连接层的顺序神经网络模型设计的。

它是用 32nm 的半导体工艺和 CACTI 6.5 设计的，并对能量消耗和必要的面积进行建模。研究发现，74KB足以作为层间时间数据的缓冲区大小，而且一个小规模的eDRAM被证明足以容纳这些数据。这样一个小型存储器有助于提高计算效率和存储器的利用率。片之间的网络互联需要3.2GB/s，因此，在1GHz下应采用32位网络配置。通过流水线，65.8W的功率被消耗，这意味着需要比DaDianNao使用更多的功率，因为DaDianNao需要20.1W的功率。与DaDianNao类似，CNN任务已经是其解决目标，但目前它还不支持学习任务。

7.2.1.2　加州大学圣巴巴拉分校：PRIME

PRIME专注于存内处理（PIM）计算模型[173]，并考虑了逻辑电路、硬件架构和软件接口三个领域[134]。如图7.4所示。

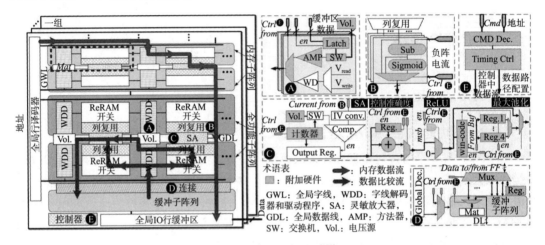

图7.4　PRIME架构[173]

它为深度学习任务提出了一个统一的PIM架构。ReRAM阵列中的资源可以动态地重新配置给这类任务的加速器。ReRAM有两种模式，一种作为传统的存储器（内存模式），另一种作为加速器（计算模式）。ReRAM库被划分为三个领域：内存、全功能（FF）和缓冲器子阵列。

内存子阵列和缓冲器子阵列作为数据缓冲器运行。FF子阵列被同时用于计算和存储，并有一个ReLU单元用于计算模式。在编译神经网络模型后，它优化了模型的映射，以便在ReRAM存储体的规模和模型之间建立桥梁。关于用于执行的优化，操作系统根据内存页缺失率和子阵列的利用率来确定内存资源的分配与否。因此，需要重新设计或将其扩展到一个普通的操作系统。

7.2.1.3　Gyrfalcon

Gyrfalcon开发了一个CNN，即DSA（CNN-DSA）[341]。CNN-DSA引擎（CE）见图7.5a。

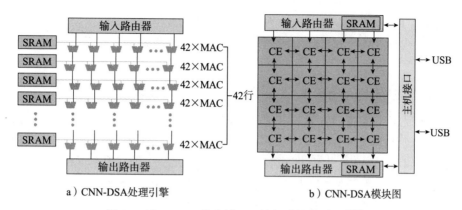

a）CNN-DSA处理引擎　　　　b）CNN-DSA模块图

图 7.5　Gyrfalcon 卷积神经网络领域特定架构 [341]

它由输入路由器、输出路由器、SRAM 存储体和 ALU 阵列组成。ALU 阵列位于输入路由器和输出路由器之间，SRAM 存储体有一个多播网络作为基于行的通信来发送参数。阵列形成 42×42 排列，并应用 3×3 滤波卷积和 2×2 池化。CNN-DSA 有一个 4×4 阵列的 CE 和 9MB 的 SRAM。它的运行效率为 9.3TOPS/W，峰值功率小于 300mW。

它还开发了一个带有非易失性存储器 STT-MRAM 的加速器，称为 CNN 矩阵处理引擎（MPE）[340]。MPE 具有与 CNN-DSA 类似的结构。

激励使用了 9 位特定领域浮点（DSFP），而模型系数使用 15 位 DSFP[340]。这个基于 MRAM 参数存储器的 MPE 实现了 9.9TOPS/W 的能源效率。

7.2.1.4　Mythic

Mythic 使用嵌入式闪存技术开发了一个推理加速器，作为相当于突触的模拟交叉阵列运行。闪存被应用在 DAC 和 ADC 之间。处理节点具有嵌入 DA/ADC 的闪存和 RISC-V 主机处理器。处理节点在芯片上进行复制，形成一个节点阵列。Mythic 使用富士通 40nm 的嵌入式闪存单元 [150]。DAC 的分辨率为 8 位，功率效率为 2TMAC/W（4TOPS/W）。

7.2.2　DSP

深度学习任务是由矩阵 - 向量乘法组成的点积，因此，优化做 MAC 操作的 DSP 是适合这种学习的架构。

7.2.2.1　CEVA XM 系列

一个 XM4 DSP 有两个向量处理单元（VPU），在每个单元上并行执行 64 次 MAC 操作 [180]。它可以进行 8 位、16 位和 32 位的定点算术运算和单精度浮点运算。VPU 共享一个大规模的向量 RF。它还有四个标量处理单元和两个加载 / 存储单元。用户可以集成一个自定义的协处理器及其指令集。它有两个 256 位内存接口，支持 Caffe 和 TensorFlow API，并且可以将编码的神经网络模型转换为运行的二进制。它是为 28nm 的台积电高性能移动

（HPM）半导体工艺设计的，运行速度为 1.2GHz。

XM6 的架构与 XM4 相似，但有一个专门的向量浮点单元。它有三个 VPU 并共享一个向量 RF。

7.2.2.2   CEVA NeuPro-S

NeuPro-S 是一个成像和计算机视觉推理处理器[102]。它有一个被称为 NeuPro-S 引擎的神经网络处理引擎，专门用于卷积神经网络任务，包括卷积和池化。NeuPro-S 引擎由一个负责卷积的卷积阵列、一个池化单元、一个激励单元和一个缩放单元组成。XM 核心和 NeuPro-S 通过 AXI 总线连接，支持 8 位和 16 位量化混合操作。MAC 的数量（8×8 位）从 1000~4096 个单元不等。单个芯片也有一个 XM 处理器。

7.2.2.3   Movidius（英特尔）：Myriad 系列

Myriad-2 集成了 12 个 VLIW 向量处理器，其中一个叫作 SHAVE[82]。图 7.6a 显示了一张带有 8 个 SHAVE v2 内核的 Myriad-1 芯片的照片。该向量处理器支持半精度和单精度浮点运算。某无人机基于该芯片开发，其可以通过目标识别和自主驾驶来追踪[75]。该芯片在 2016 年 9 月被英特尔收购[74]。

图 7.6b 显示了一个 SHAVE v2 核心的框图。该核心由标量和向量 RF、一个向量算术单元、一个整数单元、两个加载 / 存储单元、一个分支单元和一个比较器单元等组成。这些单元是用 VLIW ISA 控制的。它们以 180MHz 运行，并且可以达到 17.28GOPS，此时功耗为 0.35W，对于一个 8 位整数而言，可达到 181GOPS/W。

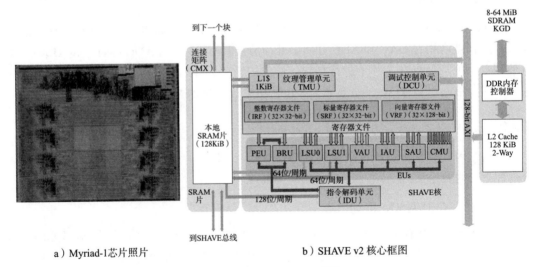

a）Myriad-1芯片照片   b）SHAVE v2 核心框图

图 7.6   Myriad-1 架构[101]

7.2.3　FPGA

7.2.3.1　纽约大学：neuFlow

neuFlow 是一个用于目标识别的处理器[160]。它专注于图像处理任务，并采取了模块化的方法。

片外存储器通过一个 DMA 单元连接到每个模块。重点是高吞吐量而不是低延迟。通过将 NoC 连接到执行操作的处理分片（PT），组成了一个二维网状配置，这允许动态地重新配置 PT 和 PT 操作之间的路由。片外存储器有一个先进先出（FIFO）接口，允许操作者保持高吞吐量。一个图像像素以 Q8.8 的格式[⊖]存储在外部存储器中，并在操作者处被缩放为32 位。

这里所设计的神经网络模型使用一个特殊的编译器进行编译，称为 LuaFlow API，以生成一个在 neuFlow 上运行的二进制文件。neu-Flow 硬件对 20 个类的执行吞吐量为12fps，每个类的图像大小为 500×375。峰值性能为 160GOPS（实测为 147 GOPS），Xilinx Virtex-6 VLX240T 在 200MHz 和 10W 的条件下工作时，功耗为 10W。

7.2.3.2　北京大学

另一项研究提出了在 FPGA 上使用 Winograd 的 CNN 的实现方法[380]。图 7.7 显示了应用的架构。输入和输出缓冲区由行缓冲区组成，因为目标是一个具有二维输入和输出激励的 CNN 模型。由于二维窗口的滑动，卷积重用了输入激励元素，因此使用了行缓冲区。

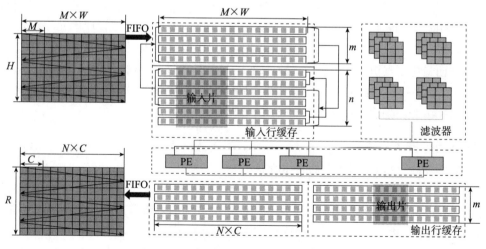

图 7.7　北京大学 FPGA 架构[380]

⊖　Q8.8格式意味着二进制定点数值格式，且整数部分有8位，小数部分有8位。——译者注

CNN 一般包含由行和列、输入通道和输出通道组成的四级嵌套循环。这些循环可以使用循环展开法进行并行化，而且循环顺序可以改变。研究人员评估了 FPGA 上加速器设计的资源需求。他们对 DSP、LUT 和 BRAM 的资源要求进行建模，并对执行时间和带宽评估模型进行建模。通过将输入神经元和相应的权重填入一个矩阵，全连接层中的操作可以被视为一个逐元素的乘法[380]。

研究人员还使用 Roofline 模型[367]来探索最佳架构，这也是现在的一个标准方法。计算引擎从缓冲器中读取权重，在子单元上进行权重和激励的乘法运算，并使用加法器树对乘法结果进行求和。一个操作需要一个单精度浮点单元。它使用一个双缓冲器，避免了通过交替缓存器访问外部存储器的等待。作者还设计了一个自动工具流来自动映射到 FPGA 上，在 Xilinx Virtex7 FPGA 上用 HLS 设计进行综合。使用 Alex Net，在平均吞吐量为 61.62~1006.7GOPS 的情况下进行卷积，并最终达到了 72.4~854.6GOPS。在 VGG16 上，吞吐量为 354~2940.7 GOPS，功耗为 9.4W，在 166MHz 时实现了 72.3GOPS/W，频率为 166MHz。

7.2.3.3　匹兹堡大学

这里进行了一项对基于 RNN 语言模型（RNNLM）的 FPGA 实现的研究[243]。

作者考虑了一个两级流水线的 RNN 结构。通常，输入和输出层的 V 节点与词汇有关，很容易达到 10~200K 的规模，而隐藏层的 H 节点可以保持更小的规模，如 0.1~1K[243]。因此，第二阶段的延迟要比第一阶段的延迟长得多。为了加强第二阶段，输出层的更多 PE 被复制。

该平台是一个使用 Xilinx Virtex6 LX760 的 Convey HC^{ex} 计算系统。它采用多线程技术来减少空闲时间，以实现高效的执行。计算引擎（CE）有一个线程管理单元（TMU），负责管理读取矩阵的行，创建和分配线程给 PE，并启动或终止进程。CE 中有多个 PE，每个 PE 对行和向量应用点积法以及激活函数。CE 的目的是通过多个输出层和一个隐藏递归层来加速执行。隐藏层和输出层的运行频率为 150MHz，吞吐量分别为 2.4GOPS 和 9.6GOPS，计算结果为 46.2% 的精度和 25W（TDP）的功耗。

7.2.3.4　清华大学

这里实现了一个用于图像识别的加速器[293]。

这个系统有一个结合 CPU 和 FPGA 的架构。在 CPU 上实现的处理系统管理着对外部存储器的访问。它支持剪枝和动态量化，因此对参数和输入数据进行压缩和解压，并有助于减少全连接层的内存访问流量。权重和数据（激活）是量化的。

一个在 FPGA 上实现的卷积综合体由多个 PE 组成。当考虑到行缓冲器配置的访问顺序时，一个 PE 有一个数据缓冲器和一个权重缓冲器。它从每个缓冲器中读取几个数据，在一个乘法器阵列上应用几个乘法，将结果送入加法器树以求和，最后应用激活和池化。在片上存储器大小的约束下，它通过使用 Xilinx Zynq 706 的分片系统重复使用数据，尽可能地抑制了芯片上的数据量。VGG16-SVD 的处理是在 150MHz 下进行的，执行时的吞吐量为 136.97GOPS，功率消耗为 9.63W。

7.2.3.5　微软研究院：Catapult

作者在为数据中心开发的 Catapult 服务器[282]上实现了一个图像识别加速器。Catapult 有一块 Altera Stratix-V D5 FPGA，FPGA 与服务器机架上的二维 6×8 环形网络相连，如图 7.8b 所示。CNN 处理的数据路径有一个脉动阵列配置[283]，如图 7.8b 所示。数据从上到下流动，并通过增加偏置被送入激励函数。

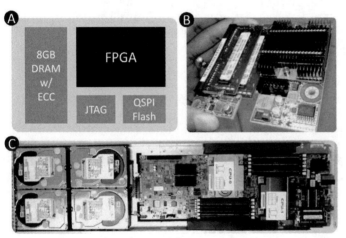
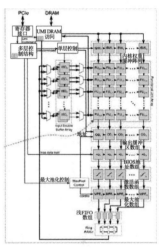

a) Catapult平台　　　　　　　b) CNN加速器框图

图 7.8　Catapult 平台上 CNN 加速器[283]

在装有 Stratix-V D5 的系统上，处理 CIFAR-10、ImageNet 1K 和 ImageNet 22K 的吞吐量分别为 2318、134 和 91fps，功率为 25W[282]。此外，由 Altera Arria-10 GX1150 组成的新版系统应用 ImageNet 1K，吞吐量为 369fps，峰值功耗为 25W[283]。

7.2.3.6　微软研究院：BrainWave

与亚马逊的 F1 实例类似，微软支持带有 FPGA 的云服务[138]。DNN 模型被映射到用神经单元（NFU）配置的 FPGA 资源上。Caffe、CNTK 或 TensorFlow 模型被送入前端，生成一个 IR。IR 被用来通过作为后端的工具管道生成配置数据的比特流。NFU 由多个矩阵 - 向量单元组成，其中一个用于操作矩阵 - 向量乘法。计算结果通过一个加法器树相加，它可以配置 8 位定点以及 8 位浮点和 9 位浮点。作者称，这些浮点足以满足他们的深度学习任务，具有足够的推理精度，如图 7.9 所示。

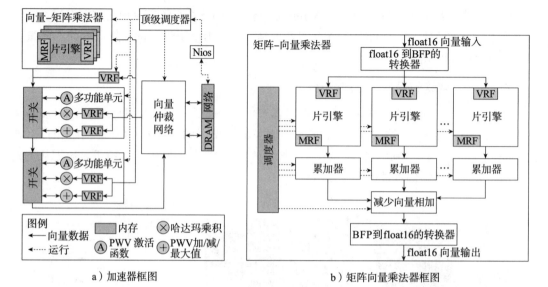

a）加速器框图   b）矩阵向量乘法器框图

图 7.9   BrainWave 平台加速器 [165]

7.2.3.7   爱媛大学：NRNS

作者提出了一个适合 FPGA 架构的矩阵运算，但是请注意，他们并没有提出加速器架构 [275]。该系统使用残差数系统（RNS）[169]，将从整数分解到相对素数整数时所得到的余数用数字表示。而 FPGA 有许多 DSP 块，在芯片上有相对较多的 LUT。相比之下，深度学习需要大量的 MAC 来进行点积运算。

面对这种差距，所有的数据都需要用 RNS 分解成多个更小的数据，从而被映射到大量的 LUT 上，用于与权重相乘并对乘积进行求和，从而实现比 DSP 块更强的并行处理。为了实现 RNS，需要将其分解为非统一的逻辑电路，为了解决这个问题，作者提出了一种称为嵌套 RNS（NRNS）的递归方法。应用预处理，将整数转换为 RNS，后处理将这样的数字域中矩阵运算后的 RNS 转换为整数。在 Xilinx Virtex7 VC485T 上进行综合后，它的运行频率为 400MHz，执行矩阵运算的频率为 132.2GOPS。

7.2.3.8   佐治亚理工学院：Tabla

Tabla 是一个用于生成加速器的框架 [254]。该方案的目标是设计必要的编程抽象和自动化框架，在一系列的机器学习算法中统一使用 [254]，如图 7.10 所示。

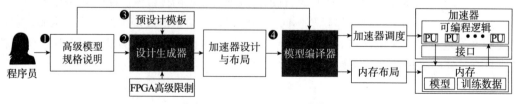

图 7.10   Tabla 工作流 [254]

Tabla 有一个基于模板的设计流程。作为其模板，SGD 在一系列 ML 算法中是统一的，这种编程抽象要求程序员只需提供目标函数的梯度[254]。第一步是通过研究梯度下降法，用高级语言描述成本函数。神经网络模型中的共同部分会被检测出来，因此可以提供一个高水平的开发环境。该框架的开发需要四个步骤。

在使用模板进行设计后，设计生成器会自动生成加速器及其接口逻辑，这些都是由预先设计的模板生成的。第二步是使用第一步中获得的成本函数、目标 FPGA 的高级规格和机器学习加速器的设计模板自动生成加速器的代码。此外，这一步增加了一个用于外部存储器访问的接口。第三步是通过特定的网络模型和 FPGA 规格之间的探索来构建更好的设置。

模型编译器为加速器静态地生成一个执行时间表，这大大简化了硬件[254]。第四步是使用一个叫作模型编译器的工具将加速器结构转换成数据流图。

7.2.3.9　佐治亚理工学院：DNNWeaver

DNNWeaver 是 Tabla 的更新版本，是一个用于生成类似加速器的框架，主要区别是 DNNNWeaver 应用了全自动的过程[320]。在 DNNWeaver 上的开发也需要四个步骤。

第一步，转换器将 DNN 规格转换成宏数据流 ISA。加速器不使用 ISA 来执行。控制流指令在加速器中被映射为一个控制信号。它还创建了一个执行时间表。这种抽象的目的是提供一个统一的硬件 – 软件接口，并在加速器的微架构中实现特定层的优化而不暴露在软件中。

第二步是使用模板资源优化算法来优化目标 FPGA 平台的硬件模板。这被用来划分 DNN 的执行，以适应加速器的大小，进行并行处理、资源共享和数据循环。使用的工具被称为设计规划器。模板资源优化算法旨在通过分割计算和配置加速器，使其与 FPGA 的约束条件（片上存储器和外部存储器带宽）最匹配，在并行操作和数据再利用之间取得平衡[320]。加速器在写回分割后的进程数据后，进入下一个处理步骤。

第三步是翻译有限状态机（FSM）的时间表，并根据设计规划器的结果与人工设计的模板进行资源分配和优化。所使用的工具被称为 Design Weaver。Design Weaver 使用一系列手工优化的设计模板，并根据规划器提供的资源定位和硬件组织对其进行定制[320]。这些模板为 Design Weaver 提供了一个高度可定制的、模块化的、可扩展的实现方式，自动对模板进行专门化处理，以适应各种被翻译成宏数据流 ISA 的 DNN[320]。

第四步是为先前生成的代码添加一个存储器接口，最后为目标 FPGA 生成代码。Verilog 代码已经准备好在目标 FPGA 上进行综合，以加速指定的 DNN[320]。

7.2.3.10　斯坦福大学：ESE

为了加快 LSTM 模型的预测速度并使其节能，作者首先提出了一种负载平衡敏感的剪枝方法，可以将 LSTM 模型的大小压缩为原来的 1/20（1/10 来自剪枝，1/2 来自量化），而预测精度的损失可以忽略不计[182]。

作者提出了一种剪枝方法，称为负载平衡敏感的剪枝。这种方法迫使在 EIE 中应用的每个交错 CSC 编码器使用大约相同数量的元素。原来的交错式 CSC 编码产生了因改变元素数量而引起的空转周期。编码后的权重有索引和权重两个值。一个非零的权重值后面是索引。

PE 的配置与 EIE 相似。多个 PE 在信道处理集群上组合在一起。PE 的输出被送入 LSTM 特定的操作数据路径。建议的 ESE 硬件系统建立在 XCKU060 FPGA 上，运行频率为 200MHz[182]。负载平衡敏感的剪枝将速度从 5.5 倍提高到了 6.2 倍。它的吞吐量达到了 282.2 GOPS，需要 41W 的功率消耗。因此，它的功率效率为 6.9GOPS/W。

7.2.3.11　赛灵思研究实验室：FINN

作者在 [356] 中提出了 FINN，一个用于在 FPGA 上构建可扩展的快速 BNN 推理加速器的框架。

Finn 在 FPGA 上实现了一个针对 CNN 模型的二进制神经网络模型[356]。这里，"−1"和"＋1"分别被分配给 0 和 1 的二进制。可以使用位 XOR 逻辑运算和流行计数（简单地称为流行数）来应用点积法。当预激活值大于阈值时，输出为 1；否则，ReLU 激活函数的输出为 0。上述内容在 [141][301] 中进行了研究。

作者称，他们观察到二进制运算的 FPGA 计算极限性能为 66TOPS，与 8 位定点运算相比，约高出 16 倍，与 16 位定点运算相比，约高出 53 倍[356]。然而，只有在应用程序不受内存约束的情况下，才有可能达到计算的峰值[356]。

作者还指出了一种池化实现。最大池化用来在激活元素和阈值之间进行比较时应用逻辑 OR。最小池化的目的是对比较的结果应用一个逻辑 AND。平均池化的目的是当 0 的数量大于 1 的数量时，输出一个零；否则，输出一个 1。

矩阵 – 向量 – 阈值单元（MVTU）进行矩阵运算（见图 7.11a）。为了更好地迎合 MVTU 的 SIMD 并行性，并尽量减少缓冲要求，我们将特征图交错排列，使每个像素包含该位置的所有输入特征图（IFM）通道数据[356]。

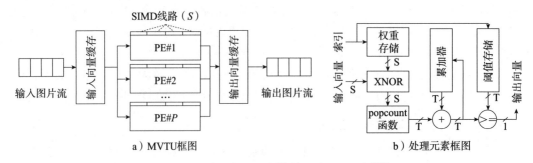

a）MVTU框图　　　　　　　　　　b）处理元素框图

图 7.11　矩阵 – 向量 – 阈值单元（MVTU）[356]

作者还考虑了二进制量化对推理精度的影响。通过增加神经元的数量，推理的误差就会减少。在浮点数字表示法中也可以看到，这是一种更深入的神经网络配置。两种方法的误差率之差从 3.8 分到 0.26 分不等。

小规模的神经网络模型不能从推理精度的下降中恢复。它采用一种在目标吞吐量下运行的控制方法。作者使用 Xilinx Zynq-7000 All Programmable SoC ZC706 评估套件，它是使用 Xilinx Vivado 高级合成（HLS）工具开发的，目标是实现 200MHz。该工具的延迟时间为 283s，在推理精度为 95.8% 的情况下，运行速度为 2121Kfps，功耗为 22W。

7.2.3.12 亚利桑那州立大学

在这个案例中，作者考虑并分析了一种嵌套循环配置方法，在一个具有基于高级语言设计的 CNN 中组成卷积[252]。在卷积任务中，使用了一个四级嵌套循环，其中最里面的循环是一个 MAC，第二个循环是一个输入特征图，第三个循环用于扫描窗口滑动，最外面的循环是一个输出特征图。作者分析了循环展开、循环分片和循环互换对实现高效架构的影响。

循环展开是决定卷积的并行性、决定实现的算术单元数量和决定数据可重用性的一个因素。此外，计算的延迟也是由循环展开决定的，因此它也决定了基于片上缓冲区大小和数据重用性的片外存储器访问。

循环分片决定了循环迭代中的块大小，从而决定了必要的片上缓冲区大小，以及片外存储器访问量。片外内存访问的数量是由片上缓冲区的大小决定的，因此取决于如何构建循环分片。

循环互换决定了操作的顺序，因为它互换了嵌套循环的顺序，并决定了用于保存暂存结果的寄存器的数量，如部分和。

因此，它决定了循环展开和循环分片的构造如何改变必要的硬件资源。在 Arria 10 FPGA 上基于结构的设计的这些分析结果显示，与 VGG-16 上的传统实验结果相比，推理吞吐量增加了 3 倍，延迟也很短。

7.2.4 ASIC

7.2.4.1 中国科学研究院（CAS）: DianNao

在这个案例中，重点关注当应用深度学习时，大量的内存访问流量[128]。

作者基于最终结果对数据局部性以及设计进行了分析。他们还关注了一种数据重用的方法，通过减少流量来抑制能量消耗。为了保持激活和参数相乘后的部分和，使用了一个寄存器。此外，各层之间的激活均被缓存。

PE 有一个输入缓冲区、一个输出缓冲区和一个权重缓冲区，它们连接到一个 NFU。输入、突触权重和输出是由不同的神经元算法块分时进行的。NFU 在三个阶段上执行，如

图 7.12a 所示。第一阶段是乘法，第二阶段是用于进行部分求和的加法器树，第三阶段是激活函数。为了提高执行效率，使用了循环分片来有效地将数据分配给每个 NFU。

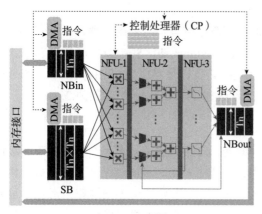

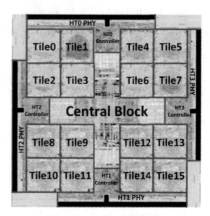

a）DianNao 框图   b）DaDianNao 芯片布局

图 7.12   DianNao 和 DaDianNao[128]

DianNao 采取 VLIW 指令集来控制循环、分类、卷积和其他因素。它使用为三个主要模块设计的代码生成工具，而不是编译器。它应用了 16 位定点算术与截断法。DianNao 可以在每个周期进行 496 次运算。它的运行频率为 980MHz，因此实现了 452GOPS 的吞吐量。它是用 65nm 的半导体工艺设计的，面积为 3mm²。它也可以以 980MHz 的频率运行，功耗为 485mW。因此，它的功率效率为 932.0GOPS/W。

7.2.4.2   中国科学研究院：DaDianNao

这里，考虑了一个基于 DianNao 架构的大规模神经网络的架构[129]。它使用 DianNao 作为节点，并采取分布式架构，支持推理和学习。

它没有主存储器，每个节点有四个嵌入式 DRAM（eDRAM）；此外，该架构在节点之间对激活进行传输。为了应用 eDRAM 和学习，在节点流水线上应用多种输入和输出模式。节点以四叉树的方式相互连接。还使用了一个以二维网状拓扑结构连接芯片之间的虫洞路由器。每个节点有两种控制模式，一种是处理模式，另一种是批次模式。相邻的特征图之间的通信分为节点上的单元拟合、卷积层和池化层，这是必要的。分类需要在一个完整的网络拓扑结构上进行通信。

它是用 28nm 的 ST 技术 LP 设计的。此外，eRAM 和 NFU 的工作频率为 606MHz，电压为 0.9V，其功耗为 15.9W。该芯片的面积为 67.7mm²，为每个节点集成了一个 512KB 的 eDRAM，并在芯片上放置了 16 个节点。

7.2.4.3   中国科学研究院：PuDianNao

一般来说，机器学习硬件倾向于支持神经网络模型家族中的一个很小的应用域，如一个具有超参数约束的 CNN。有人考虑采用一种架构方法来支持各种机器学习模型[245]。为了评估架构，研究人员使用了七种机器学习方法，即 *k*-Means、*k*-NN、naive Bayes（NB）、SVM、线性回归（LR）、分类树（CT）以及 DNN。他们的结论是，分片法通过利用其数据局部性，对 *k*-NN、*k*-Means、DNN、LR 和 SVM 是有效的；但是，对 NB 或 CT 是无效的，因为它们不能被用来预测局部性，如图 7.13 所示。

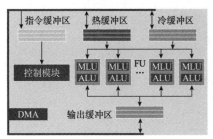
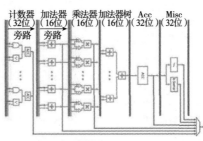
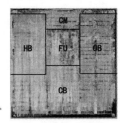

a）PuDianNao框图　　　　b）PuDianNao 机器学习单元（MLU）　　　c）PuDianNao 芯片布局

图 7.13　PuDianNao[245]

一个机器学习单元（MLU）由三个数据缓冲器、一个指令缓冲器、一个控制器模块、一个 RAM 和多个 FU 组成。每个 FU 都有一个 MLU 和一个 ALU。第一阶段用于通过朴素贝叶斯和分类树来加速计数操作[245]。第三到第五阶段的配置与 DianNao 类似。MLU 支持一个普通的点积运算和激活函数，它应用了一个加法树。

Misc 阶段集成了两个模块，一个线性插值模块和一个 *k*-sorter 模块，如下所示[245]。线性插值模块用于近似 ML 技术中涉及的非线性函数。不同的非线性函数对应于不同的插值表。*k*-sorter 模块用于从 ACC 阶段的输出中找到最小的 *k* 值，这是 *k*-Means 和 *k*-NN 的一个常见操作。一个 ALU 不仅支持四种算术运算，还支持整数数字表示法之间的转换，以及对数函数，它包含一个加法器、一个乘法器和一个除法器，以及将 32 位浮点数转换为 16 位浮点数，将 16 位浮点数转换为 32 位浮点数。

它是用 65nm 的 TSMC GP 半导体工艺设计的，当集成 16 个 FU 时，其面积为 3.51mm²。它在 1.01GHz 时实现了 1056GOPS 的吞吐量，消耗 596mW 的功率。因此，其 DLP 为每周期 1045 个操作，功率效率为 1771.8 GOPS/W。

7.2.4.4　中国科学研究院：ShiDianNao

我们研究了一种视觉识别加速器的节能设计，可直接嵌入任何 CMOS 或 CCD 传感器，其速度足以实时处理图像，并被用作图像识别的加速器[156]。

该设计包括一个输入缓冲器、一个输出缓冲器、一个用于激活的缓冲器、一个 NFU、一个操作激活函数的 ALU、一个指令缓冲器和一个解码器，如图 7.14a 所示。NFU 是为有效处理二维排列的数据而设计的，它有多个二维布局的 PE，并应用脉动阵列法。NFU 用于进行卷积、分类、归一化和比较，以达到汇集的目的。每个 PE 都有一个 FIFO 来向其左侧的 PE 和底层的 PE 发送数据，并支持数据重用，如图 7.14b。PE 支持 16 位定点运算。

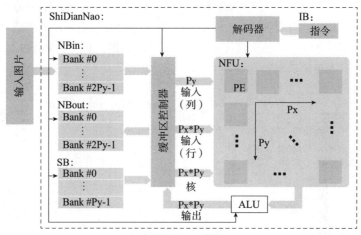

a）ShiDianNao框图

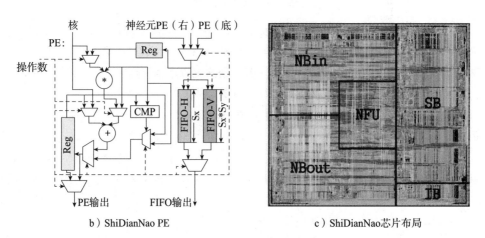

b）ShiDianNao PE

c）ShiDianNao芯片布局

图 7.14　ShiDianNao[156]

NFU 可以应用卷积、池化以及分类。卷积需要四个周期，如文献 [156] 中所述。在第一个周期中，操作数被输入，然后进行乘法运算。在第二个周期中，从 FIFO-H 中读取重新获得的数据，所有的 PE 共享从 SB 中读取的内核值。在第三个周期，每个 PE 在相应的卷积窗口的第一行进行处理，在下一个周期将移到卷积窗口的第二行。在第四个周期，所有 PE 共享从 SB 读取的内核值 k0,1。此外，每个 PE 将其收到的输入神经元收集在其 FIFO-H 和 FIFO-V 中，用于之后 PE 间的数据传播 [156]。

据推测，所有的数据都可以在一个芯片上。每个缓冲器都有一个多存储体配置，并支持多重访问模式。作者提出了一种由 FSM 组成的两级控制方法。一个较高级别的 FSM 定义了处理的层间转换，一个较低级别的 FSM 定义了在层上操作的控制细节。这些组合也定义了每层的数据流控制。这是用 65nm 的 TSMC 设计的，面积为 4.86mm²。该器件在 1GHz 下运行，消耗 320.1mW 的功率。

7.2.4.5　中国科学研究院：Cambricon-ACC

Cambricon-ACC 有一个名为 Cambricon 的 ISA，专门用于神经网络模型[247]。基于传统的 ISA，作者提出了三种原语操作，即标量、向量和矩阵操作，这需要一个加载 - 存储架构。此外，它还支持向量和矩阵的缩放，并在激或函数中使用指数函数（$f(x)=e^x$）。并且，这里应用了由一个存储体配置组成的 scratchpad 存储器，而不是向量 RF。

指令集包括计算、逻辑、控制和数据传输指令，具体如下[247]。指令的长度固定为 64 位，以保证存储器的对齐和加载 / 存储 / 解码逻辑的设计简单性。支持两种类型的控制流指令，跳转和条件分支。Cambricon 使用的数据传输指令支持可变数据大小，以灵活地支持矩阵和向量计算 / 逻辑指令。

此外，每个向量和矩阵可以使用直接内存访问（DMA）单元，支持可变大小的向量和矩阵。Cambricon-ACC 将 Cambricon ISA 植入传统的 RISC 微架构中。在 10 个神经网络模型上，与 GPU（NVIDIA K40M）、X86 和 MIPS 相比，它的占用率分别提高了 6.41 倍、9.86 倍和 13.38 倍。

图 7.15b 显示了一个 Cambricon-ACC 微架构，由七个流水线阶段组成，即指令获取、指令解码、发射、寄存器读取、执行、回写和提交阶段，这是顺序发射的。对于数据传输指令，向量 / 矩阵计算指令和向量逻辑指令，可能会访问 L1 高速缓存或 scratchpad 存储器，被发送到 AGU[247]。这类指令需要在一个顺序的内存队列中等待，以消除与内存队列中早期指令的潜在内存依赖[247]。与 x86-CPU 和 GPU 相比，执行性能分别提高了 91.72 和 3.09 倍。与只能应用三个神经网络模型的 DaDianNao 相比，其 DSA 的执行性能下降了 4.5%。能量消耗相比于 GPU 和 DaDianNao，分别提升了 130.53 倍和 0.916 倍。对于一个使用 65nm 的 TSMC GP 标准 VT 库的设计，其总共使用了 56.241mm²。尽管它的时钟频率和驱动电压未知，其消耗功率为 1.6956W。

a）Cambricon-ACC 芯片布局

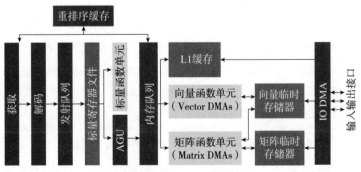

b）Cambricon-ACC 框图

图 7.15　Cambricon-ACC[247]

7.2.4.6   中国科学研究院：Cambricon-X

在这里，作者着重介绍了一种有效的稀疏张量执行方法。这种方法也使用了与其他研究中类似的索引（偏移）；不过，这里考虑并评估了两种替代方法。

这里使用了一个用于稀疏机器学习的加速器[382]。在学习过程之前，我们无法知道向量和矩阵中的零值在哪里，因为这种值是作为学习结果随机放在张量中的。此外，基于稀疏性，有可能出现无效的激活函数。

除了随机放在稀疏张量中的零值，有效地读取数据是有必要的。为用户设计的神经网络模型执行推理，其中有零值的数据被删除。因此，有必要用当前读取的元素来寻址接下来应该读取的元素的位置。作者提出了两种索引方法来读出参数，即直接索引和间接索引。

用直接索引法时，需要准备一个能寻址参数矩阵中参数存在的标志矩阵，如图 7.16a。当一个标志为"1"时，其相应的非零参数就会在其相应的位置上。它使用一个索引寄存器，如果寄存器中的标志被断言到顺序读取上，那么它就会增大索引寄存器，并用其值减去 1 来寻址放置在存储器（缓冲器）中的非零值。而间接索引法使用其他应用的存储器来相对寻址稀疏矩阵中的参数元素，如图 7.16b 所示。与直接索引方法类似，它也使用一个索引寄存器，当它读取参数的下一个元素时，索引的相对值被添加到寄存器中，并且其值减去 1 表示下一个元素的地址。

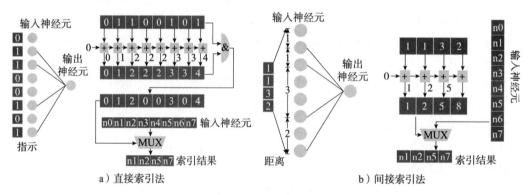

图 7.16   稀疏张量上的 Cambricon-X 跳零[382]

该器件的面积为 $6.38mm^2$，在 1GHz 的时钟频率下消耗 954mW 的功率。与 DaDianNao 相比，它实现了 7.23 倍的执行性能以及 6.43 倍的能源消耗。与使用 cuSPASE（稀疏矩阵库）的 GPU 平台相比，执行性能提高了 10.60 倍，能量消耗降低了 29.43 倍。作者并没有描述学习过程或学习后如何生成索引。

7.2.4.7   中国科学研究院：Cambricon-S

Cambricon-S 专注于一个软件/硬件兼顾的方法，以有效解决稀疏神经网络的不规则性[384]。训练的行为也集中在权重较大的稀疏神经网络上，这些神经网络倾向于聚集成小集群。

一个基于软件的粗粒度修剪技术被提出，以局部量化的方式大幅减少稀疏突触的不规则性。

为了获得稀疏性，考虑了软件和硬件之间的合作。对于软件来说，重点是剪枝，从而获得了静态的稀疏性。对于硬件来说，ReLU 创造了零，因此通过实施动态稀疏性处理程序可以获得动态稀疏性。这些技术减少了不必要的数据流量和计算量。

稀疏性压缩流是由正常训练、迭代的粗粒度剪枝和重新训练、局部量化，以及最后的熵编码组成。在粗粒度剪枝中，几个突触首先被一起剪枝，然后被分组到块中。如果突触块符合特定的标准，就会被永久地从网络拓扑结构中删除。图 7.17a 显示了量化和熵编码的压缩。量化使用一个字典，它是一个张量元素的中心点，其中一个张量元素寻址字典元素。之后，再对地址（索引）进行编码。

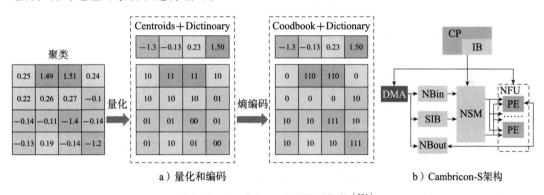

a）量化和编码　　　　b）Cambricon-S架构

图 7.17　Cambricon-S 压缩及架构[384]

局部量化与神经网络的局部域中的权重共享一起工作。权重被编码到编码簿和字典中，每个权重为 1 比特。熵编码是无损的数据压缩，为每个独特的符号添加一个独特的无前缀编码，如霍夫曼编码。

图 7.18 显示了 Cambricon-S 上的索引方法。它将神经网络拓扑结构的节点（神经元）和边（突触）都分别处理为 ReLU 激活和零权重。当神经元和边都非零时，应进行计算，因此，神经元和突触的索引被应用于逻辑 AND。AND 标志用于生成缓冲器中的神经元的地址，这些地址是通过累加产生的。

同时，它生成缓冲器中突触的地址，突触是通过累加生成的。一个加速器由一个神经元选择模块（NSM）和一个神经功能单元（NFU）组成。NSM 处理具有共享索引的静态稀疏性。NFU 由多个 PE 组成，包括一个局部突触选择模块（SSM），以处理动态稀疏性。NBin 和 NBout 是带有突触索引缓冲器（SIB）的神经缓冲器。它有一个 VLIW 风格的指令集。

它的面积为 6.73mm^2，功率为 798.55 mW，采用 65nm 工艺实现，实现了 512 GOPS，因此它的能源效率是 1.0TOPS/W。

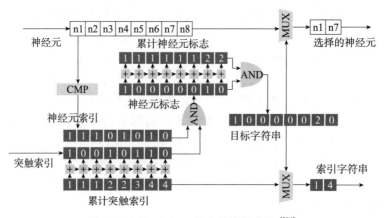

图 7.18   Cambricon-S 上的索引方法 [384]

7.2.4.8   中国科学研究院：Cambricon-F

Cambricon-F 专注于生产力，目的是在多核上做一个同构指令集，将神经网络操作结构分为不同部分，使神经网络模型容易映射到硬件上，并恢复到高效率状态 [383]。它不需要针对不同规模的硬件进行重新编译。

向量乘矩阵和矩阵乘向量的操作被聚合成一个矩阵乘矩阵，矩阵加 / 减矩阵、矩阵乘标量和向量基本算术的操作被聚合成一个逐元素的运算。这些操作在分解后被重构为七个主要的计算基元，包括卷积（CONV）、池化（POOL）、矩阵乘矩阵（MMM）、按元素运算（ELTW）、排序（SORT）和计数（COUNT）。

对于具有静态模式的分层拓扑结构硬件，如图 7.19a 所示，输入数据必须被共享或分配给最底层的节点；例如，在矩阵 – 向量乘法的节点之间必须共享一个激活。虽然需要这样的扇入，但作者认为在分层拓扑结构上的扇出是次要的，并且这样可以消除不同节点簇之间的通信成本。

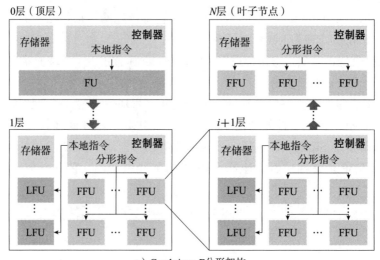

a）Cambricon-F分形架构

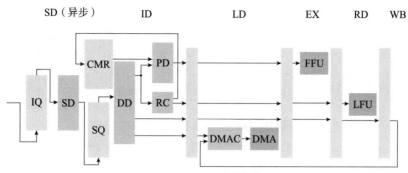

b）Cambricon-F节点架构

图 7.19 Cambricon-F 架构 [383]

这里提出了一个分形指令集架构（FISA），其中指令被复制为多级分形操作来映射其分形硬件，这样的指令有一个位域表示规模。Cambricon-F 的节点，如图 7.19b 所示，有一个由六个流水线阶段组成的架构。为了引导分形映射，在执行阶段之前，将不同的阶段与传统的流水线处理器进行比较。一个并行分解器（PD）对指令进行分层分解。减少控制器的任务是控制减少通信（扇出通信），如图 7.20 所示。

因此，花在流水线上的执行时间是由流水线总级数与执行流水线级数的比例和层次结构决定的。例如，Cambricon-F 有两个执行阶段，有六个流水线阶段，因此执行时需要在 i 级上花费（1/3）$_i$。因此，这意味着至少需要 3_i 个节点来取消执行开销。

Cambricon-F 使用 45nm 工艺实现，嵌入式 DRAM 为 16 和 448MB，实现了 14.9 TOPS 和 119 TOPS，Cambricon-F1 和 Cambricon-F100 的面积分别为 29mm^2 和 415mm^2，并分别具有 3.02 TOPS/W 和 2.78 TOPS/W 的能源效率。

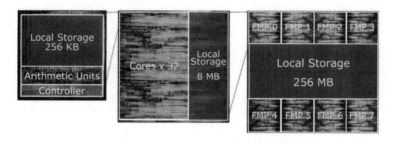

图 7.20 Cambricon-F 芯片照片 [383]

7.2.4.9 中国科学研究院：FlexFlow

作者专注于所设计的加速器架构和所设计的神经网络模型之间的 DLP 不匹配所需资源利用率的提升 [249]。他们提出了一个数据流处理架构来支持完全的并行性。

他们总结了一个典型的加速器架构，它有一个固定的数据方向、固定的数据类型和固定的数据跨度。这些固定了神经网络模型的可用超参数，具有不同超参数的网络模型不能被映射到固定架构上。图 7.21a 显示了整个架构,其中 PE 形成一个数组,并有缓冲器用于输入特征、过滤器和输出特征。一个缓冲器连接到一行或一列的所有 PE,以对输入特征和过滤器的数据进行单播。此外,一个专门的池化单元被用作 ALU 的垂直线性阵列。如图 7.21b 所示,PE 有一个本地存储,以保持数据的重复使用并用于数据路由。

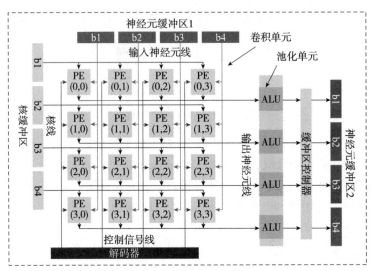

a）FlexFlow 整个架构

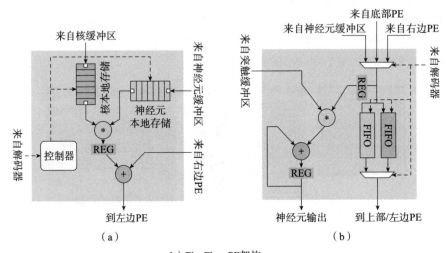

（a）

（b）

b）FlexFlow PE 架构

图 7.21　FlexFlow 架构 [249]

图 7.22a 显示了本地互连在两种情况下使用的灵活转换。一条单播线与缓冲器共享。图 7.22b 显示了芯片的布局,其面积为 3.89mm^2,采用 65nm 工艺,实现了 256 个 PE。在六个基准神经网络模型上,它实现了 80% 以上的资源利用率。单播互连网络可能有助于提高

利用率，因为它的数据分配延迟很小。在所应用的五个基准上，功率效率超过了 400 GOPS/W。因此，其运行时钟频率应为 1GHz。

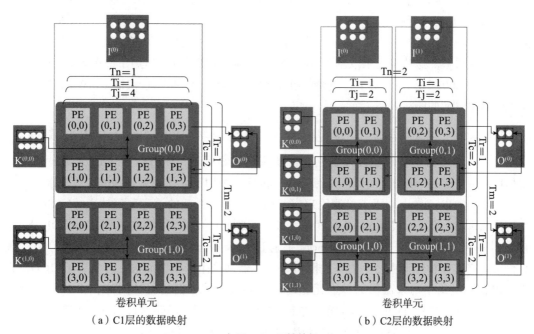

（a）C1层的数据映射　　　　　　　　（b）C2层的数据映射

a）FlexFlow互补并行

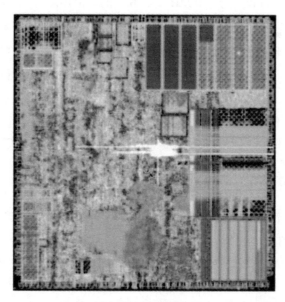

b）FlexFlow 布局

图 7.22　FlexFlow 并行图和芯片布局 [249]

7.2.4.10　韩国科学与技术高级研究所（KAIST）：K-Brain

K-Brain[286] 是一个用于图像识别的处理器，由三个主要单元组成：DNLE、DNIE 和 TRNG。深度神经学习引擎（DNLE）有一个 4 级任务级流水线配置，支持双线程执行。深度神经推理引擎（DNIE）是一个动态可重新配置的脉动阵列架构。真随机数发生器（TRNG）生成一个随机数。这些单元采取基于 NoC 的二维网状配置。推理适用于最多 640×480 大小的图像。在 200MHz 和 1.2V 下，一个操作需要 11.8Gbps 的吞吐量，213.1 mW 的功率，以及 19.3TOPS/W 的能源效率。

7.2.4.11　韩国科学与技术高级研究所：带深度学习核的 Natural UI/UX 处理器

这是一个支持语音识别以及识别手势的头戴式显示器（HMD）的 UI/UX 处理器[287]。该芯片有一个名为 NINEX 的深度学习核心，包括一个用于立体视觉处理的 5 级流水线手部分割核心（PHSC）、一个用于检测用户声音的用户语音激活的语音分割核心（USSC）、一个支持 dropout 的嵌入式 dropout 深度学习核心（DDLC）和三个深度推理核心（DIC），它们之间使用 NoC 连接。其中的 dropout 是通过一个 drop-connect 决定器（DCD）来实现的，来决定哪些神经元由一个真正的随机数发生器来产生随机数而被丢弃。有了 DCD，它就能控制一个用于与未激活的神经元相对应的参数的寄存器的时钟门控。当 10% 的神经元处于激活状态时，DDLC 的功耗下降到 45.9%。在验证的范围内，dropout 使推理误差下降到 1.6%。它是用 65nm1P8M 的逻辑 CMOS 设计的，面积为 16mm²。它在 1.2V 下运行。DDLC 和 DIC 的运行频率为 200 MHz，DDLC 的峰值性能为 319 GOPS。全效率为 1.80 TOPS/W 和 36.5 GOPS/mm。

7.2.4.12　韩国科学与技术高级研究所：带 RNN-FIS 引擎的 ADAS SoC

该设备主要用于高级驾驶辅助系统（ADAS）[240]。一个意图预测处理器有一个 4 层的 RNN 单元。RNN 单元有一个矩阵处理单元，可以实现 8 位 32 路 SIMD 操作，16 位 16 路 SIMD 操作，以及 32 位 8 路 SIMD 操作。它能在 1.24ms 内预测一个物体，并且在线学习在 20 个 epochs 内实现了小于 5% 的误差。它是为 65nm1P8M 逻辑 CMOS 设计的，其中驾驶和停车分别在功率为 330mW 时，需要 502 GOPS（一个 IPP 需要 116 GOPS），功率为 0.984mW 时为 1.80 GOPS（一个 IPP 需要 0.944 GOPS）。

7.2.4.13　韩国科学与技术高级研究所：Deep CNN processor for IoE

这个 CNN 处理器有一个为 CNN 处理而优化的神经元处理引擎（NPE），一个用于低功耗卷积的双范围 MAC（DRMAC），片上存储器和内核压缩[327]。几个 CNN 核心通过共享内存总线连接，每个 CNN 核心由两个 NPE、两个图像缓冲器、两个输出缓冲器和两个内核缓冲器组成。NPE 有 32 个 DRMAC 块，32 个 ReLU 块，以及 8 个 Max Pool 块。每个 DRAMAC 可以并行地执行不同的卷积。8 个 DRMAC 共享一个内核，提供 8 个输出，以减少冗余的内存访问。DRMAC 是 24 位截断的定点算术，也可以执行 16 位操作。与普通的 MAC 运算相比，这种设计减少了 56% 的功率消耗。

此外，它用 PCA 减少了片外存储器的访问。一个 PCA 可以使用一个 MAC 进行，因此在一个 DRMAC 上执行。这种方法使推理的准确性降低了 0.68%；然而，一个内核的内存访问量最多可减少 92%。最大的内核尺寸为 15×15。该器件采用 65nm1P8M 逻辑 CMOS 设计，尺寸为 16mm。当它以 125MHz 的频率在 1.2V 时，它最终为 64 GOPS 以及 45mW 的功率消耗。

7.2.4.14　韩国科学与技术高级研究所：DNPU

DNPU 是一个在同一芯片上实现 CNN 和 RNN 的处理器[325]。一个 CNN 处理器由四个集群组成，而一个集群有四个 PE 组。每个组有 12 个 PE，它们之间有一个加法器树连接。一个可重构的乘法器在一个 LUT 上实现部分乘积，结果被送入四个 4 位乘法器和两个 8 位乘法器，得到最终的 16 位乘法结果。除了乘法之外，还支持新的动态定点运算（如附录 A 所述），它比传统的动态定点运算单元更胜一筹，可以获得更高的精度。一个 RNN 处理器有一个基于量化表的乘法器。它是用 65nm 的半导体工艺制造的，面积为 16mm^2。它在 0.765～1.1V 的范围内以 200MHz 的速度运行。在 0.765 和 1.1V 时，分别消耗了 34 和 279mV 的功率。

7.2.4.15　韩国科学与技术高级研究所：卷积神经网络的人脸识别处理器

一个人脸识别处理器[121]有一个具有 4×4 的 PE 阵列的配置，每个 PE 有一个 RF 和本地存储器。一个 PE 有 4 个单元进行操作，每个单元上有 4 个 16 位 MAC。邻近的 PE 通过一个 RF 连接。它有一个掩码寄存器，因此可以进行有条件的 MAC 操作。它是用 65nm 的半导体工艺制造的，面积为 4×4mm^2。它在 0.46～0.8V 电压下的工作范围是 5～100MHz。同时，它在 0.8 伏的驱动电压下，在 100MHz 时也消耗 211mW 的功率。

7.2.4.16　韩国科学与技术高级研究所：微型机器人的 AI 处理器

该处理器专注于微型机器人的自主导航[222]，由几个 8 线程树状搜索处理器和一个用于实时决策的重力学习加速器（RLA）组成。RLA 应用路径规划，它的学习是由一个 6 级流水线阶段的 RISC 控制器、地图数据存储器和一个 4×4 阵型的 PE 阵列组成。它并行实现了一个启发式成本函数的 16 个位置。它使用 64nm 1P8M 三孔 CMOS 实现，面积为 16mm^2。在 0.55V 下的 7MHz 以及在 1.2V 下的 245MHz 时，它分别消耗 1.1mW（RLA 时为 7.27mW）和 151mW（56μW）的功率。

7.2.4.17　乔治亚理工学院：GANAX

GANAX 专注于转置卷积中通过零插入的零值跳过[377]。图 7.23 显示了 GANAX 的数据结构重组，其中带"C"的圆圈表示计算的节点；否则，由于乘以 0，节点不需要计算。

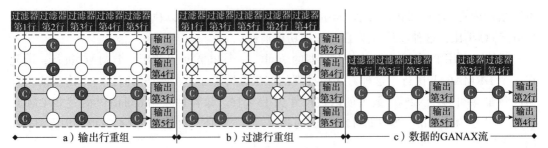

图 7.23　转置卷积的数据结构重组[377]

数据重组从输出的重组、输入的重组开始，最后对计算进行分组。对于重组，GANAX
需要一个具有步幅内存访问的地址生成单元。图 7.24 显示了顶层架构。处理节点有一个解
耦的微架构，其目的是解耦计算的数据通路和地址生成的数据通路。解耦意味着在每个解
耦单元上有一个控制器。在数据通路之间，有从地址生成到计算单元的缓冲器。步幅内存
地址生成需要为高阶稀疏张量进行多级步幅地址生成。这种约束限制了生成地址的吞吐量。
为了避免复杂的步幅计算的需要，应用了一个简单的 MAC 单元来计算一个专门计算多级嵌
套循环的索引的时间线。

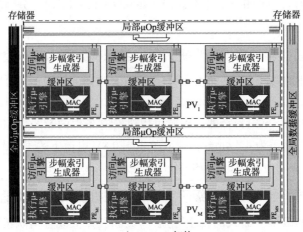

a）GANAX架构

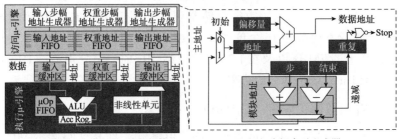

（a）GANAX解耦访问-执行架构　　　（b）步幅索引生成器

b）GANAX的解耦PE架构

图 7.24　GANAX 架构[377]

这里基于 Eyeriss v1 开发了一个软件模拟器，并对其性能进行了评估。结果显示，执行时间大约是 Eyeriss v1 的一半，似乎基准中的转置卷积需要一个 2 的扩张因子，而在时间线上的线性执行使用的是 MAC 单元。因此，与 Eyeriss v1 相比，GANAX 上完全激活的 PE 实现了两倍的利用率。

7.2.4.18　乔治亚理工学院：SnaPEA

SnaPEA 为 ReLU 激活函数提出了一种投机性的预激活计算 [105]。当预激活值为负值时，ReLU 会生成一个零。因此，作为一个基准想法，两组权重被分组，即负数和正数，点积计算从正数组开始。当积累到零或负值时，ReLU 激活函数可以输出一个零，因此，计算可以减少到最多的正权数。该项目引入了一个阈值来推测性地终止点积计算。当积累达到阈值或小于零值时，计算就会终止。因此，推测计算的阈值决定了推理精度的损失。当用户可以接受相对较低的推理精度时，点积计算可以通过较大的阈值来缩短执行时间。

我们开发了一个基于 Eyeriss v1 的模拟器，并对其性能进行了评估。它在基准上实现了大约两倍的速度提升和能效。研究表明，通过最大池化的激活中的小正值通常对最终的分类精度有轻微影响。通过对阈值调整控制推理准确率的下降，在准确率损失 3% 的情况下，推测性计算提高了 50% 以上的速度。

7.2.4.19　多伦多大学：Cnvlutin

有人提出了一种零值跳过（zero-skipping）的操作方法 [109]。分析表明，平均有 44% 的操作涉及操作数的零值。因此，作者专注于通过动态地移除任何不必要的操作来提高执行性能。他们用不同参数的偏移寻址 RAM 来进行跳零操作。他们把 CNN 作为一个潜在的应用，并把 DaDianNao 作为一个基线架构。如图 7.25a 所示，DaDianNao 上的 SIMD 通道被分解，数据结构及其输入格式被改变以实现零值跳过操作方法。每条通路分为后端和前端两部分，以灵活地获取数据。最后阶段的编码器对激活（输出图）进行编码，以实现偏移。如图 7.25b 所示，一个输入图被一个调度器重新安排，以实现垂直交错。

如图 7.26a 所示，拟议的无零神经元阵列格式（ZFNAf）上的激活的数据结构是通过单元捆绑多个连续向量来管理的，被称为砖块。一个砖块由一个 2 元素的列、一个向量列和对应于每个向量的索引组成。索引是内核的权重缓冲区的地址偏移，用于读出对应于向量的必要权重，作为两个操作数的向量。如果该向量为零，则该向量被从砖块移除；只有非零的权重时，才会读取与索引偏移的必要权重。此外，类似于传统处理器中用于发布指令的调度器，类似的方法被用于选择块，如图 7.26b 所示。

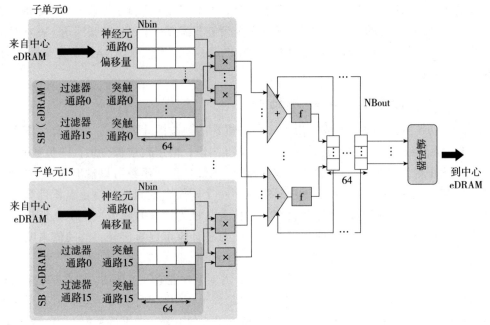

a）Cnvlutin 核心架构

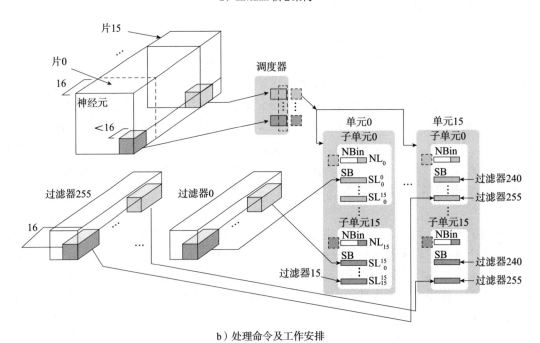

b）处理命令及工作安排

图 7.25 Cnvlutin 架构[109]

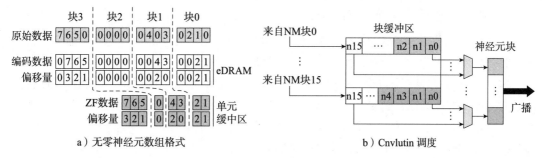

图 7.26 Cnvlutin ZFNAf 和调度架构 [109]

作者在一个周期精确的模拟器上与 DaDianNao 进行了性能比较，结果显示执行性能提高了 37%。如果使用 65nm 器件设计，它的面积增加了 4.49%，功耗增加了 7%。

7.2.4.20 多伦多大学：Cnvlutin2

Cnvlutin 有一个偏移存储器，对于 16 位的值和 16 个元素的砖块来说，它的开销超过了 25%[213]。Cnvlutin2 专注于使用一种新的偏移方法来减少这种足迹和提高性能。

该方法旨在修改分配器，如图 7.27a 所示。它在 FIFO 规则中存储数据，FOFO 中的所有元素都产生一个非零标志。一系列非零标志被送入一个数字前导零单元，该单元产生一个偏移，用于对第一个非零数据进行寻址。

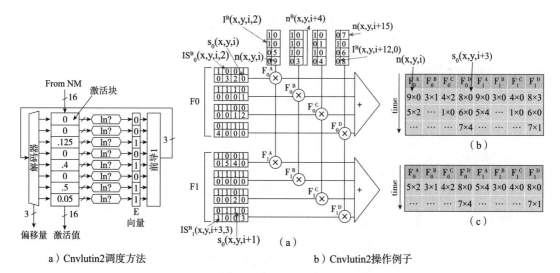

图 7.27 Cnvlutin2 的程序调度和操作示例 [213]

此外，一个过滤器也有一个偏移量表示非零参数的地址。因此，通过比较激活和参数之间的偏移量，减少了执行参数中有零的乘法所需的周期数，如图 7.27c 和图 7.27e 所示。

7.2.4.21　多伦多大学：Stripes

Stripes 是以位串联操作进行矩阵操作的加速器[108]。其主要主张是，每一层都有自己的最佳数值精度，因此每一层和神经网络的数值精度都应该改变。

这里的方法是做一个位串行操作来报告操作数变量的宽度。使用位－串联操作的优点是这对宽度没有依赖性；例如，一个常见的设计涉及为所有的数据通路设置操作数的最大宽度，这样的顾虑无需再有。如图 7.28c 和图 7.28e 所示，位串行是简单地应用一个 AND 逻辑门，并以移位的方式进行累加，进行位排列。此外，在为一个特定的操作数创建这样一个位串行操作的前提下，通过原始的位宽度实现了速度的提高，同时也实现了数据精度的优化。

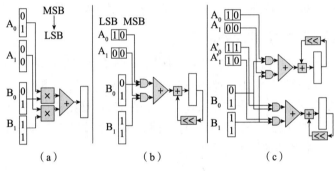

a）Stripes位串行操作

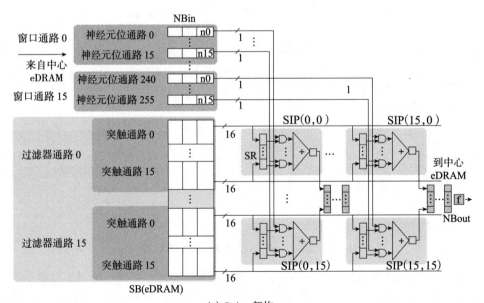

b）Stripes架构

图 7.28　Stripes 位串行操作和结构[108]

作者声称有可能在推理精度和执行性能之间进行取舍。这是基于 DaDianNao 架构的考虑和评估，如图 7.28b 所示，类似于 Cnvlutin 的架构。与 DaDianNao 相比，在面积增加 32% 的情况下，平均实现了 2.24 倍的执行性能。

7.2.4.22　多伦多大学：ShapeShifter

ShapeShifter[237] 专注于去除数据字位域，以及所有数据中的一部分零。这个作法显著地减少了产生长延迟和高能耗的外部存储器访问时的流量和带宽要求。

去除零位字段的主要想法是对数据字进行分组，并去除共同的零位字段，如图 7.29a 所示。这个想法与数据字的数字表示法无关。去掉位域的组有自己的信息，以保持全零数据字，其中 1 位表示零值数据字，而未去掉的位域宽度的信息的值加 1，是位域宽度。因此，全零数据字也会被从组中删除。

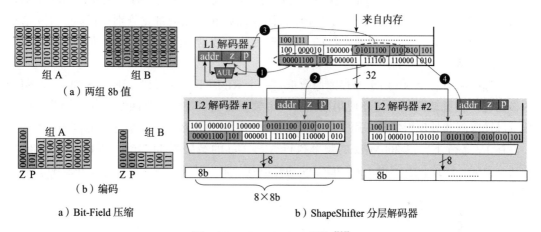

图 7.29　ShapeShifter 架构 [237]

这种技术需要一个解码器将压缩后的数据存储到外部存储器中，并需要一个解码器将该组数据解压成一组原始数据字，如图 7.29b 所示。在计算之前，压缩后的数据字组被解码为一组原始数据字。因此，这一基准线技术有助于实现外部存储器访问的零值跳过，并减少外部存储器的占用。

ShapeShifter 是 Stripes 架构的一个设计扩展，用于提高执行时间，开发人员称之为 SStripes。在 DDR4-3200 内存配置下，SStripes 的性能比 Stripes 平均提高了 61%。

7.2.4.23　麻省理工学院（MIT）：Eyeriss

这里的重点是改进数据重用，以保持数据移动产生的主要能耗的较小影响。作者考虑了几种方法来产生由数据稳态性引起的重用，即权重稳态（WS）、输出稳态（OS）和无局部重用（NLR）。

WS 将参数维持在每个 PE 的本地存储中，参数从存储中读取，不会移动到其他 PE。OS 在每个 PE 的本地存储中维护累加器，累加值不会移动到其他 PE。NLR 不在本地存储中维护数据，但数据会在各个 PE 中移动。

编译器处理一维卷积，并将其映射到 PE 阵列的虚拟空间中的 PE 上。编译器将它们分组为一个逻辑的 PE 集，例如，一个二维卷积可以采取这样一个集合。物理映射需要几个步骤。首先，它保留了组内卷积重用和数组级的 psum 积累（跨 PE 间通信）[130]。第二，相同的滤波权重可以跨集共享（滤波重用），相同的 ifmap 像素可以跨集共享（ifmap重用），并且每个集的部分和可以一起累加[130]。将不同集的同一位置的多个逻辑 PE 折叠到一个物理 PE 上，利用了输入数据的重用和 RF 层面的部分和积累[130]。作者提出了一种行固定的方法，在多维数据集中的一行数据在本地存储中是固定的。这是一个用于图像识别的加速器。一个 Eyeriss 芯片由一个 108KB 的缓冲器（用于时间数据和参数，称为全局缓冲器），一个脉动阵列数据路径（处理引擎），ReLU 和运行长度压缩 / 解压缩单元组成，如图 7.30b 所示。除了用于卷积的内核，数据在传输到外部存储器时被压缩，而从外部存储器传输时被解压缩。通过压缩和解压缩，图像加载和存储的带宽分别被提高了 1.9 倍和2.6 倍。处理引擎有一个 3 级流水线的 16 位定点算术数据通路，应用于一个内核行，如图7.30c 所示。

处理引擎有一个 RF 用于保存图像数据，一个 RF 用于部分求和，还有一个内存块用于内核，允许在脉动阵列中循环使用数据。一个数据流被安排在一个四级外部存储器、缓冲器、脉动阵列和处理引擎上，用于重复使用数据，以减少由数据移动引起的能量消耗[131]。

在 1V 条件下，以 200MHz 的频率执行 Alex Net 的结果为 34.7fps 的吞吐量和 278mW的功率消耗。因此，它实现了 67.2GOPS 的峰值吞吐量，从而实现了 241. 7GOPS/W 的能源效率。

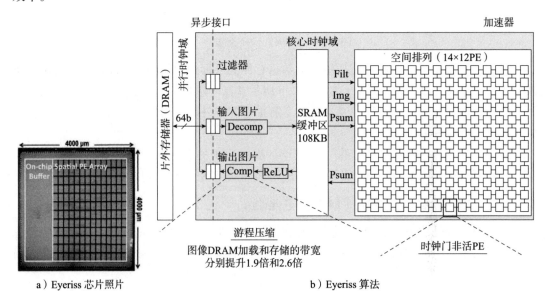

a）Eyeriss 芯片照片   b）Eyeriss 算法

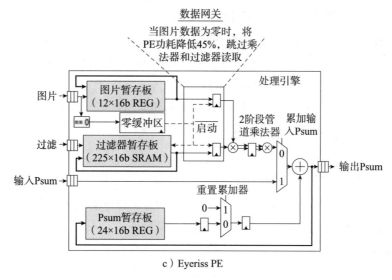

c）Eyeriss PE

图 7.30　Eyeriss[130]

7.2.4.24　麻省理工学院：Eyeriss v2

Eyeriss v2 的重点是减少由于 Eyeriss v1 的低效映射而导致的 PE 空闲。作者提出了一个灵活的互连网络，以向每个 PE 提供数据，如图 7.31a 所示，其中上组是 PE 的源集群，中间组是路由器集群，下组是目的 PE 集群。互连网络支持广播、单播、分组组播和交错组播，以将数据传送到适当的 PE（s）。

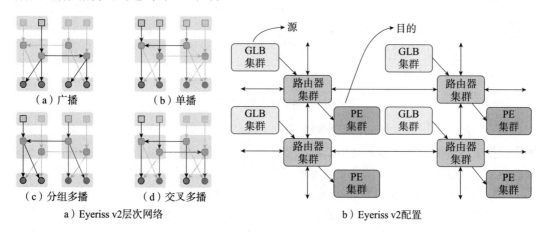

a）Eyeriss v2 层次网络　　　　　　　b）Eyeriss v2 配置

图 7.31　Eyeriss v2 架构 [132]

在扩展到 16 384 个 PE 时，三个基准 DNN 模型的能耗降低到 70%～90%，并实现了速度的提高，是 Eyeriss v1 的 967 倍。

7.2.4.25   比利时鲁汶大学：ENVISION

ENVISION[270] 在一个 16×16 的二维数组上执行 SIMD 操作，操作数为 16 位。16 位操作数的数字表示是未知的。阵列中的一个元素由一个 MAC 单元组成，并采用 6 级流水线配置。它支持带有保护标志存储器的稀疏矩阵操作，当标志显示为零时，它将禁止乘法和存储器访问。阵列的外部有一个霍夫曼编码器来压缩和解压数据。这是用 28nm FDSOI 半导体工艺制造的，实现了 1.87mm² 的面积。它支持 0.65～1.1V 的电压，当工作在 200MHz 时平均消耗 6.5mW 的功率。

7.2.4.26   哈佛大学：Minerva

在这种情况下，作者研究了一个包括算法、架构和逻辑电路的协同设计环境[303]。加速器的 RTL 代码的自动生成需要五个阶段，如图 7.32 所示。

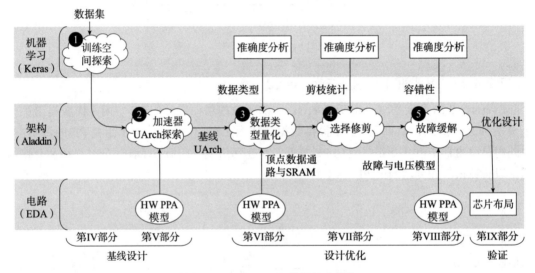

图 7.32　Minerva 上的设计流 [303]

第一阶段是对用户设计的神经网络模型进行学习空间探索。它产生了一个基准线神经网络拓扑结构和它的训练参数。第二阶段是在成千上万的学习模型中选择更好的参数和更好的模型，彻底探索加速器设计空间。第三阶段是量化，在任务的基础上将功耗的抑制提高了 1.5 倍。对所有 DNN 信号的动态范围进行分析，并在数据类型精度方面减少松弛[303]。第四步是通过检查参数值是否在零的邻近范围内进行剪枝，并检查激活函数的活性，这一步抑制了 2 倍的功耗。最后一步是对 SRAM 进行失败松弛，它将功耗抑制在 2.7 倍。因此，作为最终结果，预计功耗将减少 8 倍。

Keras 可用于对神经网络模型进行编码。在第二阶段，为了详尽地探索这个空间，我们依靠 Aladdin，一个用于加速器的周期精确的设计分析工具[303]。为了获得准确的结果，Aladdin 需要将详细的 PPA 硬件特征输入其模型，如从电路到架构层面的箭头所示[303]。

Minerva 分析了 SRAM 的电源电压缩放，以便在不发生任何故障的情况下实现更低的功耗。

● 稀疏深度神经网络引擎

在 SoC 芯片上实现了一个稀疏的深度神经网络引擎[366]。该操作有一个 5 级流水线配置，操作单元中的 8 个 MAC 单元并行操作。MAC 单元执行 8 位或 16 位定点算术，并有几种舍入模式。它支持跳零操作，以实现高效的流水线执行，并支持跳过边切割。它采用 28nm 台积电半导体工艺制造，在 0.9V 电压下以 667MHz 运行；此外，当启用剃刀触发器时，它以 1.2GHz 运行，消耗 63.5mW 的功率。

7.2.4.27　斯坦福大学：EIE

在这种情况下，重点是使用深度压缩的稀疏张量和权重分享。应用了交错的 CSC 稀疏表示。

这是一个使用模型压缩方法和参数压缩[184]实现的图像识别加速器[183]。深度压缩通过修剪去除不必要的连接，通过权重分享去除不必要的参数，并通过霍夫曼编码压缩参数。在 VGG-16 的情况下，当修剪了 96% 时，量化范围为 2～8 位。剪枝、量化、权重分享和霍夫曼编码的组合将参数压缩到原始大小的 1/35。

一个偏移量（索引）被用来寻址非零数据，并广播给所有的 PE 以共享索引，从而寻址参数的适当操作数。激活进入 FIFO，可对其进行检查以确定是否存在非零数据。非零检测使用数字前导零，类似于 Cnvlutin2[213]的检测。广播的数据被存储在 PE 的激活队列中。图 7.33b 中所示的激活队列中头部条目的索引，被用作内存存储指针的内存地址，而读指针则用于从矩阵内存中读取编码权重。数字前导零被应用于 PE 的最后阶段。

a）EIE 芯片布局（45nm制程）

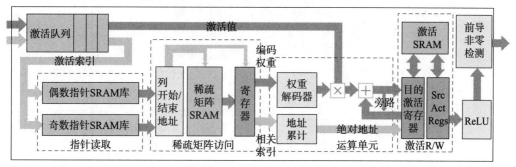

b）PE

图 7.33　EIE[183]

当使用交错式 CSC 进行编码时，激活的索引也被用来寻址适当的权重。编码后的权重从稀疏矩阵 SRAM 中读取，并在具有非零值的激活的操作前进行解码。一个 CSC 编码索引被积累起来用于解决输出的适当位置。

PE 由一个用于完全控制的中央控制单元（CCU）、前导非零检测单元和片上存储器组成。算术单元通过一个 LUT 从 4 位编码权重中进行 16 位定点 MAC 运算解压。MAC 结果在其激活后被存储到一个 RF 中，其中最多可存储 4K 激活。它是使用 45nm 的 TSMC GP 标准 VT 库进行综合的。它的关键通路为 1.15ns（对应 869MHz），面积为 $0.638024mm^2$。它在 1.6GOPS 的吞吐量下消耗 9.157mW 的功率。因此，EIE 的能源效率达到了 174.7 GOPS/W。

7.2.4.28　斯坦福大学：TETRIS

这里研究的重点是加速器结构的可扩展性，它涉及大量的内存访问，如图 7.34a 所示（在 LPDDR3-1600 配置下的 500MHz）。作者考虑了堆叠超内存立方体（HMC）DRAM 内存芯片，该芯片由一个有软件支持的 PE 阵列组成[183]。

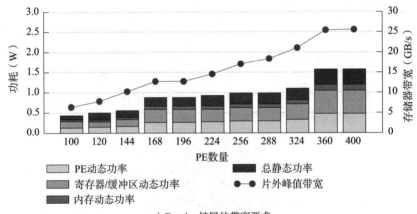

a）Eyeriss 扩展的带宽要求

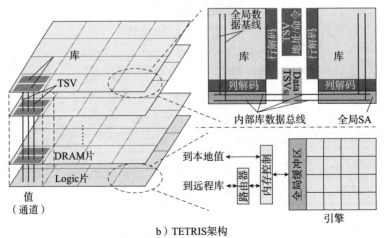

b）TETRIS 架构

图 7.34　带宽要求和 TETRIS 架构[168]

HMC 是一个 8 个芯片堆叠的立方体。通过使用堆叠存储器（称为 3D 存储器），它可以在一个芯片上集成 SRAM 存储器、缓冲存储器和一个 PE 阵列，并且可以实现更高的性能。此外，作者提议将一个 MAC 单元嵌入到存储器芯片中，以实现高效运行。

此外，他们还考虑了数据流调度，包括 ifmap（输入存储器）、ofmap（输出存储器）和过滤器（内核存储器），数据绕过不同的存储器到达 RF，而不仅是从 ifmap 传输到 RF，实现了高效的调度。此外，他们还考虑了对批次大小、图像大小、输入大小和输出大小的划分方法，以适应 DRAM 存储体。

他们表示，该分区采取了以下方法[183]。批次分区方案对于实时延迟敏感的应用来说吸引力不大，因为它不能改善每个图像的推理延迟。使用 Fmap（图像）分区时，过滤器需要在所有的 Vault 中进行复制。对于输出分区，由于所有的 ifmaps 对所有的 ofmaps 均有贡献，所有的 ifmaps 必须被发送到所有的 Vault，这就需要对 Vault 进行远程访问。输入分区应用对 ofmaps 的访问，产生读和写流量，因此比 ifmap 访问更为关键。

作者提出了一个由以下两个想法组成的调度方法[183]。首先，使用贪心算法，探索第 i 层的分区选项，而不进行回溯，假设最佳方案中前 i–1 层的分区与后面各层的分区无关。其次，旁路排序被应用于每个 Vault 中的分区层。这使得我们可以通过分析来确定 ADRAM，而不需要使用耗时的穷举搜索。

该系统在模拟器上的 500MHz 条件下假设使用 65nm 半导体工艺来进行评估，与普通的二维实现相比，执行性能提高了 4.1 倍，能效提高了 1.5 倍。

7.2.4.29　斯坦福大学：STMicroelectronics

在这种情况下，一个使用可配置框架组成的 SoC 为 CNN 而开发[153]。有 8 个卷积加速器（CA）被应用于卷积。每个 CA 有 36 个 16 位定点 MAC 单元，所有的结果由一个加法器树相加。这是用 28nm 半导体工艺制造的，面积为 6.2×5.5 毫米。它的工作范围为 200MHz～1.17GHz。在 0.575 V 时，它在 Alex Net 模型上消耗 41mW 的功率。

7.2.4.30　Google：张量处理单元（TPU）

谷歌发布了一个 TPU，执行来自 TensorFlow API 的卸载任务[211]，并展示了它在 AlphaGo 上的使用[326]。这个安装了 TPU 的系统已经运行了 1 年多。它使用量化，即通过对乘法的操作数进行量化，进而能够以 8 比特对数字进行表示[364]。如图 7.35 所示。

它有一个简单的指令序列，其中主机服务器发送一个 TPU 指令。它应用了协处理器，但没有高速缓存、分支预测单元、乱序执行或传统微处理器中使用的并行执行[212]。它执行矩阵操作，如通过 PCIe 接收指令的批次执行。PE 似乎有一个具有 8 位乘法器的 MAD 单元，多个 PE 组成了一个脉动阵列。在矩阵单元之后，总共有 4MB 的 32 位累加器，似乎是为大规模的矩阵操作而累加的，这主要包括多个 256×256 的数据块。此外，累加器的初始值可以是一个偏置值。它在每个时钟周期输出 256 个中间元素结果，PE 也有 16 位的操作模式，在这种模式下其吞吐量减少 1/4。TPU-1 是专门用于密集矩阵操作的。

a）TPU卡

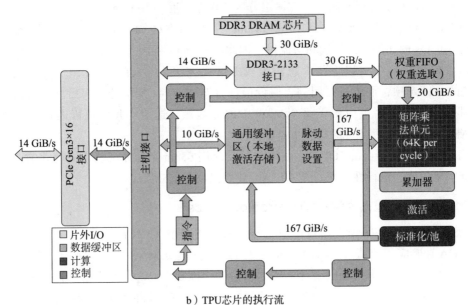

b）TPU芯片的执行流

图 7.35   张量处理单元（TPU）版本 1[211]

它有一个 96K×256×8b＝24MB 的通用缓冲器，被称为通用缓冲区（Unified Buffer），它以双缓冲器执行，通过重叠缓冲器的延迟和矩阵操作的延迟来隐藏长达 256 周期的延迟。指令集架构可能是复杂指令集计算机（CISC），并具有 12 字节的长度。虽然它需要一个四级流水线，但一个阶段可能需要多个周期，这与传统的流水线处理器不同，后者的每个阶段都在一个周期内执行。它没有清晰的流水线重叠图，因为 TPU 的 CISC 指令可以占用一个站几千个时钟周期，而不像传统的 RISC 流水线，每级只有一个时钟周期[211]。对收到的指令进行解码，DMA 通过 PCIe 将其从系统存储器中传输出来，并在需要参数时将其存储到 DDR3 外部存储器中。在操作之前，参数被存储在一个具有权重的 FIFO 中。同时，脉动阵列的输入操作数来自于统一缓冲器，该缓冲器，使用脉动操作的同步时钟，通过脉动数据设置单元到达矩阵单元中。

与 NVIDIA K80 GPU 相比，其执行力提高了 15 倍，电源效率提高了 30 倍。它的运行速度为 92TOPS，峰值功率为 40W，因此，能源效率为 2.3TOPS/W。

7.2.4.31　Google：Edge TPU

为了设计边缘 TPU，作者使用了特定领域语言 Chisel。之所以选择 Chisel，是因为它对小规模团队非常高效并且高参数化。峰值吞吐量为 4TOPS，能源效率为 2TOPS/W，功率为 0.5 W，如图 7.36 所示。

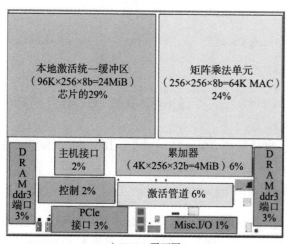

　　a）TPU-1 平面图　　　　　　　　　　　　　　　b）TPU的边框

图 7.36　TPU-1 平面图和 TPU 的边框 [211][10]

7.2.4.32　英特尔：Nervana System：Nervana Engine

英特尔在 2016 年 11 月宣布了一个人工智能产业的战略 [68]，这其中包括 Lake Crest，这是一个由收购的 Nervana 系统开发的硬件策略，专注于学习过程。此外，英特尔和谷歌宣布了灵活的战略合作，来提供云基础设施。

Nervana System 开发了一个集成 HBM 的加速器，其大小为 32 GiB，并通过一个插板提供 8 Tbps 的带宽 [77]。它计划在 2017 年发布。该公司于 2016 年 8 月被英特尔收购 [123]。图 7.37a 显示了平面图。使用了一个 5×4 的集群阵列。一个集群有多个本地存储器，总容量为 2.5 MB，还有两个矩阵处理单元（MPU）。MPU 有一个 3232 MAC 阵列。集群通过一个路由器连接。

该芯片有 5×4×32×32×2=40960 个 MAC 和 5×4×2.5=50MB 的总片上存储器。英特尔发布的型号，Lake Crest，有 4×3 个集群，以 210W 的功率能够达到 40 TOPS，实现了 0.19 TOPS/W 的能源效率。

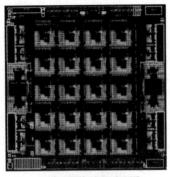
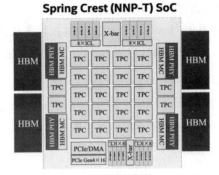

a）神经网络处理平面图   b）张量处理集群

图 7.37   Spring Crest[376]

7.2.4.33   Intel：Habana

Gaudi 处理器[103] 由八个张量处理核心（TPCs）、一个通用矩阵乘法（GEMM）引擎和共享内存组成。GEMM 引擎是与 TPC 共享的。

TPC 有本地存储器，没有缓存存储器。TPC 支持 Bfloat16 的 8 位、16 位和 32 位 SIMD 向量的混合精度整数和浮点操作。它是用 16nm 的 TSMC 工艺制造的。

7.2.4.34   Cerebras：晶圆规模引擎

Cerebras 发布了一个晶圆规模的机器学习加速器[163]，其面积为 46 255mm²，如图 7.38a 所示。它的片上存储器总量为 18GB。核心到核心的带宽是每秒 1 000 petabits，SRAM 到核心的带宽是每秒 9 petabytes。为了实现缺陷容忍度，互连资源均存在冗余，因为晶圆规模不能避免缺陷故障。它的工作电压为 0.8V。图 7.38c 显示了 WSE 的 PE，称为稀疏线性代数。它有一个极其简单的配置，一个融合的 MAC 和一个数据驱动的执行，它的保留站是为了准备执行指令的。

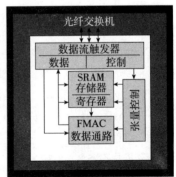

a）晶圆规模引擎（WSE）   b）WSE规模   c）PE，稀疏线性代数（SLA）

图 7.38   Cerebras 晶圆规模引擎及其 PE[163]

7.2.4.35　Graphcore：智能处理单元

智能处理单元（IPU）有 1216 个 PE 和一个 300MB 的片上存储器，存储器带宽为 45TB/s[98]。在中心，一个全对全的交换逻辑被水平放置。

PE 具有 16 位和 32 位的混合精度，似乎可应用半精度的乘法和单精度的加法作为浮点运算。IPU 支持 TensorFlow XLA。它还支持一个名为 Poplar 的低级库。一个 8 卡的配置实现了 ResNet 50 的训练速率为每秒 16 000 张图像。

它需要 75W 的逻辑应用和 45W 的 RAM，总功耗为 120W。它似乎达到了 4 Peta FLOPS。因此，它的能源效率达到了 34.1TFLOPS/W。

7.2.4.36　Groq：张量流处理器

Groq 的张量流处理器（TSP）在 1.25GHz 的操作下，实现了每周期 1 Peta 的操作总量（1000 TOPS）[178]。图 7.39a 显示了 TSP 芯片的照片。这个布局有一个基于行的超级通路布局，如图 7.39b 所示。

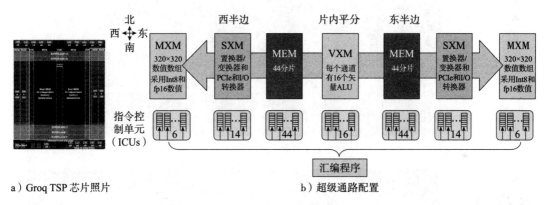

a）Groq TSP 芯片照片　　　　　　　　　　　　b）超级通路配置

图 7.39　Groq 张量流处理器（TSP）[178]

该指令就像 VLIW ISA 一样，从芯片布局的顶部流向底部。在收到超级通路的取指令后，它在每个模块上执行该指令。应用了一个矩阵单元、一个开关单元、一个存储单元和一个向量单元。这些单元沿超级通路进行水平镜像。一个超级通路由 16 个通道和单元之间的 512 字节的互连组成。开关单元对矩阵进行转置操作，这对于张量中的矩阵操作有时是必要的。因此，在从存储单元读取数据后，数据被送入开关单元，打乱顺序，然后送出到矩阵单元。收到的 VLIW 指令被发送到借用超级通路，这类似于"指令脉动阵列"的概念。该架构是可扩展的，超级通路是基于行的复制，第 21 个超级通路是一个冗余通路，用于缺陷容忍。总的来说，该芯片包括 204 800 个 MAC，因此每周期可实现 409 600 次操作。它的工作频率为 1GHz，因此在矩阵单元上达到了 409.6 TOPS。一个存储单元有 5.5MB，被细分为 44 个库（每个库有 128KB）。由于放弃了片上存储器，该系统的初始板没有外部存储器。矩阵单元支持 8 位、16 位和 32 位整数的乘法，以及半精度和单精度的浮点数字表示。此外，它还有 32 位整数加法器来累积乘法结果。

第一个 TSP 包含 26.8 亿个晶体管，采用 14nm 工艺，共占 725mm^2 的面积，消耗 300W 的功率。ResNet-50 的推理以每秒 20 400 次推理（IPS）的速度运行，延迟为 0.04ms。

7.2.4.37 Tesla Motors：完全自动驾驶

图 7.40 显示了一个完全自动驾驶的芯片。在图 7.40a 的芯片照片中，左下角的两个块是深度学习加速器。每个加速器的片上存储器总量为 32MB，共有 9216 个 MAC 组成一个二维阵列。在芯片的右侧，放置了 6 个 ARM 核心[198]。GPU 位于最上面。图 7.40a 和 7.40b 在垂直方向上是相反的。

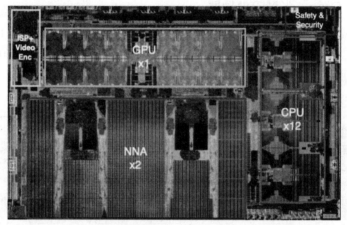

a）全自动驾驶（FSD）芯片照片

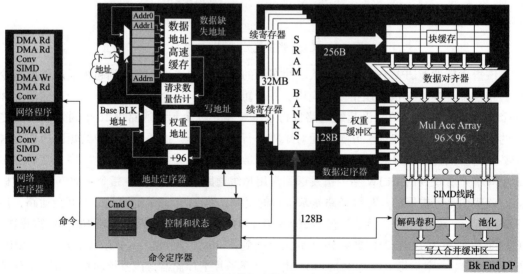

b）神经网络加速器（NNA）示意图

图 7.40　Tesla Motors：完全自动驾驶芯片 [198]

激活（activation）在 96×96 的 MAC 阵列之前对齐，在阵列之后，后激活（post-activation）被送入激活单元或旁路到写缓冲器，如图 7.40b 所示。激活是用一个可编程的 SIMD 单元计算的。它的面积为 260mm^2，采用了 14nm 的三星处理器。它可达 36.86 TOPS，在 36W 的功率下，时钟频率为 1GHz。因此，该 PE 有两个 MAC 单元，并达到了 1TOPS/W 的能源效率。

7.3 量子计算

使用退火法的量子机器学习也被研究过。量子计算以量子理论为基础，是一种将叠加（superposition）应用于并行处理的范式。叠加被用于提升其计算能力，这意味着一个单位中有许多数字表示，虽然传统的数字计算使用 1 或 0 的二进制数字表示。基于叠加的信息单位被称为量子比特（qubit）。

有两种实现量子计算机的方法，一种方法是量子门控法，另一种是量子退火法。量子门控法是基于逻辑运算对应的量子算子进行的，基于单元矩阵的门是用量子门实现的。量子退火法是一种寻找全局最小值的常用方法，因此这种方法可以用来从任何具有量子波动的候选集合中寻找任何目标函数的最小值。它可以用于更新机器学习上的参数，缩短寻找每个参数的全局最小值的时间。量子学习方法仍在进一步研究中，研究已经推进了量子门控和量子退火这两种方法。

7.4 研究案例的总结

表 7.1 和 7.2 总结了用于机器学习的硬件研究以及产品。表 7.3～表 7.5 显示了实现的结果。

大多数研究都集中在能耗方面的效率，而不仅仅关注执行性能。在能效方面，我们与之前的研究进行了比较。机器学习模型，表示为"ML Model"，在表 7.2 的第五行中，用于量化目的，清华大学的"Dynamic"表示动态精度。英特尔发布的 Knights Corner 的第一代 Xeon Phi 产品有 61 个核心，有一个环形互连网络，据说用 OpenMP 和 MKL 优化后，与四层神经网络模式的非优化代码的单核执行相比，可以达到 302 倍的执行性能[207]。英伟达的 GTX 1080（采用 Pascal 架构）比英特尔的 Xeon E5-2630 v3 在主频为 2.4GHz（有 16b 个内核）下的执行性能至少高 10 倍[323]。

图 7.41a 显示了大多数机器学习硬件上的执行方法的分类法。图 7.41b 显示了数字或模拟电路的分类，以及基于时间或空间计算的分类，用于实现一个 soma。图 7.41c 显示了类似的分类法，如图 3.8 所示，为核心单元的多种实现方式。

表 7.1　SNN 硬件实现综述一

项目或机构的名字	架构															
	接口		计算节点			集群节点										
	RAM	解压缩	集群数组排列	集群数量	PE 数组安排	集群 PE 数量 [Units]	处理元素节点									
							RAM 大小				操作数精度	零跳	管道深度 [Stages]	激活函数
	[KB]			[Units]			指令 [Bytes]	输入 [Bytes]	权重 [Bytes]	输出 [Bytes]				
SpiNNaker	0	No	2D Mesh NoC	2048	Time-mux SIMD MAC (Xbar for Synapses)	18	32768	32768(Common)							
TrueNorth	0	No	2D Mesh NoC	2048	Time-mux SIMD MAC (Xbar for Synapses)	256	0	512 (SRAM)	13120 (SRAM, Shared with PEs)	N/A	1-bit	No	2	SSI, Leak, Threshold
Tsinghua University	0	No	N/A	6	Time-mux SIMD MAC (Xbar for Synapses)	N/A	0	N/A	N/A	N/A	N/A	No	N/A	N/A
Zhejiang University	0	No	N/A	N/A	Time-mux SIMD MAC (Xbar for Synapses)	8	0	N/A	N/A	N/A	N/A	No	N/A	N/A

表 7.2　DNN 硬件实现综述二

项目或机构的名字	接口 RAM [KB]	解压缩	架构 计算节点 集群节点 集群数组排列	集群数量 [Units]	PE 数组安排	集群 PE 数量 [Units]	处理元素节点 RAM 大小 指令 [Bytes]	输入 [Bytes]	权重 [Bytes]	输出 [Bytes]	操作数精度	零跳	管道深度 [Stages]	激活函数
neuFlow	0	No	2D Mesh NoC	1	N/A	N/A	N/A	N/A	N/A	N/A	N/A	No	N/A	N/A
Peking University	0	No	N/A	1	Adder-Tree	1	0	N/A	N/A	N/A	32bit float	No	N/A	N/A
University of Pittsburgh	0	No	N/A	1	Multi-thread	N/A	N/A	N/A	N/A	N/A	N/A	No	N/A	N/A
Tsinghua University	0	No	N/A	1	Adder-Tree	N/A	N/A	N/A	N/A	N/A	Dynamic	No	N/A	N/A
Microsoft Research	0	No	N/A	N/A	Systolic Array	N/A	0	0	0	0	32bit float	No	2	N/A
DianNao	0	No	SIMD	1	Adder-Tree	16	8192	2048 (Shared with PEs)	32768 (Shared with PEs)	2048 (Shared with PEs)	16bit fixed point	No	8	PLFA
DaDianNao	0	No	MIMD	16	Adder-Tree	16	N/A	N/A	N/A	2097152 (524288 × 4 eDRAMs)	16bit fixed point(inf) 32bit fixed point(train)	No	N/A	N/A
PuDianNao	0	No	SIMD	16	Adder-Tree	1	N/A	16384 (Shared)	8192 (Shared)	8192 (Shared)	16bit fixed point	No	6 (MLU)	Taylor Expansion
ShiDianNao	0	No	N/A	16	Systolic Array	64	32768 (Shared with PEs)	65536 (Shared with PEs)	131072 (Shared with PEs)	65536 (Shared with PEs)	16bit fixed	No	1	PLFA
Cambricon-ACC	0	No	N/A	N/A	Adder-Tree	N/A	N/A	N/A	N/A	N/A	16bit fixed	No	N/A	N/A
Cambricon-X	0	No	N/A	N/A	Adder-Tree	N/A	N/A	N/A	N/A	N/A	16bit fixed	No	N/A	N/A

表 7.3 DNN 硬件实现综述三

项目或机构的名字	架构													
	接口		计算节点											
	RAM [KB]	解压缩	集群数组排列	集群数量 [Units]	集群节点									
					PE 数组安排	集群 PE 数量 [Units]	处理元素节点							
							RAM 大小				操作数精度	零跳	管道深度 [Stages]	激活函数
							指令 [Bytes]	输入 [Bytes]	权重 [Bytes]	输出 [Bytes]				
K-Brain	0	No	2D Mesh NoC	4	SIMD, Systolic Array	4	N/A	N/A	N/A	N/A	N/A	No	4	N/A
UI/UX Proc.	N/A	No	N/A	N/A	NoC	DDLC×1 DIC×3	N/A	N/A	N/A	N/A	N/A	No	N/A	N/A
ADAS SoC											256bit/Way SIMD			
Deep CNN	N/A	No	Shared Mem Bus	N/A	MAC	32	N/A	N/A	N/A	N/A	N/A	No	N/A	ReLU
Cnvlutin	4096	No	SIMD	16	Adder-Tree	16	N/A	N/A	131072	N/A	16bit fixed point	Mult and Acc	N/A	N/A
Eyeriss	108	Run Length	N/A	1	Systolic Array	168	N/A	24(12-entry RF)	510(255-entry SRAM)	48(24-entry RF)	16bit fixed point	Mult and RAM Read	3	ReLU
EIE	N/A	Huffman Coding	N/A	1	MAC	1	N/A	8 Depth FIFO	131072 (including index data)	128×2 (64-entry RF×2), 32768 (Pointer RAM)	16bit fixed point	Mult	4	ReLU

表 7.4　机器学习硬件综述四

项目或机构的名字	压缩 模型	参数 共享权重	参数 量化操作	设计 Fab或FPGA供应商	设计 Library or Device	设计 Process [nm]	设计结果 面积 # of Gates [M Gates]	设计结果 面积 Area [mm²]	时钟频率 [MHz]	供应电压 [V]	功耗 [W]	支持训练	性能评价 GOPS	性能评价 吞吐量	网络模型使用评价	描述
SpiNNaker	N/A	N/A	N/A	UMC	N/A	130	N/A	N/A	N/A	N/A	N/A	N/A	N/A	N/A		
TrueNorth	No	No	No	Samsung	LPP	28 CMOS	5400	4.3	N/A	0.75	0.065	No	N/A	N/A		
Tsinghua University	No	No	No	N/A	N/A	120	N/A	N/A	N/A	N/A	N/A	N/A	N/A	N/A		
Zhejiang University	No	No	No	N/A	N/A	180	N/A	25	70	1.8	58.8	N/A	N/A	N/A		
neuFlow	No	No	No	Xilinx	Virtex6 LX760				200		10	N/A	N/A	N/A		
Peking University	No	No	No	Xilinx	Virtex7 VC707				100		18.61	No	61.62	N/A		Matrix Mult
University of Pittsburgh	No	No	No	Xilinx	Virtex6 LX760				150		25	N/A	2.4	N/A		Hidden Layer
											25		9.6			Output Layer
Tsinghua University	Pruning	No	DP	Xilinx	Zynq 706				150		9.63	N/A	136.97	N/A	VGG16-SVD	
Microsoft Research	No	No	No	Altera	Stratix-V D5				N/A		25	N/A	N/A	N/A	CIFAR-10	
											25				ImageNet 1K	
					Arria-10 GX1150						25				Imagenet 22K	
									N/A		265				ImageNet 1K	
DianNao	No	No	No	TSMC	N/A	65	N/A	3	980	N/A	0.485	No	N/A	N/A		
DaDianNao	No	No	No	ST Tech.	LP	28	N/A	67.7	606	0.9	15.97	Yes	N/A	N/A		
PuDianNao	No	No	No	TSMC	GP	65	N/A	3.51	1000	N/A	0.596	Yes	1056	N/A	Various	
ShiDianNao	No	No	No	TSMC	N/A	65	N/A	4.86	1000	N/A	0.3201	N/A	N/A	N/A		
Cambricon-ACC	No	No	No	TSMC	GP std VT lib	65	N/A	56.24	N/A	N/A	1.6956	Yes	N/A	N/A	General-Purpose	
Cambricon-X	No	No	No	TSMC	GP std VT lib	65	N/A	6.38	N/A	N/A	0.954	Yes	N/A	N/A	General-Purpose	

表 7.5 机器学习硬件综述五

项目或机构的名字	压缩参数			设计结果								支持训练	性能评价		网络模型使用评价	描述
	模型	共享权重	量化操作	Fab或者FPGA供应商	Library or Device	Process [nm]	# of Gates [M Gates]	Area [mm²]	时钟频率 [MHz]	供应电压 [V]	功耗 [W]		GOPS	吞吐量	网络模型使用评价	
K-Brain	No	No	No	N/A	1P8M CMOS	65	3750	10	200	1.2	0.2131	Yes / No	3283 / 82.1	11.8 Gbps / N/A		Training / Inference
UI/UX Proc.	Dropout	No	No	N/A	1P8M CMOS	65	N/A	16	200	1.2	N/A	Yes	319	N/A		DDLC
ADAS SoC	No	No	No	N/A	1P8M CMOS / CMOS	65	N/A	N/A		N/A	0.33 / 0.000984 / 0.000984	Yes	116 / 0.944 / 0.944	N/A		Driving (IPS) / Parking (IPS)
Deep CNN	PCA	No	No	N/A	1P8M CMOS	65	N/A	16	125	1.2	0.045	N/A	64	N/A		
Cnvlutin	Dynamic Neuron Pruning	No	No	TSMC	N/A	65	N/A	3.13	N/A	N/A	0.45105	No	N/A	N/A	Alex, GoogleNet NN, VGG19, CNNM, CNNS	with Zero-Skipping / with Zero-Skipping and Pruning
Eyeriss	No	No	No	TSMC	LP 1P9M	65	1852	12.25	200	1	0.278	No	N/A	34.7	Alex	FPS
EIE	Pruning	Yes	Yes	TSMC	GP Std VT Lib	45	N/A	0.64 / 40.8	800	N/A	0.009157 / 0.59	No	1.6 / N/A	N/A / 18.8 KFPS	Alex / Alex	1-PE Config. / 64-PE Config.

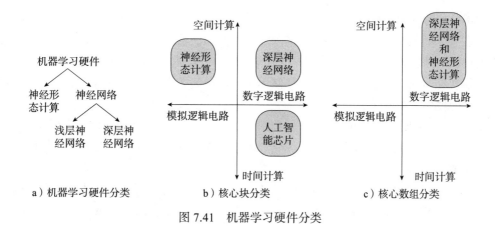

图 7.41 机器学习硬件分类

7.4.1 神经形态计算的案例研究

由 IBM 和康奈尔大学开发的 TrueNorth 在推理方面领先一步,且其推理和学习的芯片都处于同一水平。然而,与神经网络加速器领域相比,流片的芯片相对较少,物理验证也较少。

TrueNorth 需要与神经科学合作来揭示其功能,并且有更高的门槛。它的功耗约为 50mW,因此比 CPU 和 GPU 的能效高几个数量级。每个脉冲是一个单位脉冲,由定时信息组成的 AER 被用来传输到目标节点。因此,它与传统的 NoC 相比具有良好的可扩展性。

数字逻辑电路的实现由于其时间复用的 MAC 操作而难以提高吞吐量。相比之下,模拟逻辑电路的实现需要 DAC、ADC 和放大器,与数字逻辑电路的一部分进行相互连接,因此,很难提高实现密度。此外,在实现基于 STDP 的学习功能时,基于传统存储单元阵列的配置很难实现,因此也很难避免实施密度的降低。

7.4.2 深度神经网络的案例研究

中国科学研究院(CAS)的研究成果一直处于领先地位。不过,其他研究小组也正在向中科院的研究团队看齐。

对于 ASIC 的实施,即使只使用 65nm 器件等半导体工艺,其芯片面积仍为 $50mm^2$。此外,他们还考虑了相对较低的时钟频率,因此在能源效率方面已经超过了 GPU。在较低的时钟频率下,较高的执行响应意味着需要较少的执行时钟周期。例如,对外部存储器的访问次数及其传输的数据大小对执行性能和能源消耗都有很大影响。此外,小的芯片面积和较低的时钟频率也有助于提高能源效率。

就 ASIC 的实施而言,有两种方法,一种是在 KAIST 进行的研究中所展示的专门应用的加速器,另一种是在 CAS 的研究中所展示的特定领域的加速器。对于 FPGA 的实现,需要一个适合 FPGA 架构的设计,研究的重点是 FPGA 优化设计方法的框架和设计空间的探索，而不是执行性能的提高。

大多数 PE 设计使用 16 位定点算术单元，以及加法器树的方法。为了缩短导线延迟以及简化逻辑电路，人们考虑采用集群的方法，将多个 PE 捆绑在一个集群中，应用分层的结构。在层次结构层之间，应用了一个存储单元，以便为数据的再利用提供一个接口，或者在集群之间使用一个 NoC。

参数、激活和输出数据有其特定的存储单元，以涵盖不同操作引起的延迟变化。如第 3 章所示，最近的研究已经考虑了模型优化、模型压缩、参数压缩、数据编码、数据流操作优化、零值跳过以及近似。

一个主要的问题是参数的存储容量，使其难以将所有的数据携带到芯片上；因此，需要访问具有较长访问延迟和较大能量消耗的外部存储器。这个问题仍然是一个主要的研究点。最近，人们考虑在加速器芯片上叠加 DRAM 芯片以获得更高的内存访问带宽。

7.4.3 神经形态计算和深度神经网络硬件之间的比较

我们探索了一种架构，允许一种新的存储元素同时用于神经形态计算和 DNN。这样的存储元件还不常见，因此，主要的工作是基于对设定的硬件参数进行模拟验证。

在文献 [155] 中，作者对神经形态计算和 DNN 在实际硬件实现方面进行了比较。他们认为有以下三点：

1）在相同的识别任务中，SNN 的准确度比 DNN 低很多。

2）在嵌入式系统层面的设计约束下，DNN 硬件比 SNN 硬件相对简单。

3）SNN（STDP）的应用范围较窄。

CHAPTER 8

第 8 章

硬件实现的关键

前一章讨论了什么是深度学习任务，以及开发机器学习硬件的要点。本章，我们首先根据与这种学习有关的市场预测来讨论机器学习硬件的市场。接下来，我们考虑 FPGA 和 ASIC 实现的情况，需要设计一个硬件架构来收回非经常性工程（NRE）和制造成本。最后，我们考虑基于这些结果的架构开发的基本策略。

8.1 市场增长预测

8.1.1 IoT 市场

图 8.1 显示了物联网安装数量和市场增长的预测 [53]。消费者安装数量和市场增长规模都大于跨行业和垂直特定项目的总数。

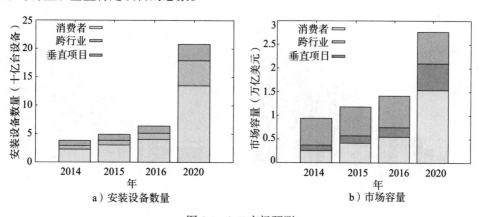

图 8.1 IoT 市场预测

8.1.2　机器人市场

图 8.2 显示了出货量和市场增长的预测[55][161]。我们可以期待亚洲的市场增长。自主的机器人技术将在不久的将来成为市场的驱动力。在这个阶段之后,数字助理和神经计算机预计将有助于实现基于机器学习的软件的市场增长[67, 50]。

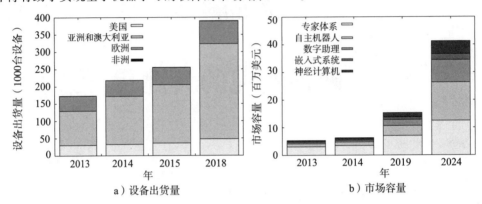

a）设备出货量　　　　　　　b）市场容量

图 8.2　机器人市场预测

8.1.3　大数据和机器学习市场

一份报告[66]预测,到 2022 年,机器学习相关的市场将增长到 17 亿美元。预计在 2016 年至 2022 年,硬件将实现积极的增长。

如第 1 章所述,物联网等价于切入点,对用户感兴趣的信息进行采样;而大数据等价于退出点,对用户感兴趣的大量数据开发推理和规划。

作为另一种选择,大数据可以是这样一个系统的总称,而机器人技术是一个典型的应用。

预计到 2020 年,基于物联网和机器人的数据分析市场将出现快速的市场增长,如图 8.3 所示。特定服务是当前大数据时代的主要市场,然而,计算机和云正在推动大数据相关硬件市场的发展。

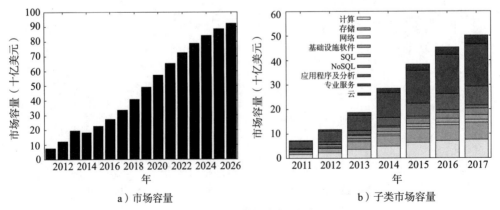

a）市场容量　　　　　　　b）子类市场容量

图 8.3　大数据市场预测

8.1.4 药物研发中的人工智能市场

图 8.4 显示了基于人工智能的药物研发市场。如图 8.4a 所示,到 2024 年的复合年增长率将达到 40%。如附录 E 所述,研发的成本在持续增加。

a)基于人工智能的药物发现CAGR　　　b)地区药品研发市场

图 8.4 基于人工智能的药物研发市场预测[94]

基于人工智能的研发有助于降低风险和成本。图 8.4b 显示了各地区的药物研发市场。看来,亚太区域将成为一个更大的市场,因为印度是其中较大的参与者。

8.1.5 FPGA 市场

如图 8.5 所示,FPGA 市场将继续增加,但是,它对深度学习领域的影响仍然相对较小。

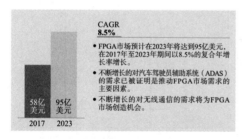
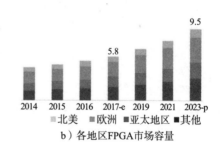

a)FPGA市场CAGR　　　　　b)各地区FPGA市场容量

图 8.5 FPGA 市场预测[96]

如图 8.5 所示,FPGA 市场容量也将增加,由于印度和印度尼西亚对通信基础设施的需求,亚太区域将成为一个更大的市场。

8.1.6 深度学习芯片市场

如图 8.6a 所示,深度学习的芯片单位出货量中,ASIC 领域占了一半以上的市场。FPGA 市场的比率与 CPU 领域相同,由于特定领域计算对高效率的要求,增长的机会很少。

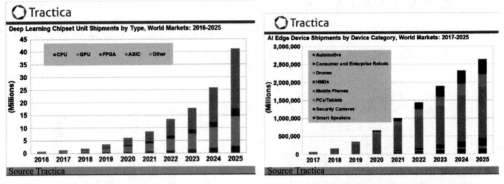

a）深度学习芯片出货量预测　　　　　　b）基于深度学习的边缘设备出货量预测

图 8.6　深度学习芯片市场预测 [85][91]

8.2　设计和成本之间的权衡

图 8.7a 显示了用户逻辑电路设计或 FPGA 和 ASIC 上芯片出货量和总成本之间的关系 [355]。半导体工艺节点 n 和 $n+1$ 分别显示为虚线和实线。

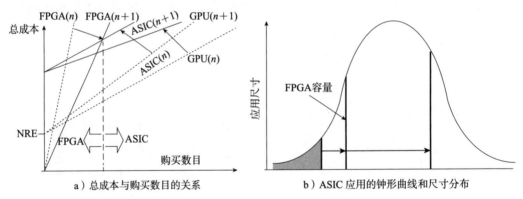

a）总成本与购买数目的关系　　　　　　b）ASIC 应用的钟形曲线和尺寸分布

图 8.7　成本函数与钟形曲线 [355]

ASIC 需要非经常性的工程成本，包括设计工具和光掩模，以及制造成本。使用更先进的半导体工艺时，这些成本会增加。相比之下，FPGA 的 NRE 成本相对要低得多。

然而，如表 2.1 所示，ASIC 的每个晶体管成本比 FPGA 低，通过半导体技术的改进，整个半导体工艺发展历程的出货成本增长率是很低的（如图 8.7a 所示，通过引入更新的半导体工艺，线的斜率降低）。同一工艺节点上的 FPGA 和 ASIC 的线的交叉点是盈亏平衡点，FPGA 的成本效益在该点的左边，ASIC 的成本效益在该点的右边。

因此，FPGA 适合有大规模的变体和较小的生产量，相反，ASIC 适合有较小的变体但有大规模生产量，ASIC 上的 NRE 和制造成本使得 ASIC 和 FPGA 之间的市场细分成为可能。然而，市场需要各种小批次生产，自 20 世纪 90 年代末以来，FPGA 已经占据了一定的市场份额。

图 8.7b 显示了一个钟形曲线，它是 ASIC 实现所需的应用市场规模的柱状图 [355]。三个竖条显示了用户用 FPGA 实现系统时的容量。竖条左侧的灰色区域显示了在使用工艺节点 n 时可以用 FPGA 替代 ASIC 的市场规模。

在 FPGA 初步发展之后，图 8.7b 左侧的第一条和第二条显示了增长速率。由于增长速率的迅速提升，FPGA 供应商面临着在一个芯片上增加大量存储器块和 DSP 块的挑战。这种扩展使得实现大规模的用户逻辑电路成为可能，使市场开始积极应用较新的半导体工艺，在图 8.7b 的峰值的基础上集成以适应大众需求。

在高峰期过后，出现了可更换的 FPGA 的小型市场，FPGA 供应商面临的挑战是为每个市场积极创造一系列低成本和高性能的器件。如附录 A 所述，二进制表示的参数和激活是目前 FPGA 上 DNN 应用的趋势，因此有可能开发各种二进制神经网络模型，FPGA 供应商发现了这样的新市场。

图 8.8 显示了考虑成本 $C(n)$ 时的吞吐量（$T(n)$）、功耗（$P(n)$）、功率效率（$T(n)/P(n)$）和有效效率（$T(n)/（P(n)C(n)）$）。下面考虑基于 GPU 上的神经网络模型开发的 FPGA 和 ASIC 之间的实现权衡。

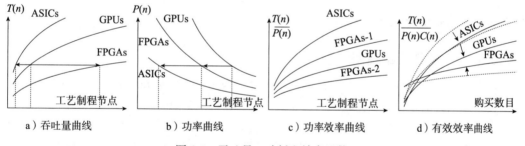

图 8.8　吞吐量、功耗和效率函数

与 GPU 相比，ASIC 和 FPGA 的实现分别具有更高和更低吞吐量的可能性。这一事实表明，ASIC 可以通过实现 GPU 的吞吐量而有效地使用旧的半导体工艺。然而，FPGA 需要使用较新的半导体工艺。GPU 也总是使用较新的半导体工艺，因此，FPGA 需要宣称有其他好处，并采取替代战略。例如，FPGA 有足够的灵活性来实现用户逻辑电路，基于 FPGA 的方法需要积极利用这种正面的特点。此外，如附录 A 所述，二进制神经网络上的二进制参数和激活已经得到了很好的研究，因此 CLB 的 1 位节点有可能可以很好地实现这样的网络模型。为了利用 FPGA 的可重构性，建立一个可以应用于任何基于二进制方法的神经网络的框架，而不是应用一个特定的神经网络模型，将引入强大的优势。

然而，关于 ASIC 的实现，我们可以通过使用旧的半导体工艺来抑制整个成本，从而达到规避风险的目的。与 GPU 相比，ASIC 和 FPGA 都可以抑制功耗（$P(n)$）。在 FPGA 中，若用户逻辑电路具有低效吞吐量或性能，则功率效率（$T(n)/P(n)$）可能低于 GPU（图 8.8c 中的 FPGA-2 曲线）。因此，有必要尽可能地优化与 FPGA 器件结构相适应的用户逻辑电路，但可能无法获得 FPGA 实现的上市时间方面的优势。

如 DNN 的 ASIC 实现实例所示，结果显示出较低的功耗和较高的吞吐量，因此在旧的半导体工艺（如 65nm 工艺）上的功率效率比 GPU 高。然而，GPU 的芯片面积为 $300\sim800\text{mm}^2$，而 ASIC 的芯片面积只有 50mm^2 或更小，因此，如果假定生产量相同，即使使用相同的半导体工艺，ASIC 也能降低制造成本。GPU 和 ASIC 都倾向于通过增加 NRE 和制造成本来降低有效效率 $(T(n)/(P(n)C(n)))$，大量的生产和出货量是必要的（见图 8.8d）。

因此，为了提高芯片的出货量，我们需要设计一个可以适用于不同市场的架构，而不是设计一个特定网络模型的架构。此外，ASIC 的实现可以与旧的半导体工艺相结合，以降低总成本。

8.3 硬件实现策略

基于对前几章内容的理解，本节将考虑设计 DNN 硬件的可能策略。

8.3.1 策略规划的要求

8.3.1.1 构建策略规划

机器学习具有识别和预测信息之间的关联性的作用，是信息处理中的重要因素。如第 1 章所述，它的目的是根据从物联网和机器人传感器获得的信息，提高用户的效率。

因此，我们可以预测，这类用户所需的周转时间（TAT）较短，以在应对竞争对手时实现快速决策。因此，网络模型开发者的主要兴趣是进入市场的时间，它主要发生在决策过程中（我们称之为认证时间）。

此外，神经网络模型架构师对缩短验证代码、验证训练及其执行性能所需的训练时间感兴趣。机器学习专用硬件的设计和实现，不仅对用户和架构师，而且对系统所有者，都是一个差异化因素。用户和架构师受益于时间优势。系统所有者受益于能源消耗和热控制能力，这是主要的运营成本。

在考虑策略之前，让我们详细了解一下硬件要求，如图 8.9 所示。硬件特性的定义是基于性能因素、成本因素和市场出货因素的，即分别是差异化因素、成本因素和利润因素。

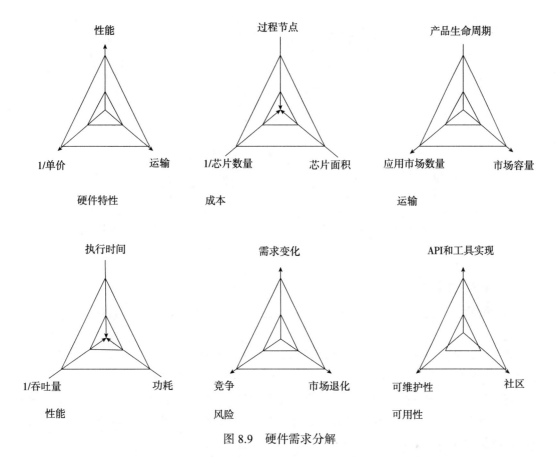

图 8.9 硬件需求分解

对于制造而言，成本是最重要的竞争因素，它降低了利润，并影响了一定时期内的芯片面积和制造数量。市场出货量是直接影响毛利的一个重要因素。就产品的更换期限而言，如果使用寿命较长，我们可以获得更多的每个产品的出货量。每个市场的出货量，以及一个产品的市场数量，决定了全部产品的价格，因此也会回归到毛利。

为了获得更多的用户，从硬件的角度来看，产品应该具有最高的功率效率，这是由执行时间（或 TOPS 值）、吞吐量和功耗决定的。在部署产品之前，我们应该预测市场的风险，主要包括市场趋势（需求）的变化、市场退化和竞争对手。为了避免市场退化造成的风险，我们需要将产品应用于多个市场区域和 / 或市场。

用户或业主必须决定是否购买我们的产品。他们也可能关心产品是否是最有用的，而且可能不只考虑性价比的要求。

图 8.10 显示了市场上目标细分的初步规划。对于机器学习硬件，一个重点是批次大小与延迟要求。训练和推理分别需要较大的批处理和较小的批处理。每个应用细分对神经网络模型都有不同的复杂性，这与存储要求有关。如前所述，足够的片上存储器大小对能源效率有关键作用。出于这个原因，选择了边缘设备和数据中心等目标定位。

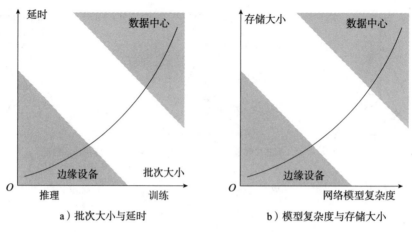

a）批次大小与延时   b）模型复杂度与存储大小

图 8.10　构建硬件架构的基本要求

8.3.1.2　策略规划

在文献 [292] 中，作者描述了一种定位策略，可分为三种类型：基于品种、需求和访问的定位。

基于品种的定位旨在从众多产品和 / 或服务中选择特定的产品和 / 或服务。如果一个产品和 / 或服务在某一特定行业中是最优越的，那么这种定位在经济上是合理的。

基于需求的定位旨在将产品和 / 或服务应用于特定客户的几乎所有需求。如果不同的客户群体都有需求，并且有可能通过适当的行动组合来为该群体提供产品和 / 或服务，那么这种定位就是合理的。

基于访问的定位的目的是对客户进行细分，使其在获取产品和 / 或服务的方法上存在差异。这种定位是根据位置和规模来确定的，或者是在某个方面需要一个不同于普通行动的行动系统来有效地接近客户。

请注意，深度学习不仅是关于行业的，它也是一种解决客户的问题或难题的方法，是一种应用基础设施。因此，在提出宏伟的设计之前，我们应该用具体的规模来定义目标行业、客户和位置。行业包括网络分析、药物研发、自主移动性和旧工业。客户包括政府、企业、学校和个人，或者分为营利和非营利组织。地点和规模包括国家、县、城市和家庭。

就数据中心而言，客户是一个特定的服务提供对象，他需要更高的性能，能应用于不同的行业，同时要求在功耗和热耗散成本方面具有更低的成本定位。对于物联网，客户包括要求更低的功耗的各种服务提供对象，适用于各种行业和各种位置，不仅在地球上，而且在太空中。

让我们从一个更普遍的角度来应用策略定位，如图 8.11 所示。该图显示了一个雷达图，其中每个轴都有一个规模因子。当目标是更大的规模时，硬件应该有更多的灵活性，从而有更多的可编程性。

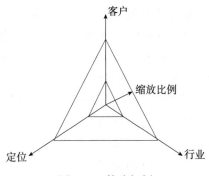

图 8.11　策略规划

根据客户、行业、地点和规模来制定策略。这些决定了芯片面积、响应时间和吞吐量的能力限制。正如硬件特征所表明的那样，机器学习硬件供应商可以制定三种基本战略来与 GPU 供应商竞争。

- 性能竞争。他们可以积极地使用先进的半导体工艺，并在执行性能方面积极地与 GPU 直接竞争。
- 成本竞争。他们可以积极地使用旧的半导体工艺，并积极地宣称在价格的基础上实现性价比的平衡和与 GPU 的区别。
- 目标替代性市场。他们可以找到 GPU 难以企及的替代市场，如移动和嵌入式设备。

通过初步设计 DSA，并准备一个基于其特定开发工具自动提供优化的生态体系，FPGA 可以成为所有者的选择。

这种工具已经被研究用于自动神经网络硬件设计[254][320]。此外，FPGA 可以利用可重构性，并将其应用于用户逻辑电路的推理和训练，并且可在运行时在两者之间进行简单的切换。因此，FPGA 在推理和训练的不同精度水平的实现方面具有优势（见附录 A）。

关于 ASIC 的实现，通过使用 DSA 设计一个可编程逻辑，并准备其框架工具链，ASIC 的 RTL 可以按要求优化给用户，使 NRE 成本在市场参与者之间共享，从而抑制供应商的总成本。

8.3.2　基本策略

机器学习硬件研究是计算机架构和产品研究中一个极为热门的话题。很显然，硬件可以为用户和业主很容易地解决此类问题。

8.3.2.1　性能、可用性和风险控制

特定的神经网络模型加速器得到了充分研究，与传统产品相比，这些加速器具有基于高数量级的性能的高能源效率。除了能源效率外，对于用户、架构师和业主来说，还有以下三个方面的优势。

（1）**高性能执行**。如第 5 章所述，这是时间中的一个主要部分，是延迟模型服务的主

要因素。为了提高吞吐量、延迟和能源效率，人们已经研究了各种推理方法。然而，训练仍然是由 GPU 主导的。关于神经网络模型的架构，训练过程是主要的耗时环节，如第 5 章所述。与推理相比，训练需要大量的来自张量和向量的暂存数据（见附录 A）。训练需要更有效的数据流和比推理机能够处理的更大的数据量。

（2）可编程硬件而非硬接线硬件。 神经网络模型架构师可能会积极地尝试开发和测试不同的神经网络模型，因此具体的硬件，特别是加速器，不能对其需求负责，必须考虑设计的可编程性。我们不要求 FPGA 有多余的可重构性，也不要求微处理器有多余的可编程性，但我们确实需要这样一种基于神经网络工作模型特点的拟合。此外，神经网络硬件供应商必须与用户、业主和系统集成商打交道。

（3）独立于实现。 计算模型的架构和编译器基础设施最好是作为一个独立于 ASIC 和 FPGA 的完整框架，并作为一个工具生成用户特定的系统——作为一个软 IP。工具的用户可以根据需要选择 ASIC 或 FPGA 实现。这种方法减少了芯片制造的风险，并将制造与设计流程隔离。此外，如果 FPGA 只配置一个特定的网络模型，那么只向客户提供一个优化的 IP 就足够了，他们要求对 FPGA 进行约束。

如第 6 章所述，基于二元梯度下降法和稀疏张量的高性能训练已经得到了研究。

8.3.2.2　与传统系统的兼容

虽然我们倾向于关注硬件架构，但也应该关注用户、业主和系统集成商的需求。

（1）开发过程。 机器学习子系统与传统的开发过程相比具有不同的开发过程，这在时间上降低了生产力。我们需要一个支持传统开发过程的工具链。机器学习硬件供应商至少应该将其特定的开发过程嵌入传统的方法中，并且如果可能的话，应该向用户隐藏特定的开发过程。

（2）建模工具。 在特定开发环境的情况下，用户需要时间来了解环境。这是一个缺点，如果这个时间比竞争对手的时间长，供应商将有失去业主的可能。我们期待一个能够使用传统开发环境并减少原型设计时间的机器学习系统。

（3）模型编码。 各种平台（系统）以同一神经网络模型为基准进行评估，所有者可以从候选产品中选择一个。神经网络模型的代码应该能够与大多数平台兼容。如果代码的兼容性不被支持，就很难被用户和所有者接受。例如，一个只支持一种特殊语言的平台显然是不被大多数用户接受的，也很难被业主选中。

8.3.2.3　与传统系统的集成

因为大多数的研究和开发都集中在加速器硬件上，所以在考虑其运行环境时，系统结构并不是重点。为了能被不同的业主选择，我们应该听取用户和业主的硬件要求，并在神经网络模型的设计上考虑上述兼容性。预计这将被整合到一个传统的系统中，以方便操作。

（1）卸载方法。 用户应用 Python 脚本语言与 Python 虚拟机上运行的深度学习框架。准备一个支持机器学习硬件的虚拟机，当检测到支持的指令和 / 或功能时，虚拟指令和 API 功能应该直接在硬件上运行。一般来说，机器学习系统需要一种卸载机制。

（2）**单内存地址空间**。在卸载神经网络的主要任务中，数据必须在加速器子系统和主机系统之间传输，正如在 GPU 子系统中所看到的那样。这为代码引入了固有的不必要的优化工作。这是执行过程中的一个主要的冷启动开销。为了消除这种开销，一种方法是在主机和加速器之间建立统一的内存空间。这个解决方案需要操作软件的支持。

（3）**代码融合**。通过在虚拟指令和 / 或 API 函数与机器学习硬件之间准备一个中间表示，虚拟指令和 / 或 API 函数与执行中的硬件之间会发生隔离，因此，虚拟机和机器学习硬件可以同时灵活地更新或修改。这种趋势可以从第 5 章描述的中间指令（IR）支持中看到，比如 ONNX。传统微处理器中使用的指令融合和去融合方法，包括代码变形软件（CMS）[149]，可以应用于机器学习系统以优化执行，也可以在运行时用于执行。

英伟达的 GPU 及其生态是神经网络建模社区的事实标准，其开发环境也很普遍。已有研究对其能效进行了区分，其中一个指标是运行成本，这种设备以更高的效率优势吸引人。伴随着硬件上的能效，用户、架构师、业主和系统集成商所产生的问题和难题可以成为架构设计的种子和它的差异化主张。

8.3.3　替代因子

谷歌已经发布了关于 TPU 的新闻稿，英伟达已经开发和研究了神经网络加速器，我们还可以考虑 NVDLA 及其专利。在英伟达，斯坦福大学的达利教授和他的学生研究了这样一种架构。因此，英伟达可以对初创公司构成威胁。AMD 公司也通过支持类似的低级别的库而赶上了 NVIDIA。

8.4　硬件设计要求概述

如果数据移动是延迟和能耗方面的主要问题，我们应该设计一个具有面向数据移动的计算模型的架构。传统的系统有一个前提，即所有的操作数都已准备好被执行。在执行之前，需要通过内存访问来加载操作数，这就产生了一个内存层次结构。存储器层次结构是造成延迟和容量限制的主要原因，并在系统中形成了一个瓶颈。这在机器学习硬件系统中也可以看到。存储器层次结构在芯片上消耗的面积较大，在微处理器中使用了一半的芯片，因为缓存存储器不独占数据的存储，导致芯片面积的利用率降低。

在线学习不需要太多的存储空间。目前，一个训练系统需要大量的数据；然而，迁移学习[309]，即在不同的领域重复使用训练过的参数，有很大的可能取得突破性进展。此外，如果在线学习，而不仅仅是剪枝，作为一个主要的方法被应用，那么，需要相对较少的训练数据可以成为一个系统的重要特征。

CHAPTER 9

第 9 章

结　论

在本书中，我们研究了机器学习硬件的细节，不仅包括硬件架构和加速方法，还包括机器学习如何在具有基线特性的平台上运行。结果显示，外部内存访问是执行性能和能源消耗的第一要务，因此，推理和训练的能效的重要性被引入。

提高能效的一种方法是跳过外部存储器访问和执行时钟周期的数量，因此在训练期间创建稀疏张量是一种流行的方法，类似于修剪。如果开发和应用动态零值跳过技术，这种方法也可以应用于训练任务本身。

FPGA 具有独特的可重构特性，在能效方面位于 GPU 和 ASIC 实现之间。与其在能效方面进行竞争，不如将重点放在可重构性的利用上竞争。这包括在推理和训练方面对神经网络任务的进行不同的优化，并需要一个硬件补丁来更新任务的逻辑电路。

ASIC 具有最高的能效，并可以针对机器学习任务进行优化。然而，这种方法具有较高的 NRE 成本，并且需要大批次的产品量，而不像 FPGA 那样可以应用于如此小批次的市场。因此，从性价比的角度来看，ASIC 方法必须具有高度的灵活性和可编程性，以应用于各种神经网络任务。这可以从 GPU 中看出，它有一个针对图形处理领域的架构，同样，GPU 也应该设计一个针对神经网络领域的架构。

FPGA 和 ASIC 的实现应该面对用户和业主的问题，如训练性能、与其他架构的兼容性、从原型到产品的移植便利性，以及推理和训练的低能耗。

附录 A　深度学习基础

附录 A 使用一个由 L 层组成的前馈神经网络模型来描述神经网络模型的基本要素。A.1 节针对每个神经元介绍一个等式，称为单元。如 A.2 节所述，引入的等式模型引出了一个基本的硬件模型，可以用真正的硬件来实现。在 A.3 节，等式被表示为矩阵运算，并描述了数据布局，称为形状。此外，还描述了参数的初始化。不仅如此，附录 A 还介绍了使用矩阵运算的学习序列。最后，列出了 DNN 模型设计中的一些问题。

A.1　等式模型

本节考虑用等式对前馈神经网络进行建模。图 A.1 是一个由七层组成的前馈神经网络的例子。神经元 i 与神经元 j 的突触相连。神经元在激发时输出一个脉冲，由一个激活函数表示。神经元 i 和 j 之间的突触连接由连接强度表示，并作为其权重。

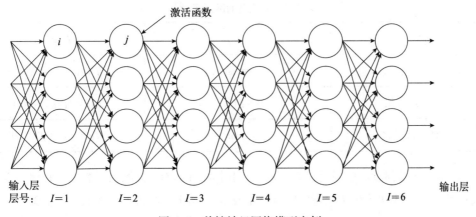

图 A.1　前馈神经网络模型实例

神经元 i 的输出 z_i 可以表示为系数为 $w_{j,i}$ 的加权边，该加权值被输入神经元 j 的激活函数。神经元 j 从包括神经元 i 在内的所有突触输入并进行加权，形成一个预激活的电流。这是对所有加权值求和。预激活被送入该激活函数，产生一个非线性输出。

前馈神经网络是使用层结构组成的，其中一个层由多个神经元组成，层与层之间考虑加权连接。权重和偏置一般被称为激活，l 层上的一组参数被称为 l 层的参数空间。

A.1.1　前馈神经网络模型

$(l-1)$ 层中的神经元 i 通过突触连接到 l 层中的神经元 j，其权重为 $w_{j,i}^{(l)}$，将权重 $w_{j,i}^{(l)}$ 乘以来自神经元 i 的突触上的输入 $x_i^{(l)}$，得到的神经元 j 的预激活 $u_j^{(l)}$ 可以表示如下 [279]：

$$u_j^{(l)} = \sum_i w_{j,i}^{(l)} x_i^{(l)} + b_j^{(l)} \tag{A.1}$$

其中 $b_j^{(l)}$ 是神经元 j 的偏置。神经元 j 的输出 $z_j^{(l)}$ 是激活函数 $f_j^{(l)}(*)$ 的输出，可以表示为 [279]：

$$z_j^{(l)} = f_j^{(l)}(u_j^{(l)}) \tag{A.2}$$

这里，$z_j^{(l)}$ 是接下来的层（即 $(l+1)$ 层）的神经元 k 上的输入 $x_j^{(l+1)}$。激活函数将在下一节描述。

A.1.2　激活函数

A.1.2.1　激活函数的概念

表 A.1 显示了典型的激活函数。激活函数 $f(u)$ 必须是可导的，而且是一个非线性单调递增或递减函数。

表 A.1　隐藏层的激活函数 [279]

激活函数	$f(u)$	$f'(u)$
双曲正切函数	$f(u) = \tanh(u)$	$f'(u) = 1 - f^2(u)$
Sigmoid 函数	$f(u) = 1/(1 + e^{-u})$	$f'(u) = f(u)(1 - f(u))$
线性整流函数	$f(u) = \max(u, 0)$	$f'(u) = (u > 0) ? 1 : 0$

激活函数涉及梯度消失问题。举个例子，我们将 $\tanh(*)$ 作为激活函数来解释梯度消失问题。该激活函数在输出侧层趋于饱和取值 -1 或 $+1$。因此，梯度的大多数更新值都是零 [253]，如式（A.24）所示，因为如果没有应用适当的初始化，则 $f'(u)$ 在输入侧层可能是零。由于输入侧层的收敛速度较慢，我们有可能无法获得局部最小值。

A.1.2.2 ReLU

当 ReLU 函数[172]输入的预激活值大于零时，输出该预激活值，否则输出零。因此，如果预激活值大于零，其导数输出值为 1；否则，输出零。ReLU 不会产生梯度消失，因为输出侧层的神经元可以使用 $\delta_j^{(l)}$ 创建一个反向传播。因此，输入侧层可以获得充分的更新。然而，当预激活小于或等于零时，会输出一个零，表明梯度也是零，因此，学习的速度偶尔会比较慢。

Leaky ReLU 函数（LReLU）[253]旨在通过对 ReLU 函数的修改来解决这一问题，具体如下：

$$f(u)=\begin{cases} u & (u>0) \\ 0.01u & (\text{其他情况}) \end{cases} \qquad (\text{A.3})$$

当预激活小于零时，LReLU 函数输出一个小值，并避免了零梯度。因此，它创造了一个充分向输入侧层反向传播的机会。

此外，$u \leqslant 0$ 的系数（斜率）为 "0.01"，可参数化如下：

$$f(u)=\begin{cases} u & (u>0) \\ p \times u & (\text{其他情况}) \end{cases} \qquad (\text{A.4})$$

这个激活函数被称为参数化 ReLU（PReLU）函数。

A.1.3 输出层

Sigmoid 可用于二元分类，例如 yes 或 no，true 或 false，因为根据该函数，绝对大值可以是 0 或 1。Softmax 函数的导数假设损失函数（在下一节中解释）是一个交叉熵（其中 t_k 是熵系数），如表 A.2 所示。

表 A.2 输出层函数[279]

激活函数	$f(u)$	$f'(u)$	用例
Sigmoid	$f(u)=1/(1+\mathrm{e}^{-u})$	$f'(u)=f(u)(1-f(u))$	二分类
Softmax	$f(u_k)=\dfrac{\mathrm{e}^{u}k}{\sum_{j=1}^{K}\mathrm{e}^{u}j}$	$f'(u_k)=f(u_k)-t_k$	多分类

A.1.4 学习和反向传播

A.1.4.1 损失和成本函数

学习的目的是缩小输出和标签之间的差距，而评估误差的函数被称为误差或损失函数。损失是由范式代表的几何距离，如下所示：

$$E(x,y)=\left(\sum_i |x_i-y_i|^l\right)^{\frac{1}{l}}\tag{A.5}$$

一般使用 $l=2$ 的范式，即平方，因为它便于使用范式的导数及其计算。成本函数有一个正则化项来评估成本并调整参数的更新量。在有 N 个类的多分类的情况下，它使用交叉熵，其表示方法如下：

$$E(y,\hat{y})=-\frac{1}{N}\sum_{n=1}^{N}\left[y_n\log\hat{y}_n+(1-y_n)\log(1-\hat{y}_n)\right]\tag{A.6}$$

其中 $\hat{y}_n$ 是一个逻辑回归函数。交叉熵一般与最后一层的 softmax 函数相结合。

A.1.4.2　反向传播

我们想用误差值 E 来更新隐藏层中的参数，误差 E 可以通过训练期间参数的波动来改变。然后，我们还想获得每个权重和偏置所需的更新。因此，我们需要一个损失的导数，即对权重和偏置的误差导数，分别用 $\frac{\partial E}{\partial w}$ 和 $\frac{\partial E}{\partial b}$ 表示。

在描述反向传播过程之前，我们需要了解用于计算导数的链式法则。这里，$\frac{\partial y}{\partial x}$ 可以重写如下：

$$\frac{\partial y}{\partial x}=\frac{\partial y}{\partial z}\frac{\partial z}{\partial x}\tag{A.7}$$

这个法则可以用于每个导数。图 A.2 显示了前馈神经网络的一个节点[162]，我们希望每个节点上的损失值 L 有一个导数，如 $\partial L/\partial x$，以计算节点的值应该改变多少。我们假设一个输入是激活值，另一个输入是权重。将它们相乘，并与其他乘积项累加。

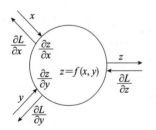
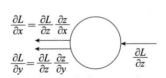

a）部分差异反向传播　　　　　b）链式法则反向传播　　　　　c）扇出视为反向传播的附加

图 A.2　算子反向传播[162]

加法可以表示如下：

$$z=x+y\tag{A.8}$$

因此，导数如下：

$$\frac{\partial z}{\partial x} = \frac{\partial x}{\partial x} + \frac{\partial y}{\partial x} = 1 \tag{A.9}$$

$$\frac{\partial z}{\partial y} = \frac{\partial x}{\partial y} + \frac{\partial y}{\partial y} = 1 \tag{A.10}$$

因此，导数 $\partial L / \partial x$ 如下：

$$\frac{\partial L}{\partial x} = \frac{\partial L}{\partial z} \frac{\partial z}{\partial x} = \frac{\partial L}{\partial z} \times 1 = \frac{\partial L}{\partial z} \tag{A.11}$$

这里，$\partial L / \partial x$ 也是一样的。因此，加法算子的导数被应用为反向传播的分布。

在减法的情况下，导数如下：

$$\frac{\partial z}{\partial x} = \frac{\partial x}{\partial x} - \frac{\partial y}{\partial x} = 1 \tag{A.12}$$

$$\frac{\partial z}{\partial y} = \frac{\partial x}{\partial y} - \frac{\partial y}{\partial y} = -1 \tag{A.13}$$

在乘法的情况下，该等式引入了以下导数：

$$\frac{\partial z}{\partial x} = \frac{\partial (x \times y)}{\partial x} = y \frac{\partial x}{\partial x} = y \tag{A.14}$$

$$\frac{\partial z}{\partial y} = \frac{\partial (x \times y)}{\partial y} = x \frac{\partial y}{\partial y} = x \tag{A.15}$$

因此，反向传播的导数可以是这样的：

$$\frac{\partial L}{\partial x} = \frac{\partial L}{\partial z} \frac{\partial z}{\partial x} = y \frac{\partial L}{\partial z} \tag{A.16}$$

这里，$\dfrac{\partial L}{\partial y}$ 也是以类似的方式得到的，值为 $x \dfrac{\partial L}{\partial z}$。因此，一个乘法节点进行了输入的交换。关于从一个节点的扇出，多个反向传播来自于后面的节点，可以是这些导数的总和，如图 A.2c 所示。

在除法的情况下，导数如下：

$$\frac{\partial z}{\partial x} = \frac{\partial x}{\partial x} - \frac{\partial y^{-1}}{\partial x} = 1 \tag{A.17}$$

$$\frac{\partial z}{\partial y} = \frac{\partial x}{\partial y} - \frac{\partial y^{-1}}{\partial y} = y^{-2} \tag{A.18}$$

我们使用损失函数的目的是计算隐藏层中的参数更新量。然后，我们使用导数。这些导数是通过前向传播对参数的变化量，可以通过损失（或误差，和 / 或目标）函数来衡量。对 *l* 层的权重和偏置的导数分别表示为 $\dfrac{\partial L}{\partial w^{(l)}}$ 和 $\dfrac{\partial L}{\partial b^{(l)}}$。根据链式法则，我们可以将这样的等式重写如下：

$$\frac{\partial L}{\partial w^{(l)}} = \frac{\partial L}{\partial u^{(l)}} \frac{\partial u^{(l)}}{\partial w^{(l)}} \tag{A.19}$$

偏置也可以用同样的方式表示，其中 $u^{(l)}$ 是 l 层的预激活，如式（A.1）所示。请注意，第 l 层的预激活 u 是 $u^{(l)} = w^{(l)} z^{(l-1)} + b^{(l)}$。因此，我们可以计算其导数如下：

$$\frac{\partial u^{(l)}}{\partial w^{(l)}} = z^{(l-1)} \tag{A.20}$$

及

$$\frac{\partial u^{(l)}}{\partial b^{(l)}} = 1 \tag{A.21}$$

关于另一项，$\dfrac{\partial L}{\partial u^{(l)}}$，我们也可以应用链式法则如下：

$$\begin{aligned}
\delta^{(l)} &= \sum \frac{\partial L}{\partial u^{(l)}} \\
&= \sum \frac{\partial L}{\partial u^{(l+1)}} \frac{\partial u^{(l+1)}}{\partial u^{(l)}} \\
&= \sum \delta^{(l+1)} \frac{\partial u^{(l+1)}}{\partial z^{(l)}} \frac{\partial z^{(l)}}{\partial u^{(l)}} \\
&= \sum \delta^{(+1)} w^{(l+1)} f'^{(l)}(u^{(l)}) \\
&= \sum f'^{(l)}(u^{(l)}) \sum \delta^{(l+1)} w^{(l+1)}
\end{aligned} \tag{A.22}$$

从 $(l-1)$ 层的神经元 i 到 l 层的神经元 j 的连接上的权重 $w_{j,i}^{(l)}$ 的更新表示如下 [279]：

$$w_{j,i}^{(l)} \leftarrow w_{j,i}^{(l)} - \epsilon_j^{(l)} \frac{\partial L}{\partial w_{j,i}^{(l)}} \tag{A.23}$$

其中 $\epsilon_j^{(l)}$ 是 l 层中神经元 j 的学习系数，称为学习率。输出层，即最后一层，由 n 个神经元组成。这里，E_n 被称为误差函数，L_n 被表示为损失函数，显示从标签得到的期望值 d_n 和输出 $z_n^{(l)}$ 之间的差异。误差函数有多种表示方法，平均平方误差就是一个例子。最后一层的误差，即 L 层，可以表示为 $\delta^L = E_n$。偏置也是通过类似的方法表示的。

通过将 δ^L 收敛到一个小值，学习的目标是通过缩小预期值和输出值之间的差距来更新参数。一组输入元素被称为输入向量，隐藏层上的输出向量可以称为激活。用一个期望值和一个输出来更新参数的学习被称为在线学习。用一组预期值和一组输出来更新参数的学习被称为批次学习。因为批次学习需要大量的数据集以及大量的中间数据，所以可以将一个批次分块，并可以使用分块后的单位进行学习，这被称为小批次，即小批次学习。

通过使用 δ^l 来更新隐藏层的参数，并将更新的计算结果从输出层 ($l=L$) 传播到输入层 ($l=1$)，出现了反向传播。基于改变权重值得到的导数如下：

$$\frac{\partial L}{\partial w_{j,i}^{(l)}} = \delta_j^{(l)} z_i^{(l-1)} \tag{A.24}$$

其中 $\delta_j^{(l)}$ 是确定的权重的梯度下降量，可以通过以下公式得到[279]：

$$\delta_j^{(l)} = f_j'^{(l)}(u_j^{(l)}) \sum_k \delta_k^{(l+1)} w_{k,j}^{(l+1)} \tag{A.25}$$

其中 $f_j'^{(l)}(*)$ 是 l 层中神经元 j 上激活函数 $f_j^{(l)}(*)$ 的导数。在 l 层计算 $\delta_j^{(l)}$，并将该值传播到 ($l-1$) 层，是一种所谓的反向传播方法，用于更新隐蔽层的参数。

偏置的导数与权重的情况类似，但它没有一个源节点，类似于常数偏置。

$$\frac{\partial L}{\partial b^{(l)}} = \delta^{(l)} \tag{A.26}$$

$$\delta^{(l)} = \delta^{(l+1)} \tag{A.27}$$

可以使用如下的偏置的梯度来更新偏置。

$$b^{(l)} \leftarrow b^{(l)} - \epsilon^{(l)} \frac{\partial L}{\partial b^{(l)}} \tag{A.28}$$

A.1.5　参数初始化

参数的初始化需要一个随机设置。如果参数有相同的值，连续的全连接层就有相同的值，从而在层内的所有神经元上有统一的状态，多个参数就没有意义。因此，每个参数至少应该有不同的数值。

一种常见的初始化方法是对每个参数的初始化使用均匀分布，称为 Xavier 初始化[171]，这是一种取标准差为 $1/\sqrt{n}$ 的方法，其中 n 是前一层的神经元数量。对于 ReLU，使用何氏初始化方法[191]。何氏初始化使用一个标准差为 $2/\sqrt{n}$ 的高斯分布。

A.2　用于深度学习的矩阵操作

本节介绍了本章前几节中解释的描述等式的矩阵表示。此外，我们考虑矩阵和向量数据的布局（张量的形状）。

A.2.1 矩阵表示及其布局

l 层的预激活 $U^{(l)}$ 可以用仿射变换来表示，矩阵等式使用权重矩阵 $\boldsymbol{W}^{(l)}$，输入激活向量 $\boldsymbol{Z}^{(l-1)}$ 和偏置向量 $\boldsymbol{B}^{(l)}$，如下所示：

$$\boldsymbol{U}^{(l)}=\boldsymbol{W}^{(l)}\boldsymbol{Z}^{(l-1)}+\boldsymbol{B}^{(l)} \tag{A.29}$$

通过将偏置向量 $\boldsymbol{B}^{(l)}$ 纳入权重矩阵 $\boldsymbol{W}^{(l)}$，形成一个 $J\times(I+1)$ 矩阵，并将常数 1 加入 $\boldsymbol{Z}^{(l-1)}$，作为第 $(I+1)$ 列，式（A.29）可以表示为 $\boldsymbol{U}^{(l)}=\boldsymbol{W}^{(l)}\boldsymbol{Z}^{(l-1)}$。

l 层的输出 $\boldsymbol{Z}^{(l)}$ 是激活函数的输出集合，形成一个向量，可以表示为：

$$\boldsymbol{Z}^{(l)}=f\left(\boldsymbol{U}^{(l)}\right) \tag{A.30}$$

在小批次学习（mini-batch learning）的情况下，在矩阵 $\boldsymbol{\Delta}^{(l)}$ 中，l 层中的神经元 j 的元素为 $\delta_j^{(l)}$，其形状为 $J\times N$，其中 J 和 N 分别为 l 层中的神经元数量和小批次大小，可以用以下方式表示[279]：

$$\boldsymbol{\Delta}^{(l)}=f'^{(l)}\left(\boldsymbol{U}^{(l)}\right)\odot\left(\boldsymbol{W}^{(l+1)\top}\boldsymbol{\Delta}^{(l+1)}\right) \tag{A.31}$$

运算 $\odot$ 是一个被称为阿达玛乘积的逐元素相乘法。然后我们通过下面的计算得到更新量 $\partial\boldsymbol{W}^{(l)}$ 和 $\partial\boldsymbol{B}^{(l)}$ [279]：

$$\partial\boldsymbol{W}^{(l)}=\frac{1}{N}\left(\boldsymbol{\Delta}^{(l)}\boldsymbol{Z}^{(l-1)\top}\right) \tag{A.32}$$

$$\partial\boldsymbol{B}^{(l)}=\frac{1}{N}\left(\boldsymbol{\Delta}^{(l)}1^{\top}\right) \tag{A.33}$$

因此，计算需要对张量进行转置，在等式中由"$\top$"表示该运算符。

表 A.3 和 A.4 分别显示了推理和训练所需的数据布局（形状），小批次大小为 N。

表 A.3　数组和前馈传播布局

数组	$\boldsymbol{Z}^{(l-1)}$	$\boldsymbol{W}^{(l)}$	$\boldsymbol{B}^{(l)}$	$f^{(l)}\left(\boldsymbol{U}^{(l)}\right)$	$\boldsymbol{Z}^{(l)}$
输入 / 输出	IN	IN	IN	OUT	OUT
布局	$I\times N$	$J\times I$	$J\times 1$	$J\times N$	$J\times N$

表 A.4　数组与反向传播布局

数组	$\boldsymbol{W}^{(l+1)}$	$\boldsymbol{\Delta}^{(l+1)}$	$f'^{(l)}\left(\boldsymbol{U}^{(l)}\right)$	$\boldsymbol{\Delta}^{(l)}$	$\partial\boldsymbol{W}^{(l)}$	$\partial\boldsymbol{B}^{(l)}$	$\boldsymbol{Z}^{(l-1)}$
输入 / 输出	IN	IN	IN	OUT	TEMP	TEMP	IN
布局	$K\times J$	$K\times N$	$J\times N$	$J\times N$	$J\times I$	$J\times 1$	$I\times N$

A.2.2 用于学习的矩阵操作序列

下面的序列显示了一个前馈神经网络模型，用小批次学习方法的学习过程。小批次学习重复了从 $l=L$ 到 $l=1$ 的序列。

1）初始化 $\boldsymbol{W}^{(l)}$ 和 $\boldsymbol{B}^{(l)}$。

2）如果 $l=L$，则计算 $\boldsymbol{\Delta}^{(L)}$（例如平均平方误差）。

3）如果 $l\neq L$，则计算 $\boldsymbol{\Delta}^{(l)}$（矩阵乘法和阿达玛积）。

4）计算 $\partial\boldsymbol{W}^{(l)}$ 和 $\partial\boldsymbol{B}^{(l)}$（矩阵乘法）。

5）用 $\partial\boldsymbol{W}^{(l)}$ 和 $\partial\boldsymbol{B}^{(l)}$ 更新参数（矩阵减法）。

6）回到第 3 步。

对于前馈神经网络来说，学习序列是非常简单的。当参数超过硬件上的矩阵运算大小时，需要对矩阵和向量进行细分，并建立子序列。这涉及各种暂态数据，如表 A.3 和 A.4 所示。推理和训练分别使用五个和七个数据集合。硬件设计需要在算术单元和外部存储器之间有效地传输这些数据集合。

A.2.3 学习优化

学习优化已经得到了积极的研究。本节简要介绍了主要的方法。

A.2.4 偏置 – 方差问题

我们应该评估训练和交叉验证后的模型推理错误率，以优化激活的维度（阶数）。我们可以用图表的方式来实现，图表的 x 轴是阶数，并绘制误差。通过检查误差曲线之间的差距，我们可以考虑它处于什么状态。

当训练中的误差和交叉验证中的误差相差很大时，就会出现多余偏置效应和欠拟合现象。当训练误差较低，但交叉验证的误差较高时，就会出现过拟合。这被称为偏置 – 方差问题 [277]。

这里使用的学习曲线被假定为在 x 轴上绘制错误率与训练数据大小。训练的曲线和交叉验证的曲线之间会出现差异。对于训练期间的学习曲线，由于参数和输入向量之间的兼容性较低，当我们试图增加训练数据大小时，我们将获得更大的错误率。我们可以看到学习曲线在交叉验证中的表现是通用的；此外，较小的训练数据量会引入较大的错误率，由于参数和输入数据之间的兼容性较高，增加训练数据量会降低错误率。因此，交叉验证的学习曲线绘制在比训练学习曲线更高的位置。因此，我们可以评估状态并控制偏置 – 方差问题。

训练和交叉验证的学习曲线显示出较高的偏差，在训练数据规模较小的情况下，曲线间的差距较小。当一个较高的方差具有较低的泛化性能时，当应用较大的训练数据量时，它显示出较大的曲线间的差距，这是一种过拟合。在这种状态下，两条曲线有较大的差距，因此，我们仍然能够通过增加训练数据量（继续训练）在交叉验证中获得较低的学习曲线。一个有更多参数的神经网络，即隐藏层中更多的神经元，或更大的隐藏层数量，或者两者都有，则往往会处于过拟合状态，因此我们可以通过在成本函数中加入正则化项来控制这种情况。

A.2.4.1 正则化

通过在误差函数中加入正则化项，可以控制偏置 – 方差问题。

如果正则化系数在偏置效应大的时候数值过大，那么欠拟合可能会制约参数的设置。在这种情况下，我们应该尝试降低正则化系数，或者增加参数的数量，以检查交叉验证时的错误率是否可以降低。

当方差过大时，会得到一个弱的正则化项和每个参数的小约束；因此会出现过拟合。在这种情况下，我们应该尝试增加正则化系数或减少参数的数量，在交叉验证中具有最小错误率的正则化系数是一个合适的值。

在优化参数数量时，通过改变正则化系数的值，找到能使误差函数值最小的参数数量，就可以实现正则化系数的变化。接下来，在交叉验证上具有最小误差率的参数是合适的。此外，我们可以通过检查测试集上的错误率来评估泛化效果。

权重衰减是正则化的一个常见例子。权重衰减在成本（损失）函数中加入了 L2 正则化项 $\frac{\lambda}{2}\|w\|^2$。

A.2.4.2 动量

通过引入参数更新的惯性，训练避免了 SGD 的随机任务，这是一种低效的更新。

$$\lambda_t \leftarrow \alpha\lambda_{t-1} - \epsilon\frac{\partial L}{\partial W} \qquad (\text{A.34})$$

当更新时，权重是 $w \leftarrow w + \lambda_t$。

A.2.4.3 Adam

Adam 是一种基于一阶梯度的随机目标函数优化的算法，基于低阶矩的自适应估计[223]。该方法从梯度的一阶和二阶矩的估计中计算出不同参数的单个自适应学习率[223]。Adam 是基于动量和 AdaGrad 的理念的结合。此外，Adam 将参数的倾斜度与 β 相关联。

$$m_t \leftarrow \beta_1 m_{t-1} - (1-\beta_1)\frac{\partial L}{\partial W} \qquad (\text{A.35})$$

$$v_t \leftarrow \beta_2 v_{t-1} - (1-\beta_2)\frac{\partial L^2}{\partial W^2} \qquad (\text{A.36})$$

然后，权重 w 被更新如下：

$$w \leftarrow w - \epsilon\left(\sqrt{\frac{v_t}{1-\beta_2^t}}+\gamma\right)^{-1}\frac{m_t}{1-\beta_1^t} \qquad (\text{A.37})$$

其中，γ 是一个用于避免除零的系数。

附录 B 深度学习硬件建模

附录 B 描述了一个基于先前研发的机器学习硬件的例子。首先，描述了参数空间的基本概念。接下来，提供了整个数据流的方法。最后还介绍了处理元件的架构。

B.1 深度学习硬件的概念

B.1.1 参数空间与传播之间的关系

图 B.1 显示了接口和操作之间的关系。它表示推理（前向传播）和训练（后向传播）所需的操作，使用 $J \times I$ 个参数和 J 个激活函数组成。

图 B.1 的底部显示了 $(l-1)$ 层的 I 个神经元，$J \times I$ 个权重显示在中心框内，$J \times 1$ 个偏置放在左侧，$J \times 1$ 个激活函数位于右侧。图 B.1a 显示了 l 层上的前向传播路径，图 B.1b 显示了后向传播的路径。这里，用于后向传播的 $\delta_i^{(l-1)}$ 在图 B.1b 中表示为"partial delta"，这也在式（A.25）中显示。

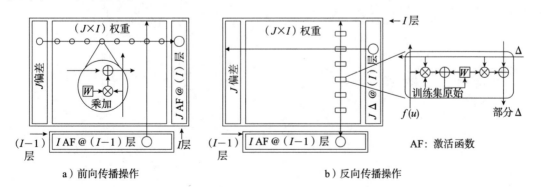

a）前向传播操作　　　　　　　　　　b）反向传播操作

图 B.1　参数空间与操作

B.1.2　基本的深度学习硬件

使用图 B.1 所示的设计，可以实现一个前馈神经网络 。因此，通过准备一个具有多达三个 MAD 逻辑电路的算术单元用于权重计算，我们可以实现一个同时具有推理和训练能力的深度学习硬件。我们可以用相邻的循环连接来布置这四个单元，数据路径可以用网络的螺旋式数据流来执行。不仅是在线学习，小批次学习也可以采取这种数据路径。当参数空间超过设计的数据路径时，需要一个机制来对参数空间的一个子集进行排序，在硬件上添加一个误差函数是一个现实的方法。

正如这里所介绍的，机器学习硬件，特别是深度学习硬件，可以使用简单的逻辑电路来设计，这需要高效的数据流来获得参数。

B.2　深度学习硬件上的数据流

本节所提出的基线架构可以被视为一个摆动式数据流架构，如图 B.2 所示。在第一阶段，激活从下到上流动，并产生一个部分乘积，在参数空间中从左到右流动，最后到达激活缓冲区。在第二阶段，激活从右到左流动，从参数空间的顶部到底部产生部分乘积，最后存储在底部的激活缓冲区。

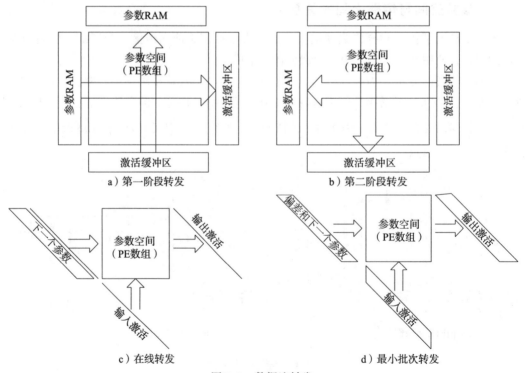

图 B.2　数据流转发

　这需要一个流水线寄存器，并在实际实现中控制稀疏连接。

图 B.2c 显示了在线前向流水线的波阵面。偏置和激活的输入构成了部分乘积的波阵面，波阵面之后的参数被设置到每个处理元件中。对于一个批次，考虑具有参数空间最大尺寸的小批次，如图 B.2d 所示。可以先进行这样的小批次学习，首先进行推理，然后更新参数，并将参数存储回参数存储器。

B.3　机器学习硬件架构

图 B.3a 显示了 PE 的架构，它在参数空间中被复制。PE 支持对摆动式数据流的推理和训练。关于训练，它需要两个阶段，第一个阶段是更新权重，第二个阶段是计算部分变化量。第一个训练阶段假设使用 ReLU，学习率在导数值路径上传播。水平面上部和垂直面右侧的路径是双向的，并且使用了三态晶体管。

这套 PE 阵列和缓冲器在一个摆动的流上运行。此外，该流可以有一个环形拓扑结构。图 B.3 显示了环形结构，其中数据以螺旋方向流动。一个大于参数空间的操作可以通过重复同一组激活的输出在数据路径上应用，这就形成了一个向量，数据路径改变了权重。PE 阵列和两个缓冲器可以形成一个分片，作为任务级流水线运行。一个分片和 / 或一个分片阵列的一部分可以被安排成一组独立的螺旋式硬件架构，并且每个都可以并行工作。通过这种架构，批次大小可以与环形拓扑结构中的分片数量成正比。

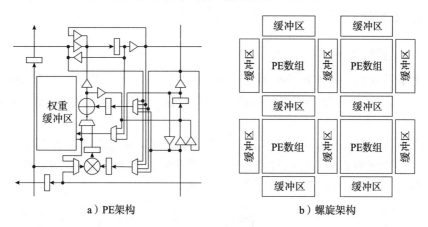

a）PE架构　　　　　　b）螺旋架构

图 B.3　处理元素和螺旋结构

这是一个极其简单的硬件架构。在开发这种架构时，需要一个设计调度器和控制器，以及一个与外部世界的接口。虽然这是一个专门的矩阵操作，但这样的操作足以执行深度学习任务。

附录 C　高级神经网络模型

本节介绍了 CNN、RNN 和 AE 的变体，这里介绍的网络模型是以这些变体为基础，通过几种技术和 / 或模型的组合实现的。让我们回顾一下目前网络模型的架构趋势，这对网络模型的发展有帮助。此外，本节还介绍了一种使用残差的技术。

C.1　CNN 变体

C.1.1　卷积架构

C.1.1.1　线性卷积

在深度学习领域，过滤器被称为卷积核。卷积核的每个节点都在激活的输入下执行 MAD 操作。这里，"b" 和 "w" 分别表示偏置和权重。标记为 "x" 的激活在时间线上从右向左移动。

步幅决定了激活的移位量。当步幅因子为 1 时，可以使用先进先出实现移位。然后，与向左发送的部分乘积的条目同时进行乘法。当步幅因子大于 1 时，数据路径不能使用 FIFO，需要多个单播来实现步幅距离，如图 C.1 所示。

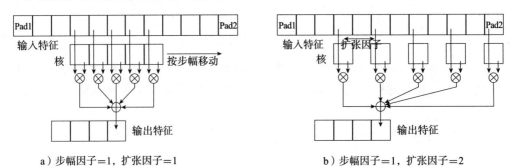

a）步幅因子＝1，扩张因子＝1　　　　　b）步幅因子＝1，扩张因子＝2

图 C.1　一维卷积

为了支持卷积核大小超过 FIFO 容量的情况,卷积需要一个窗口化步幅的方法。窗口步幅法将窗口与卷积核大小相对应,并通过多次单播模拟的步幅距离来移动激活。如果窗口包括三个条目,窗口按步幅距离从左到右移动。在这个例子中,步幅因子为 1 的窗口需要四步来移动。

一维的输出尺寸 O 是通过以下公式计算的:

$$O = \frac{A - (K + (K-1)(D-1)) + P_1 + P_2}{S} + 1 \tag{C.1}$$

其中,A、K、D、P_1、P_2 和 S 分别是激活大小、卷积核大小、扩张大小、一侧的填充大小、另一侧的填充大小和步幅。每个变量都是一个正整数。除以 S 不会产生余数。如果卷积产生余数,那么变量就会有错误的尺寸。此外,卷积核大小 K 必须是一个奇数,因为卷积核的中心是必要的。

C.1.1.2　高维卷积

卷积核窗口中的所有乘积值都必须相加。我们假设卷积核的元素在一个二维窗口中,在窗口的每一个位置有一个对应权重。一个带有 3×3 卷积核的二维卷积可以被映射到一个称为输入特征图的二维激活。窗口的一个元素执行一个 MAD 操作。窗口必须以水平优先或垂直优先的顺序按步幅移动。输出被称为 D 维的输出特征图大小 O_D,可以表示为:

$$O_D = \prod_{d=1}^{D} O_d \tag{C.2}$$

C.1.1.3　线性转置卷积

转置卷积是反卷积的一种,卷积的输出等同于转置卷积的输入。一维的输出大小 O 是通过以下公式计算的:

$$O = (A-1) \times S + (K + (K-1)(D-1)) - (P_1 + P_2) \tag{C.3}$$

转置卷积必须有一个偶数的卷积核大小 K。典型的卷积核大小 K 是偶数。与传统的卷积相似,我们得到输出的整个形状(大小),即 O_D。

C.1.1.4　通道

就图像而言,它有三个帧,红、绿、蓝。这种具有相同张量形状的组被称为通道。卷积输入一个激活张量(称为输入特征图),具有通道大小为 $C^{(\bar{I}-1)}$。对一个大小为 $C^{(\bar{I}-1)}$ 的通道进行一次卷积,产生一个元素,然后将所有通道生成的结果相加。一个通道大小为 $C^{(I)}$ 的输出特征图被输出。

C.1.1.5　复杂度

一次卷积计算需要提取 $\prod_{d=1}^{D} K_d$ 个元素，因此它需要 $\prod_{d=1}^{D} K_d$ 个 MAC。让我们把通道大小表示为 C，那么，在 l 层上的 D 维卷积的计算复杂度如下：

$$Cmp^{(l)} = C^{(l-1)} \times C^{(l)} \times \prod_{d=1}^{D} O_d^{(l)} \times K_d^{(l)} \qquad （C.4）$$

缓存存储器的访问复杂度取决于一个扩张因子 D，其中 D 的增加会减少从缓存行加载的机会，即它会减少 $O(1/D)$ 的可访问数据字的数量。因此，对于激活来说，它将内存访问次数增加了 D 倍（增加了 D 倍的高速缓存缺失率）。此外，复杂度还取决于步幅因子 S，其中 S 的增加也会使激活的内存访问次数增加 S 倍。扩张因子和步幅因子都只影响映射到内存空间的一阶维度。然后，加载复杂度可以表示如下：

$$Ld^{(l)} = C^{(l-1)} \times \left(A_1^{(l)} \times D_1^{(l)} \times S_1^{(l)} + \prod_{d=2}^{D} A_d^{(l)} \right) + C^{(l)} \times \prod_{d=1}^{D} K_d^{(l)} \qquad （C.5）$$

输出的特征图应该被存储回内存。存储的复杂度可以表示如下：

$$St^{(l)} = C^{(l)} \times \prod_{d=1}^{D} O_d^{(l)} \qquad （C.6）$$

总的复杂度可以通过三个等式的总和得到。此外，输出特征图大小 $O_d, d \in D$ 可以按层的顺序表示如下：

$$O_d^{(l)} \approx \frac{A_d^{(l)} - K_d^{(l)} D_d^{(l)}}{S_d^{(l)}} \qquad （C.7）$$

因此，计算的复杂度可以通过大的扩张和步幅因子来减少。然而，加载复杂度也会因这些因子而增加。此外，层上的通道大小 $C^{(l)}$，增加了所有的复杂度。

C.1.2　卷积的后向传播

C.1.2.1　线性卷积的后向传播

我们进行后向传播的目的是获得一个用于更新卷积核的导数，并获得一个用于后向传播的梯度。首先，我们考虑导数的计算。我们可以观察到线性卷积中的前向传播的预激活，如下所示：

$$u_j = \sum_{n=0}^{K-1} k_n \text{map} D \times n + S \times j + P_1 \qquad （C.8）$$

其中 map 是一个输入图，它包括输入特征图 A 和填充 P_1 和 P_2。下标 n 在 $0 \leqslant n < K$ 的范围内。让我们把输入特征图 a_i 设为 W，其中下标在 $0 \leqslant i < A$ 的范围内。此外，输出特征图 O_j，

其下标的范围为$0 \leqslant j < O_D$。a_i的下标可以改写如下：

$$n = (i - j \times S)/D \qquad (C.9)$$

那么，n是一个整数索引，因此应该有以下规则：

$$(i - j \times S) \bmod D = 0 \qquad (C.10)$$

输入图 map 由输入特征映射 A 和填充 P 组成，具体如下：

$$\text{map}_m = \begin{cases} p \, (m < P_1) \\ a_{m-P_1} \, (P_1 \leqslant m < A+P_1), \, ((m+P_1) \mod D = 0) \\ p \, (P_1 \leqslant m < A+P_1), \, ((i+P_1) \mod D \neq 0) \\ p \, (A+P_1 \leqslant m < A+P_1+P_2) \end{cases} \qquad (C.11)$$

其中 p 是一个常数的填充值。下标 m 与下标 i 有关系，下标 i 表示输入特征图的一个元素，如下所示，

$$i = m - P_1 \qquad (C.12)$$

导数可以用链式法则表示如下：

$$\begin{aligned} \frac{\partial L}{\partial k_n^{(l)}} &= \sum \frac{\partial L}{\partial u_j^{(l)}} \frac{\partial u_j^{(l)}}{\partial k_n^{(l)}} \\ &= \sum \frac{\partial L}{\partial u_j^{(l)}} a_{(j \times S + D \times n)}^{(l)} \end{aligned} \qquad (C.13)$$

与式（A.25）类似，我们得到卷积的第 l 层的 $\delta^{(l)}$。

$$\begin{aligned} \delta_j^{(l)} &= \sum \frac{\partial L}{\partial u_j^{(l)}} \\ &= \sum \frac{\partial L}{\partial u_h^{(l+1)}} \frac{\partial u_h^{(l+1)}}{\partial u_j^{(l)}} \\ &= \sum \frac{\partial L}{\partial u_h^{(l+1)}} \frac{\partial u_h^{(l+1)}}{\partial z_j^{(l)}} \frac{\partial z_j^{(l)}}{\partial u_j^{(l)}} \\ &= f_j'(u_j^{(l)}) \sum_h \delta_h^{(l+1)} w_{h,j}^{(l+1)} \end{aligned} \qquad (C.14)$$

通过式（C.1）的转换，可以得到卷积核的大小 K：

$$K = \frac{(A+P_1+P_2) - (O_D-1)S - 1}{D} + 1 \qquad (C.15)$$

接下来，让我们考虑输入特征图的梯度计算，以进行后向传播。为了考虑计算的细节，让我们使用图 C.2a 所示的例子。步幅和扩张因子都是 2，预激活元素表示如下，

$$u_0 = \mathrm{map}_0 k_0 + \mathrm{map}_2 k_1 + \mathrm{map}_4 k_2$$
$$u_1 = \mathrm{map}_2 k_0 + \mathrm{map}_4 k_1 + \mathrm{map}_6 k_2 \qquad （\text{C.16}）$$
$$u_2 = \mathrm{map}_4 k_0 + \mathrm{map}_6 k_1 + \mathrm{map}_8 k_2$$

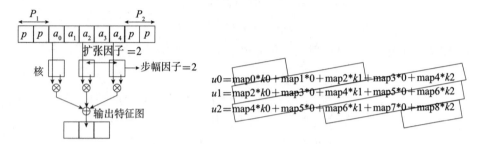

a）卷积例子：步幅因子 $=2$，扩张因子 $=2$ b）梯度计算的例子

图 C.2　线性卷积的导数计算

每个梯度都可以用一个链式法则来表示，如下所示：

$$\frac{\partial L}{\partial \mathrm{map}_m} = \sum_{p}^{O_D - 1} \frac{\partial L}{\partial u_p} \frac{\partial u_p}{\partial \mathrm{map}_m} \qquad （\text{C.17}）$$

导数 $\partial L / \partial u_p$ 的值是 δ。我们需要仔细观察梯度计算中的模式，以便进行形式化。

图 C.2b 显示了一个非零位置的总和，以获得 $\partial u_p / \partial a_i$ 的导数。这意味着有可能使用卷积运算来计算梯度。让我们考虑使用卷积运算来计算梯度。图 C.2b 显示，前向卷积的步幅因子 S 和扩张因子 D 在梯度计算中是交换的。

请注意，我们必须为这个例子计算输入特征图的五个梯度，而不需要进行填充。此外，图 C.2b 显示，除了填充 P1 和 P2 之外，还需要覆盖卷积核（$P' = K - 1$）的填充，由 $m = 0$ 和 $m = 8$ 表示。这也意味着用于梯度计算的卷积核与前向卷积中的卷积核相同。

让我们检查一下导数中的下标。例如，一个 $m = 4$ 的梯度有如下导数：

$$\frac{\partial L}{\partial \mathrm{map}_4} = \delta_0 k_2 + \delta_1 k_1 + \delta_2 k_0 \qquad （\text{C.18}）$$

因此，用于梯度计算的滤波器有一个翻转的顺序。因此，我们用卷积运算得到梯度计算，如图 C.3 所示：

我们可以把线性卷积的导数和梯度计算的规则总结如下。

1）对于导数，通过式（C.14）得到卷积核的更新量，它由输入特征图元素和 δ 组成。

2）对于梯度，其计算可以通过卷积运算实现。

3）对于梯度计算的卷积运算，应用卷积核的逆序，并交换步幅因子和扩张因子。

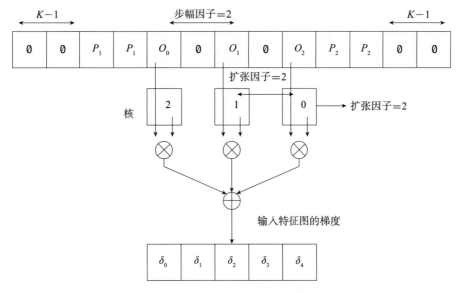

图 C.3　线性卷积的梯度计算

C.1.2.2　用于高维卷积的后向传播

对于更高维的卷积，比如二维或更多，同样的规则也适用。对于每一个维度，卷积核顺序是梯度计算的逆。

对于有通道的卷积，计算每个通道的基于链式法则的导数之和，因为输出特征图元素是预激活的总和。

C.1.3　卷积的变体

C.1.3.1　轻量级卷积

如 4.6 节所述，卷积包括了大量的 MAD 操作。因此，已经研究了一些方法，通过改变卷积核大小和卷积单元来减少工作量，例如使用深度方向卷积和点式卷积，如图 C.4 所示。

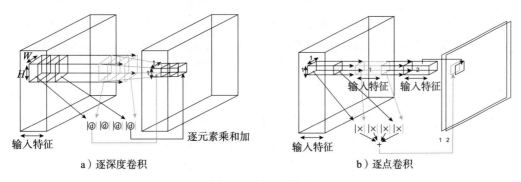

a）逐深度卷积　　　　　　　　　　b）逐点卷积

图 C.4　轻量级卷积

（1）**逐通道卷积**。图 C.4a 显示了一个逐通道的二维卷积。输入的特征图在最左边，其深度等于通道的数量。在普通二维卷积中，单个卷积核，被执行了与输入特征图的元素数量相当次数的卷积，并取其结果之和，而逐通道卷积则不采用这种加法。因此，逐通道卷积需要与输入特征图的深度相当的卷积核数量，并输出与输出特征图相同数量的通道。应用这种方法之前，原始卷积有一个约束条件，即 $C^{(l-1)}=C^{(l)}$，因此 $C^{(l-1)}=1$。

$$Cmp^{(l)}=C^{(l)}\times\prod_{d=1}^{D}O_d^{(l)}\times K_d^{(l)} \tag{C.19}$$

$$Ld^{(l)}=A_1^{(l)}\times D_1^{(l)}\times S_1^{(l)}+\prod_{d=2}^{D}A_d^{(l)}+C^{(l)}\times\prod_{d=1}^{D}K_d^{(l)} \tag{C.20}$$

$$St^{(l)}=C^{(l)}\times\prod_{d=1}^{D}O_d^{(l)} \tag{C.21}$$

（2）**逐点卷积**。图 C.4b 显示了一个逐点二维卷积。顾名思义，它有 1×1 的卷积核。因此，在输入特征图和带深度的卷积核之间，有一个深度方向的点积。与传统卷积相似，它可以有多个通道。

$$Cmp^{(l)}=C^{(l-1)}\times C^{(l)}\times\prod_{d=1}^{D}O_d^{(l)} \tag{C.22}$$

$$Ld^{(l)}=C^{(l-1)}\times\left(A_1^{(l)}\times D_1^{(l)}\times S_1^{(l)}+\prod_{d=2}^{D}A_d^{(l)}\right)+C^{(l-1)}\times C^{(l)} \tag{C.23}$$

$$St^{(l)}=C^{(l)}\times\prod_{d=1}^{D}O_d^{(l)} \tag{C.24}$$

$$O_d^{(l)}\approx\frac{A_d^{(l)}-D_d^{(l)}}{S_d^{(l)}} \tag{C.25}$$

C.1.3.2　卷积的修剪

图 C.5 显示了对卷积进行修剪的概要。有两种修剪方式：特征修剪和通道修剪。

- 特征修剪。特征修剪是对输入特征图中的通道进行修剪。在与修剪后的输入特征图的通道相对应的每个通道中，都会出现不必要的卷积核深度，每一个输入特征图与卷积核进行卷积。输入特征图的通道大小可以根据剪枝率重写如下：

$$\hat{C}^{(l-1)}\approx\alpha_f C^{(l-1)} \tag{C.26}$$

- 通道修剪。通道修剪是用来修剪卷积核的。修剪使输出特征图的每一个通道对应的位置都没有必要与被修剪的卷积核进行操作。因此，通道修剪引入了对下一层的特征修剪。输出特征图的通道大小可以根据剪枝率重写如下：

$$\hat{C}^{(l)}\approx\alpha_c C^{(l)} \tag{C.27}$$

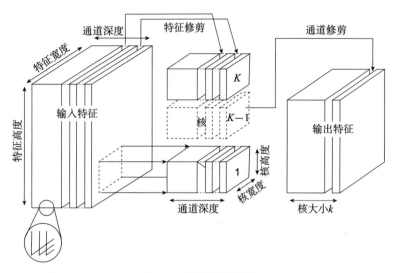

图 C.5 卷积修剪总结

C.1.4 深度卷积对抗生成网络

通过应用生成对抗网络（GAN），CNN 被普遍用作监督模型，并且可以作为无监督模型发挥作用。这种模型被称为深度卷积对抗生成网络（DCGAN）[295]。

一般来说，神经网络模型从输入信息中输出推理，DCGAN 由生成器模型和鉴别器模型组成。生成器模型生成所需的信息，鉴别器模型生成让生成的信息接近用于训练信息的概率，作为对真实性的一种检测。生成器的输出可用于创建训练数据集。

一个 DCGAN 有改进其功能的提示，如下所示[295]：

1）在鉴别器模型处用卷积层代替池化层。

2）用阶乘卷积层代替卷积层。

3）对生成模型和鉴别器应用批次归一化。

4）去除全连接层。

5）对生成模型中的隐藏层应用 ReLU 激活函数，并对输出层应用 tanh。

6）对鉴别模型中的所有层应用 Leaky ReLU 激活函数（见附录 A）。

通过使用 Adam 而不是动量来优化更新参数，生成模型可以被稳定下来。不稳定性是 GAN 的一个众所周知的弱点。

C.2 RNN 变体

C.2.1 RNN 架构

一系列的数据字也有一定的特征，如语音、文字或股票价格。这些连续的数据可以用

RNN 来处理，它可以记忆一些过去的特征。

一个 RNN 没有输入数据字长的约束，但有一个存储时间的约束。一个 RNN 有递归连接，用于输入激活。循环结构中的反向传播还没有得到解决，因为我们使用链式法则来做导数。相反，它采取了一种展开方式，将单元的沿时间线行为展开到空间，如图 C.6 所示。这种方法被称为随时间反向传播（BPTT）。

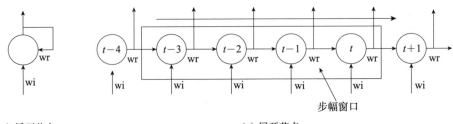

a）循环节点 b）展开节点

图 C.6 展开循环节点

用绝对值小于 1 的权重进行多次乘法，就会出现消失现象。

C.2.2 LSTM 和 GRU 单元

C.2.2.1 长短期记忆

长短期记忆（LSTM）方法通过保持特征更长的时间可以解决消失问题（vanishing problem）。图 C.7a 显示了神经元的单元，称为单元，它由几个 sigmoid 函数组成。一个 LSTM 单元有三种类型的门：输入门、遗忘门和输出门。一个小方块代表一个延迟。一个记忆回环被送入输入门和输入门的 sigmoid 函数（σ）。

$$
\begin{aligned}
\bar{z}^t &= W_z x^t + R_z y^{t-1} + b_z \\
z^t &= g(\bar{z}^t) \\
\bar{i}^t &= W_i x^t + R_i y^{t-1} + b_i \\
i^t &= \sigma(\bar{i}^t) \\
\bar{f}^t &= W_f x^t + R_f y^{t-1} + b_f \\
f^t &= \sigma(\bar{i}^t) \\
c^t &= z^t \odot i^t + c^{t-1} \odot f^t \\
\bar{o}^t &= W_o x^t + R_o y^{t-1} + p_o \odot c^t + b_o \\
o^t &= \sigma(\bar{o}^t) \\
y^t &= h(c^t) \odot o^t
\end{aligned}
\tag{C.28}
$$

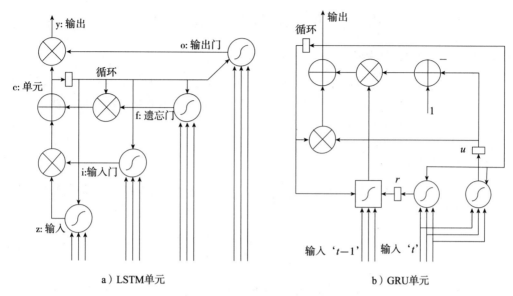

a) LSTM单元   b) GRU单元

图 C.7 LSTM 和 GRU 单元

对于后向传播，LSTM 中的每一个梯度 δ 的表示如下：

$$\delta \boldsymbol{y}^t = \boldsymbol{\varDelta}^t + \boldsymbol{R}_z^\top \delta \boldsymbol{z}^{t+1} + \boldsymbol{R}_i^\top \delta \boldsymbol{i}^{t+1} + \boldsymbol{R}_f^\top \delta \boldsymbol{f}^{t+1} + \boldsymbol{R}_o^\top \delta \boldsymbol{o}^{t+1}$$

$$\delta \overline{\boldsymbol{o}}^t = \delta \boldsymbol{y}^t \odot h(\boldsymbol{c}^t) \odot \sigma'(\boldsymbol{o}^t)$$

$$\delta \boldsymbol{c}^t = \delta \boldsymbol{y}^t \odot \boldsymbol{o}^t \odot h'(\boldsymbol{c}^t) + \boldsymbol{p}_o \odot \delta \overline{\boldsymbol{o}}^t + \boldsymbol{p}_i \odot \delta \overline{\boldsymbol{i}}^{t+1} + \boldsymbol{p}_f \odot \delta \overline{\boldsymbol{f}}^{t+1} + \odot \delta \boldsymbol{c}^{t+1} \odot \boldsymbol{f}^{t+1}$$

$$\delta \overline{\boldsymbol{f}}^t = \delta \boldsymbol{c}^t \odot \boldsymbol{c}^{t-1} \odot \sigma'(\boldsymbol{f}^t) \qquad \text{（C.29）}$$

$$\delta \overline{\boldsymbol{i}}^t = \delta \boldsymbol{c}^t \odot \boldsymbol{z}^t \odot \sigma'(\overline{\boldsymbol{i}}^t)$$

$$\delta \overline{\boldsymbol{z}}^t = \delta \boldsymbol{c}^t \odot \boldsymbol{i}^t \odot g'(\boldsymbol{z}^t)$$

其中 $\boldsymbol{\varDelta}^t$ 是由上层传递下来的 deltas 向量。梯度如下：

$$\delta \boldsymbol{W}_* = \sum_{t=o}^{T} \left\langle \delta *^t, \boldsymbol{x}^t \right\rangle$$

$$\delta \boldsymbol{R}_* = \sum_{t=0}^{T-1} \left\langle \delta *^{t+1}, \boldsymbol{y}^t \right\rangle$$

$$\delta \boldsymbol{b}_* = \sum_{t=0}^{T} \delta *^t$$

$$\delta \boldsymbol{p}_i = \sum_{t=0}^{T-1} \boldsymbol{c}^t \odot \delta \overline{\boldsymbol{i}}^{t+1} \qquad \text{（C.30）}$$

$$\delta \boldsymbol{p}_f = \sum_{t=0}^{T-1} \boldsymbol{c}^t \odot \delta \overline{\boldsymbol{f}}^{t+1}$$

$$\delta \boldsymbol{p}_o = \sum_{t=0}^{T} \boldsymbol{c}^t \odot \delta \overline{\boldsymbol{o}}^t$$

其中 * 可以是任意的 $\{\overline{z},\overline{i},\overline{f},\overline{o}\}$，$\langle *1,*2 \rangle$ 表示两个向量的外积。

C.2.2.2　门控循环单元

一个简化的 RNN 单元可以用相对较少的门数来表示，如图 C.7b 所示。请注意，输出回路有两个时域。u 和 r 门的形式与式 C.28 相同，但也有一个非延迟的反馈环路（$h^{(t)}$）。u 门用于选择先前的输出或先前的输入，类似于使用 u 的复用。

C.2.3　公路网络

公路网络[337]是一个挑战，即容易建立更深的网络模型，网络模型容易获得训练效果。每一层都可以通过向量 x 和权重 W_H 实现一个仿射变换，如下所示：

$$y = \begin{cases} x & \text{若 } T(x,W_T)=0 \\ H(x,W_H) & \text{若 } T(x,W_T)=1 \end{cases} \tag{C.31}$$

这里，$T(x,W_T) = \mathrm{sigmoid}(W_T^{\mathsf{T}} x + b_T)$ 是仿射变换。通过将变换定义为零或单位向量，可以定义层输出。然后，梯度表示如下：

$$\frac{\mathrm{d}y}{\mathrm{d}x} = \begin{cases} I & \text{若 } T(x,W_T)=0 \\ H(x,W_H) & \text{若 } T(x,W_T)=1 \end{cases} \tag{C.32}$$

其中 I 是单位向量。

C.3　自编码器变体

C.3.1　堆式去噪自编码器

去噪 AE 是一个网络模型，即使输入数据 x 有缺陷，也能实现高度准确的输出[359]。从有缺陷的输入数据 $\tilde{x}$ 中产生输入数据 x，该模型通过将 x 输入 AE 的编码器，从输入数据 $\tilde{x}$ 中获得重构的 z。使用由输入数据 x 和 z 构建的损失函数，模型通过训练到小的重建误差，从有缺陷的输入数据 $\tilde{x}$ 获得接近输入数据 x 的参数集。

堆式去噪 AE 是为使包括缺陷数据 $\tilde{x}$ 在内的训练数据的使用成为可能而提出的一种网络模型[359]。在 l 层，使用去噪 AE 获得编码器，通过堆叠在 $l-1$ 层结构中获得的层，用于 $l+1$ 层的训练。对于每个去噪训练，输入数据 $\tilde{x}$ 只用于第一次。

来自每个编码器的参数可以用于生成无缺陷数据的层。一个去噪的 AE 编码器和通过重复堆叠层得到的网络模型可以用于生成一些网络模型中的标记训练数据，如 SVM 和逻辑回归。

C.3.2　梯形网络

梯形网络模型作为一种无监督模型被提出[358]，并被扩展为一种可以在相对大量的无标签训练数据和较少的有标签训练数据下有效学习的模型[300]。如图 C.8 所示。

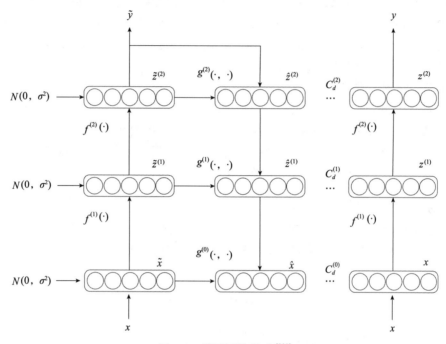

图 C.8　梯形网络模型[300]

它准备了一个 AE，组成了一个神经网络模型（定义为 Encoder$_{clear}$），以更新参数。编码器共享参数和 Encoder$_{clear}$，并在 AE 和 Encoder$_{clear}$ 之间的干扰下更新参数。AE 拓扑结构由 L 层组成。通过使用带有重构值 $\hat{z}^{(L-l)}$ 的组合函数，在解码器上的 $L-l$ 层结合编码器上 l 层的输入 $\hat{z}^{(l)}$ 和 $L-l$ 层的输入 $u^{(l+1)}$，从底层的详细表示得出具有较高的上下文的上层。将 $\hat{z}^{(l)}$ 输入到解码器上的组合函数的编码器路径被称为横向连接。在有噪声的编码器上输出 $\tilde{y}$ 时，从输入 $\tilde{x}$ 到 AE，得到交叉熵 CE。

此外，我们从输入 $z^{(l)}$ 到 Encoder$_{clear}$ 的激活函数和 AE 的解码器上的重构 $\hat{z}^{(L-l)}$ 得到 l 层的成本。学习是通过一个成本函数实现的，它是 CE 和 RC 的总和。这里，对 $\tilde{z}^{(l)}$ 和 $\hat{z}^{(L-l)}$ 加入高斯噪声并归一化。数据集中的大比例和小比例的标记训练数据分别有一个 $u^{(l+1)}$ 和 $\tilde{z}^{(l)}$ 的值[291]。

使用这种组合函数，当有大量的标记训练样本，且成本函数受 CE 影响时，会出现大量的高斯噪声；此外，当有少量的标记训练样本，且成本函数受 RC 影响时，会出现大量的侧向连接。因此，即使标记的训练样本的数量发生变化，即环境发生变化，梯形网络也具有很强的鲁棒性。

C.3.3　变分自编码器

C.3.3.1　变分自编码器的概念

VAE 是生成式与鉴别式模型的一种，与 GAN 模型类似。生成式模型产生具有学习特征的信息。鉴别式模型将信息映射到标签上，这意味着它将生成的信息和发生在真实世界的信息区分开来。VAE 是 AE 的一个变体，生成式模型是一个解码器，而鉴别式模型是一个编码器，但它们之间有潜在的变量。[⊖]

编码器（识别）模型是一个输入变量的函数，它使用一组参数来模拟输入和潜在变量之间的关系 [225]。相比之下，一个解码器模型有一个相当于编码器输入的输出函数，它使用一组参数来模拟潜在变量和输出之间的关系。在文献 [225] 中，作者将 VAE 中的生成式模型描述为一种隐含的正则化形式；迫使表示模型对数据生成有意义，我们对逆向过程进行了偏置，该过程从输入映射到表示模型，并进入某种模式。

C.3.3.2　变分自编码器的模型

让我们假设具有 N 个维度的输入向量 $\boldsymbol{D}$ 是独立和相同的分布。那么，给定参数的输入元素 x 的概率被分解为各个元素概率的乘积 [225]。这些概率可以用分配给输入的对数概率来表示：

$$\log p_{\theta}(D) = \sum_{x \in D} \log p_{\theta}(x) \tag{C.33}$$

其中，对数概率 $\log p(\mathrm{x})$ 可以转换如下 [225]：

$$
\begin{aligned}
\log p_{\theta}(x) &= E_{q\phi(z|x)}[\log p_{\theta}(x)] \\
&= E_{q\phi(z|x)}\left[\log \frac{p_{\theta}(x,z)}{p_{\theta}(z|x)}\right] \\
&= E_{q\phi(z|x)}\left[\log \frac{p_{\theta}(x,z)}{q_{\phi}(z|x)}\right] + E_{q\phi(z|x)}\left[\log \frac{q_{\phi}(z|x)}{p_{\theta}(z|x)}\right]
\end{aligned} \tag{C.34}
$$

其中 z 是一个潜在的变量。第二个项是 $q_{\phi}(z|x)$ 和 $p_{\theta}(z|x)$ 之间的 Kullback-Leibler(KL) 散度，它是非负的 [225]。就 KL 散度而言，后验概率 $q_{\phi}(z|x)$ 与先验分布 $p_{\theta}(z|x)$ 之间的差异越小，则假设的后验概率 $q_{\phi}(z|x)$ 越好。第一个项被称为证据下限（ELBO），它决定了数值的边界，因为 KL 发散有一个非负的值。编码器 q 和解码器 p 可以表示为具有变分参数 ϕ 的参数化推理模型 $q_{\phi}(z|x)$，作为一个有向图，因此如下所示 [225]：

$$q_{\phi}(z|x) \approx p_{\theta}(z|x) \tag{C.35}$$

⊖　潜在变量本身不能作为可观察的变量来观察，而是从其他可观察变量中推断出来的变量。——译者注

先验分布 $p(z)$ 给出了它们之间的映射。

C.4 残差网络

C.4.1 残差网络的概念

在一个更深的神经网络模型上进行训练是很困难的，因为在这样的模型上更容易达到饱和的精度，这与过度拟合无关。在文献 [190] 中，这被称为退化问题。

残差网络（ResNet）是一个使用残差函数的网络模型，它参考了输入和输出向量，这使得开发一个更深的网络模型变得容易[190]。一个更深的网络模型很容易产生梯度消失，在 CNN 中一般会使用一个归一化层。ResNet 不是使用浅层网络来开发更深的网络模型，而是通过应用前一层输出的残差来解决梯度消失问题。它假设一个层 $H(x)$ 有一个退化的 $F(x):=H(x)-x$ 作为残差 x。通过添加残差 x，作为 $H(x):=F(x)+x$，该层可以得到补偿。这种跳过的连接的主要目的是使信息能够在没有衰减的情况下流经许多层[379]。

C.4.2 残差网络效应

作者在文献 [280] 中得出结论，想要做出一个更深的网络很难。有三种奇点招致这种困难，即线性依赖奇点、消失奇点和重叠奇点。

线性依赖奇点只在线性网络中产生。消失和重叠奇点是在非线性网络中产生的。这些奇点都与模型的不可识别性有关。消失和重叠奇点导致退化或高阶鞍点。

当一个隐藏的单元在其传入（或传出）权重变为零时被有效地杀死，这时会出现消失奇点。这使得该单元的传出（或传入）连接无法识别。重叠奇点是由给定层的隐藏单元的置换对称性引起的，当两个单元的传入权重相同时，这两个单元相等，会出现重叠奇点。相邻层之间的跳过连接打破了消除奇异现象，确保单元至少对某些输入是活跃的，即使它们的可调传入或传出连接成为零。它们通过打破某一特定层的隐藏单元的置换对称性来消除重叠奇点。因此，即使两个单元的可调传入权重变得相同，这些单元也不会相互坍塌，因为它们不同的跳过连接仍然会使它们混淆不清。它们还通过向各单元增加线性独立的输入来消除线性依赖奇点。

为了了解 ResNet 的优化情况，文献 [185] 的作者证明了线性残差网络除了全局最小值以外没有临界点。此外，文献 [117] 的作者证明，随着深度的增加，普通网络的梯度类似于白噪声，变得不那么相关。这种现象被称为碎裂梯度问题，使得训练更加困难。因此，事实证明，与普通网络相比，残差网络减少了碎裂，从而导致了数值稳定性和更容易的优化。另一个影响是误差梯度的规范保存，因为它在后向路径中传播[379]。随着网络的深入，其构件的保存变得更加规范。

C.5　图神经网络

图表示节点之间的关系，有连接它们的边。关系的表示可以应用于分析，可以表示为图。现在也考虑一个图问题的神经网络。

C.5.1　图神经网络的概念

考虑到文献 [374]，它讨论了图的神经网络的基本属性，即所谓的图神经网络（GNN）。图 G 由一组节点 $v \in V$ 和一组边 $e \in E$ 组成，$G = (V, E)$。边 e 可以由两个节点 $v = \{e_i, e_j\}$ 的组合来表示，大括号 {} 之间的位置可以形成一个顺序，从而使得表示一个有向边 v 成为可能。

图 G 对 $v \in V$ 有一个节点特征 X_v。每个节点 v 都可以有一个代表特征 h_v，其背景是由神经网络模型架构师定义的。神经网络有两个主要任务，一个是图之间的相似性测试，一个是图的分类。

GNN 推断是基于每个节点 v 上的表示特征向量 h_v 的预测或分类，该特征向量在图 G 上传播。

GNN 中主要的独特层是聚合 A、组合 C 和读出 R。聚合旨在对节点 v 上的特征向量 $u \in \chi(v)$ 进行采样，其中 χ 提供连接节点表示的特征向量 u，并在推理前用参数 W 进行特征提取。这类似于应用于前馈神经网络、卷积神经网络或其他网络类型上的一个层。

已经研究了一些主要的独特层；例如，让我们看一下层的一个模板。聚合 A 如下：

$$a_v^{(k)} = A^{(k)} \left(\left\{ h_u^{(k-1)} : u \in \chi(v) \right\} \right) \tag{C.36}$$

在这里，我们讨论一个深度神经网络，其中各层是堆叠的，上标 k 表示第 k 层。一个聚合的例子表示如下：

$$a_v^{(k)} = \mathrm{MAX} \left(\left\{ \mathrm{ReLU} \left(W \cdot h_u^{(k-1)} \right), \forall u \in \chi(v) \right\} \right) \tag{C.37}$$

聚合 $A = \mathrm{MAX}$，是一个等级函数，在通过 ReLU 函数得到后激活时，它表示独有的特征。在这种情况下，聚合 MAX 确定了独特的激活。

另一种聚合方式 MEAN 是通过 MAX 得到的特征数量来稀释每个节点组。在 MEAN 聚合后，每组中提取的节点数是由聚合前的节点数除以通过 MAX 得到的特征数得到的。聚合 SUM 的作用如下：

一个组合体 C 也可以通过其模板来表示，如下所示：

$$h_v^{(k)} = C^{(k)} \left(h_u^{(k-1)}, a_v^{(k)} \right) \tag{C.38}$$

因此，表示特征向量相当于卷积神经网络中的特征图。一个组合的例子表示如下：

$$C^{(k)}(*) = W \cdot \left[h_u^{(k-1)}, a_v^{(k)} \right] \tag{C.39}$$

其中括号 [] 是一个串联。这些参数相当于卷积神经网络中的卷积核。

一个读出聚合的目的是在图 G 的最后一层 K 处获取所需的表示特征 $\boldsymbol{h}^{(k)}=\boldsymbol{h}G$。$R$ 的模板表示如下：

$$h_G=R\left(\left\{\boldsymbol{h}_v^{(K)}\middle|v\in G\right\}\right) \tag{C.40}$$

通过堆叠 A、C 和最后的 R，我们得到一个 GNN 模型，它可以推断出节点特征 X_v 的输入。

附录 D 国家研究、趋势和投资

本附录简要介绍中国、美国、欧洲和日本正在进行的关于人工智能的项目。详细情况在文献 [23] 中有所描述。

D.1 中国

中国每五年会发布一次五年计划，中国的目标是成为一个顶尖的科技国家。

中国已经开始开发用于高性能计算的内部计算机系统，并且正在积极投资开发半导体技术的公司。他们的投资开始于 DRAM，而清华紫光集团的投资已接近美国公司的投资金额 [52, 145, 144, 188]。中国可能会在半导体技术方面赶上美国，主要是在内存芯片（DRAM 和 NAND 闪存）的设计制造方面。之后中国将开发、制造和出货自己的技术，用于各种架构和制造。○

目前，先进的人工智能研究主要由中国的大学进行，由于其积极的投资，这些大学将能够在全球范围内运送其第一批机器学习计算机产品。

D.1.1 下一代人工智能发展计划

中国政府发布了下一代人工智能发展计划 [84]。中国的目标是推动人工智能基础理论的发展，并争取在 2025 年之前加强部分技术和应用。全面加强人工智能领域理论、技术和应用技术的建设，中国的最终目标是在 2030 年成为全球主要的人工智能创新中心。

这一目标包括六项任务。发展开放合作的人工智能科技创新体系；创建高端高效的智能经济；实现安全便捷的智能社会；加强人工智能产业与军事的统一；发展无处不在、安全高效的智能基础设施；制定下一代主要人工智能科技产业的未来愿景。国家还制定了一个短期计划，即下一代人工智能产业投资的 3 年行动计划。如第 7 章所述，中国科学院合作的初创公司 Cambricon 已获得政府投资。

○ 中国还在非洲投资，这是半导体产品市场的最后一个边远地区。

D.2　美国

《美国竞争法》于 2007 年 8 月颁布。该法律旨在积极投资于创新和人力资源教育方面的研究。这部法律促成了对人工智能技术的投资。2012 年 3 月,《大数据研究和发展倡议》发布,向大数据研究投资 2 亿美元。

D.2.1　SyNAPSE 计划

美国国防部高级研究计划局（DARPA）启动了一个名为神经形态自适应塑料可扩展电子系统（SyNAPSE）的项目 [42],以实现生物层面的可扩展设备,用于电子神经形态机器。这个项目专注于基于计算的新型计算模型,这些计算具有的功能与哺乳动物大脑水平相同,例如,他们创造了一个开发智能机器人的挑战。这个项目开始于 2008 年,截至 2013 年 1 月,预算为 1.026 亿美元。

D.2.2　UPSIDE 计划

DARPA 启动了一个名为 “智能数据开发的非常规信号处理”（Unconventional Processing of Signals for Intelligent Data Exploitation,UPSIDE）的计划,而不是基于互补金属氧化物半导体（CMOS）的电子工程。这是一个利用基于物理学的设备阵列开发信号处理的挑战 [104]。该计划挑战的是开发一个自组织阵列的模型,它不需要传统数字处理器所需的编程。作为一种跨学科的方法,该方案由三个阶段组成。任务 1 用于开发计算模型的程序,并提供具有图像处理应用的演示和基准。任务 2 用于演示用混合信号 CMOS 实现的推理模块的程序。任务 3 用于演示非 CMOS 新兴纳米级设备的程序。UPSIDE 计划中使用的皮质处理器项目实现了一个基于物理学的混合信号 CMOS 器件,并挑战参与者实现高性能、低功耗的计算。2016 年的挑战是在没有大量训练数据的情况下显示出运动和异常检测的高推理性能。

D.2.3　MICrONS 计划

情报高级研究计划活动（IARPA）支持一项名为 “来自皮质网络的机器智能”（MICrONS）的研究计划,通过跨学科的方法来理解哺乳动物大脑的认知和计算 [22]。该计划应用大脑算法的逆向工程来反思机器学习。这是一个为期 5 年的计划,由三个阶段组成。第一阶段是归纳和创建一个分类法。第二阶段是阐明一个普遍的认知功能。第三阶段是评估每个项目。

D.3　欧洲

FP7 计划已经向自然语言处理投资了 5000 万欧元,如语言分析工具和机器翻译项目。

人脑项目（HBP）以 ICT 研究为基础，促进并提供神经科学、计算科学和药物发现的基础设施[15]。在提升阶段，该项目开发了六个 ICT 平台并提供给用户。从提升阶段继承下来的具体拨款协议一（SGA1），是在 2016 年 4 月至 2018 年 4 月期间整合这些平台的一个阶段。在这个阶段，研究为机器人和使用大脑的计算科学研讨会提供了支持，促进了对大脑的组织和理论的研究，以建立大脑模型和模拟。曼彻斯特大学开发的 SpiNNaker 项目被应用于该项目[220]。

D.4　日本

D.4.1　内政及通信省

国家信息和通信技术研究所（NICT）研究脑科学，并开发基于大数据的 AI 技术。2016 年 4 月，信息与神经网络中心（CiNet）根据第四个中长期计划，开始了在数据利用领域的研究和开发。CiNet 专注于控制视觉运动，并进行疼痛研究，以及多感官方面的整合、高阶认知和决策；他们还研究了高阶大脑功能区的语言，如社会神经科学领域。国际高级电信研究所（ATR）根据有关大脑的知识，开发应用于机器人的技术。

D.4.2　文部科学省

文部科学省（MEXT）于 2016 年启动了与人工智能、大数据、物联网和网络安全相结合的先进综合智能平台项目（AIP）。AIP 于 2016 年 4 月由理化学研究所成立。AIP 进行人工智能基础技术的研究和开发，促进科学的改进，为应用领域的社会实施作出贡献，并为数据科学家和网络安全人员进行培训。在后 K 计算机时代日益增长的挑战中，实现思维的神经机制及其在人工智能中的应用已经被阐明，并通过与大数据融合的大规模分层模型创建了实现思维的大规模神经回路，以将其应用于人工智能的挑战。

D.4.3　日本经济贸易产业省

2015 年 5 月，国家先进工业科学和技术研究所（AIST）成立了一个人工智能研究中心，以保持基础技术，如下一代神经计算机，数据智能集成人工智能，研究和开发下一个框架，以及促进基本技术利用的模块。他们专注于两个主题：

1）基于对工程和哺乳动物大脑中创造智能机制的理解，实现了类似于人脑的灵活信息处理的计算机，并利用大脑中进行信息处理的神经回路和神经元进行神经计算的研究。

2）通过使用大数据模式的训练技术，对从人类社会收集的文本和知识的意义的理解技术以及使用这些文本和知识的推理技术的整合，对复杂的决策和行动制定和推理过程进行了研究。

AIST 在 2017 年建立了 AI 桥接云基础设施（ABCI）[58]，将用于自动驾驶、机器理解和医疗诊断的支持，目标是在用户之间共享训练数据和深度学习模型开发基础设施，重点是针对美国公司主导的深度学习进行快速行动的基地建设 [181]。

D.4.4 内务省

通过颠覆性技术推动范式变革（ImPACT）计划旨在建立一个世界标准的大脑信息解码技术，将各种思维和反馈技术可视化，以保持用户要求的大脑声明，以及开发大规模的大脑信息基础设施。

附录 E 机器学习对社会的影响

我们考虑了机器学习对社会与产业和下一代产业的影响。接下来，介绍社会企业和共享经济，考虑人类和机器的共存，以及社会和个人之间的参与。在最后，我们将讨论机器和民族国家之间的关系。

E.1 产业

E.1.1 过去的产业

根据工作量统计，农业、奶业、林业和渔业等原有行业的工人数量在不断减少[73]。出生率下降[72]和老龄化[57]加速了这一领域的减少，如图 E.1 所示。我们可以通过应用大数据和机器学习来减少工作量。通过管理和控制增长和环境，我们可以迅速为近期准备一个反计划，将计划置于时间轴上。此外，我们可以定期管理其状态，使其自动改善环境。由于这些行业严重依赖天气，天气预测能力和在不同天气条件下的工作能力是必要的。此外，不仅是产品，还可以应用机器学习来减少工人的工作量，以达到更好的效率、安全和对环境的服务性。

一个复杂的系统，如一个被监控的工厂，物联网可以支持其预测性维护。它也可以应用于基础设施网络，如电力、天然气、水和通信，以及交通系统的交通管理。新加坡已经将机器学习用于交通系统的交通管理[69]。在商业方面，一个收集天气信息和每个商店的销售量之间的相关性的系统在过去的几十年被开发出来[324]。此外，还应用了流量分析来改善商店内部布局[217]。这样的传统系统必须与使用机器学习的新系统竞争，因此，系统的这种趋势导致了更低的价格。机器学习也被应用于物流[170]。一份报告预测，用于运输的自动驾驶技术将消耗整个机器学习市场的 30% 以上[23]。机器学习也应用于对交易速度要求非常高的期货和股票中[235]。

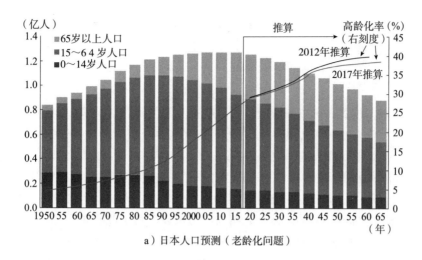

a）日本人口预测（老龄化问题）

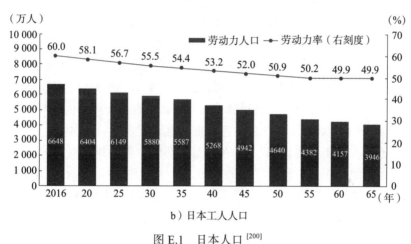

b）日本工人人口

图 E.1 日本人口[200]

对于机械、电力和电子行业，需要对生产指标—产量进行评估。为了改进生产工艺，提高产量，我们可以应用机器学习，包括定量抽样，以及各因素之间的相关性，从而形成定量调整的对策。对于来自新闻报道和媒体的信息，机器学习可以评估信息和媒体消费之间的相关性，媒体可以在新闻发布的优先级方面做出决定。此外，信息的可能性也可以用基于机器学习的系统进行评估。日本推出了一种新型的自动售货机，它可以预测购买者的喜好，并显示推荐信息；收集推断和产生的信息，为近期的销售创造大数据[227]。此外，这种大数据本身也可以是一种产品。网络广告也使用机器学习来预测用户的偏好和显示推荐的广告[127]。

每个行业使用的加工和生产成本，如优化材料、产品、信息，以及运输将减少，这会导致更低的价格或促进更大的高附加值空间。因此，以高附加值为目标的商业战略必须考虑到附加值和用户需求之间的差距，因此，与之匹配将极其重要。也就是说，机器学习可以预测现有的和知名的市场，而根据口味反映出来的新市场对机器学习来说有难度，需要时间来学习用户的口味。

E.1.2　下一个产业

在机器人领域，机器人可以抓取随机放置在桌上的物体[76]，同样，将物体放入笼子的技术，也需要机器学习。关于工业4.0，生产线已经被客户需求动态改变并适应客户需求，目标是建立一个从订单到释放的高效生产系统，包括材料和产品的库存管理[219]。为了实现工业4.0，工厂自动化机器人必须自主地相互协作，并适应生产线的变化。因此，用于规划的机器学习已被研究[216]。此外，用于组装其他机器人的机器人技术也已被研究[176]。

管理任务是适合机器学习的。此外，机器学习可以应用于改善工厂环境，为工人和机器人管理状态，这样的系统已经被应用于教育、医疗和福利等领域。此外，基于机器学习的异常检测可以应用于欺诈性会计[116]。通过应用机器学习来管理水、食物和材料等资源，并控制运输和交易以达到财务目的，我们可以考虑应用机器学习来构建生产和消费之间的循环，并构建一个回收系统，以抑制有限资源的消耗和基于人口增长的价格上涨。

在医学领域，[230]主要考虑机器学习如何应用于疾病的早期预测[326]，以及反事实的估计[209]。在医学领域中已经在使用的，不仅有基于图像识别[157]和预测的癌症检测，还有基于机器人技术的远程操作[70]。操作数据可以被重新编码并被普通医生使用，以提高他们的技术。通过将机器学习应用于医疗领域，医生的角色被重新定义[106]。

机器学习也被应用于药物发现[299]。在制造新药时，为了找到更好的或最好的材料组合，并从极大量的组合模式中预测它们的体积，传统的方法需要工程方面的经验和直觉，因此需要更多的时间和更多的成本。基于机器人的自主性被应用于寻找候选化合物；然而，虚拟筛选已被提出，机器学习已被应用于预测分子之间的推理。通过抑制发现的成本，使其恢复到原来的价格，它有助于减少与出生率下降有关的医疗费用。已经研究和开发了一个基于自主实验和分析而不是软件模拟的系统[381]。

报告和其他文件的抄袭是目前一个严重的问题[338, 112, 375]。针对这一问题的检测系统也已经被研究和开发出来[81]。大学和学院在这个领域的作用被重新定义。研究领域之间的界限创造出了一个新的范式；然而，这种人文和科学之间的划分是不符合逻辑的。如果各领域使用相同的算法进行操作，该算法可以应用于不同的领域来解决每个问题。这种领域之间的干扰应该用算法驱动的方法来克服。可以应用机器学习来统一不同领域的问题。

E.1.3　开源的软件和硬件

如果一个物体具有模块化结构，并且可以被设计成系统的一部分，那么软件和硬件都可以被标准化。一旦标准化得到推进，就会通过开放源代码实现快速增长，虽然市场份额很容易因传统公司垄断其市场的缓慢决策而减少。这是一个市场垄断的趋势，必须对市场的产品价格和规格做出重大决定。因此，这一趋势可以被看作驱逐垄断公司的一种鼓动。

硬件生产有产量问题，以及制造过程中的变化，导致产品的统一性无法保证，这与软件的软复制性质不同。然而，这意味着我们可以通过调和模块之间的差距，以及从一个具有明确和可共享的问题的简单领域开始，简单地解决这个问题。例如，可以从一个具有小差距的简单问题开始，创建一个标准，然后推进到一个需要高生产精度的领域。我们可以根据成本评估为我们的解决方案选择软件或硬件实现。

在机器学习领域，一个特定的公司可能会垄断用于训练的数据集。相比之下，一个公司也可以利用开放源代码的优势，然后积极地进行合作；因此可以利用这种冲突创造新的趋势。

E.1.4　社会企业和共享经济

现今有一种通过服务使社会问题货币化的趋势，即教授如何捕鱼而不是简单地提供鱼。在社会中，在基于人口增长的消费增长的前提下，管理能力不是问题；然而，在人口下降和消费放缓的阶段，公司可能会出现严重的问题。

一个例子是共享经济，它使资源和服务可以共享。共享经济被定义为“借出个人持有的闲置资产的中介服务”[89]。过去的共享服务是有限的，如共享乘坐出租车、租用空间、停车场和会议室。最近，共享服务不仅提供房间或房屋租赁（居住空间），还提供住宿支持服务[59]、汽车共享[64]、停车共享[61]和穿着共享[60]，都已成为业务。

从与每个用户的要求相匹配的成本效益的角度来看，正如共享服务所显示的那样，这种服务的类型已经增加，我们目前有各种选择。从一个借贷空间到一个物体，共享经济已经发展到包括共享地点、交通、资源和工人（外包）[89]。然而，共享经济系统只有在注册用户的实时数据库中才能很好地工作，不仅是推荐，通过引入机器学习作为优化，用户之间的匹配也成为可能。此外，有一种观点认为，共享经济对服务提供商和用户都是一种剥削。[349]

E.2　机器学习与我们

机器学习是一个类似于切割工具的类别，如切割机、刀子或剪刀。有各种为不同目的而优化的剪刀，同样，一个机器学习模型也可以为客户的特定目的而优化。虽然这样的实用工具改善了我们的生活，但我们应该谨慎地使用它们。

E.2.1　机器学习可替代的领域

有些人担心用机器学习和 / 或机器人技术取代工人。他们担心的是就业机会的丧失。机器学习可替代雇员的领域有以下三个属性：

1）它可以用数学来表示（容易建立一个神经网络架构的模型）。

2）需要更高的效率（减少部署时间和 / 或资源的利用）。

3）降低入门墙（入门和操作的成本低于替换为机器学习而减少的成本）。

律师、医生、交易员等属于白领职业，具有较高的替换效力。简单的管理和低成本不需要用机器学习来替换，因为自动化可以应用于这样的过程。通过机器学习提供一个结合通知、建议和规划的自动化系统，具有更高的附加值，这可以是使用机器学习系统的一个原因。将机器学习应用于法律行业也被考虑，一个法律文件的支持系统 [242] 已经在使用中。

随着科学的进步，各种领域都可以通过数学来表示，揭示问题及其复杂性。用数学表示的问题可以通过其计算来解决。为了取代计算，我们可以使用神经网络模型作为近似计算的解决方案。机器人技术也从简单的问题推进，让机器人和工人在工作环境中协同工作，因此，一部分白领被蓝领工人替换。

如前所述，由于市场研究的进步，为传统市场引入机器学习很容易。因此，在独立于市场约束的领域，以及在新的领域，机器学习本身很难成为一种替代。机器不会感到疲倦，会按照正确的顺序准确地工作在冗余的过程中。它们也没有个性，也不会变得不满。第一阶段将是对有大量工作负荷的人的支持。

E.2.2 产业整合

在开始用机器替代后，雇佣合同很重要。为了让工人处于比机器人更好的位置，他们需要人才和能力。基于信息处理的文书工作可以通过自动化减少处理时间。办公室员工需要有集中注意力和提出建议的能力，并能够根据通过机器学习产生的计划来应用数据分析。因此，超速的先进替换会对员工产生更高的要求，这可能会在雇主和员工之间产生摩擦。管理者必须有能力找到需要通知和建议的领域，并向管理层反映此类问题。在这方面，机器学习是一个有用的方法。

对于一个特定的行业，机器学习和大数据分析的引入会导致市场份额的变化。因此，有可能进行行业整合以保持这种市场份额。行业整合后，可能会有起色。因此，公司的方法和就业有可能发生变化。例如，为一个特定的项目和产品开发组织一个团队，团队成员可能决定解雇这个团队或继续与他们一起开发（用于维护），因此可以为一个特定的目的组织一个"临时"公司。

E.2.3 一个简化的世界

目前的市场和运输系统有一个复杂的网络。特别是，生产者和消费者之间存在着中介。因此，有公司通过聚集生产者来运行一个门户网站作为消费者的市场。一个更高层次的门户网站可以用来收集更多的用户，分析市场的趋势，并为各种人提供更适合他们的服务。

当时，大数据是通过收集具有特定特征的个人趋势信息而产生的。需要一个机器学习系统来分析这些数据，对于需要更好的神经网络模型开发的用户来说，需要一个短的市场时间和短的响应时间；因此，需要一个更好的机器学习硬件。这样一个更高级别的门户网站的市场，相当于策展（推荐）和搜索服务的结合。

对于一个独特的项目，策展服务不能提供可靠性保证，从主要的和流行的项目中搜索出用户喜欢的项目变得很困难，这就产生了搜索和推荐中的偏差问题，因为供应商会想把有利可图的项目卖给用户。这在很大程度上取决于信息提供者，因此，人们之间的信任具有关键作用。一个区块链和机器学习相结合的系统，提供了可靠性保证的机制。

我们认识到生产者和消费者之间运输的复杂性，基于区块链的 P2P 运输服务在不久的将来可能会实现。也就是说，可以实现生产者和消费者之间的直接运输的软件，中间商不再是必要的。

E.3　社会与个人

E.3.1　将编程引入教育

方案提供者和方案开发者可针对具体问题展开合作。然而，解决方案可以表示为一种算法，如果用户有技能将算法编码为软件程序，用户可以减少记录规格和程序的成本和时间。

人文学科也需要编程，并获得工程技术；因此，这一领域的用户可以推进他们的领域，并以新的知识回报社会。例如，对于历史研究，可以使用数据库，并将历史作为信息进行管理。用户将获得基于事件相关性的新知识，将天气、地球科学、地缘政治或瘟疫可视化，创造一种新的知识，并通过常识找到错误，这不仅可以提供高度准确的历史，还可以找到这些方面的干扰，以及社会结构和人类行动之间的可视化推理。

尽管传统的方法采取的是演绎法，但机器学习采取的是归纳法来揭示或解决问题[264]。这乍一看似乎是一种不兼容的传统方法；然而，归纳法需要定义归纳任务的必要规范。在规范之后，在采取传统的基于编程的方法或基于统计的机器学习方法之间的选择非常重要。我们也可以考虑使用机器学习来决定选择，我们应该根据成本与性能、部署时间、授权时间以及部署和授权的时间来有效决定。

E.3.2　价值改变

众所周知，互联网上的信息是免费的，而且很容易使用和传播。然而，侵犯版权、传播虚假或伪造的信息、篡改报告等都是严重的问题。因此，网民需要有较高的文化素养。

虽然我们可能认为我们有应用软件来做推荐，有推荐和策展网站来收集有利可图的信息，但这些并不能保证信息的质量，例如，其正确性。曾发生过未经授权使用非医疗基础的

信息的情况 [344]。因此，一个显示信息是否有适当医学依据的搜索服务已经被开发出来 [83]。

最近，假新闻已经成为一个严重的问题 [307]。因此，记者必须考虑一种机制，让他们检查新闻是否符合事实，同时考虑到提供者的保密信息，因此我们承认个人联系的重要性。伴随着信息，食品来源以前也面临着同样的趋势。生产者对消费者的透明度是必要的，如果消费者对产品（食品）有信心，他们会直接从生产商那里购买。然后，生产者可以根据其产品的质量来确定价格。食品市场的这种趋势有可能被应用到信息领域。

所有产品的贸易知识的重要性都将增加，不仅包括有形和无形的财产，也包括信息。这一趋势引入了一个想法，即信心可能是贸易的关键之一。因此，我们将需要一个允许个人联系的系统。此外，先进的自动化在生产者和消费者之间产生了直接交易的责任问题，因此，个人的决定和判断很快就会比现在受到更多考验。也就是说，机器的决策和判断有可能导致在事件发生后意识到意外的损害或损失。这可能类似于用户在提供新的便利的服务（例如，EC 卡和一键式系统的组合）的启动阶段的无经验的情况。

除了历史和记录等信息外，个人的职业信息也可以通过区块链来管理。为了使个人、商业和或法律上的失败没有必要隐藏，我们可以使人们普遍接受人类偶尔会失败，因此有可能促进容错。然而，自动化系统有一个自动披露信息的问题，因此，隐私仍将是一个严重的问题。如果我们解决了隐私问题，并将其委托给社会而不是国家，隐私问题可以成为一种商业商品。此外，还有可能将简单的自动化留给其他事务，从而使社会问题不再有意义。因此，我们需要一个提供激励的机制来感受和体验对社会问题的兴趣，而不是不感兴趣，或者一个具有类似于区块链的理性的机制，将公平的行动视为比作弊的行动更好（在这种情况下不感兴趣）。

人类在这个星球上的时间是有限的。他们希望有个人时间，与家人共度时光，并作为一个公共个体。这些都取决于个人，而且有各种需求，每个人都希望有自己的时间分配。目前，个人时间和与家人相处的时间具有更高的优先权，而我们倾向于忽视与社会（如当地社区和行政部门）关系的时间。要想将个人的项目分配为具有更高优先级的项目，就需要比其他项目具有更高的效率，因此必须优化所有领域以实现效率。因此，与个人项目有较长距离的项目可以积极地优化，以获得更高的效率。

为了促进信息技术在行政和社会问题中的应用，我们需要一个新的用户界面来应用计算机上的信息处理，并减少人工序列，即简化账户和避免更改。因此，我们可以将机器学习系统应用于这种类型的工作需要一个近似。如果我们能将项目视为数字信息，开发一个系统来执行基于需求规范的信息处理就足够了。

此外，我们应该积极工作，而不是被动地工作。有些人被动地工作，认为工作时间是用来赚钱的；一天中三分之一的时间是用来睡觉的，剩下的三分之一是用来工作的。因此，我们可以认为这段时间是有价值的，可以用来娱乐和享受工作。一种方法是在工作责任和爱好之间进行匹配。此外，通过促进人力资源的流动，有可能进入各种类型的行业，虽然进入大学找工作应该被提倡。

E.3.3 社会支持

老龄化是日本最严重的问题[57]，年轻人的负担越来越重；他们无法养活老年人，而越来越多的老年人却被越来越少的年轻人所养活。在日本，我们观察到一种现象，即中等收入的人转向低收入的人，而穷人的数量却在增加[346]。所有年龄段、收入和就业方面的差距都在扩大。这个问题带来了医疗和福利支持方面的差距，我们需要重新思考我们的社会基础设施。

预见到未来工作人口的减少，医疗和福利系统需要完全降低其成本。不仅需要医疗设施和其运行成本的减少，还需要基于数据分析和机器学习的自动化和简化程序，需要一个为每个人优化服务的机制。作为一个以人为本的机制，包括不必要的药品在内的部分医疗和福利费用应被用于需要服务和支持的人。也就是说，与今天的医疗和福利平等（即对所有的人，包括不需要服务的人，进行相同的服务分配）相比，需要对那些需要服务的人进行优化公平。

通过引入社会企业，我们需要重新思考非营利组织（NPO）和非政府组织（NGO）的作用。NPO 的目标是解决社会问题[88]。NPO 也专注于非营利组织，而 NGO 则覆盖了政府无法覆盖的私营部门领域[88]。NPO 和 NGO 致力于克服传统公司和传统政府等营利性组织无法解决的社会问题；然而，在群体和信息技术之间似乎存在着一座桥梁。

相比之下，当我们考虑对残疾人和中性人的支持机制时，在社会参与支持方面，社会企业模式可能是有效的，因为这种企业的工作是从社会问题中获得利润，利润可以分配给人民。老龄化即将成为一个严重的社会问题，作为目前工人的第二次生命，NPO、NGO 和社会企业是能发挥作用的。人口将集中在城市地区，这造成了农村地区人口减少的严重问题[49]，并使空房子得不到维护。在农村地区，由于老龄化和人口减少的问题，电子商务（EC）正服务于没有交通工具的老年人，同时用于将农村重组为以医疗和福利为中心的社会；然而，我们无法知道他们通过后区域的建设情况。例如，已经考虑使用无人机来解决这个问题。

E.3.4 犯罪

在过去 10 年中，犯罪活动的报告案件数量有所下降，所有严重犯罪的报告案件都有所下降。然而，诸如跟踪骚扰等轻度犯罪的报告案件数量却在增加[56]。通信诈骗在 2014 年达到顶峰，洗钱也在不断增加。此外，人口老龄化现在是一个严重的问题[65]。累犯率较高的一个原因是改造困难。老龄化和累犯率增加了拘留成本。需要减少拘留费用以支持这种康复。

犯罪分子和犯罪预备集团也可以使用机器学习和大数据分析。关于机器学习的引入，对于引入它的国家和犯罪集团都有较低的门槛。我们将需要区块链来创造伪造的困难，并在无现金社会中跟踪和监测财产流动。人工输入可以引入伪造；因此，我们还必须改善用户界面。

E.4 国家

E.4.1 警察和检察官

使用已经安装在城市中的摄像网络进行监控。重要设施和场所使用它与人脸识别技术[333]。它不仅被用于传统的刑事调查，而且还被用于恐怖活动。因此，国家政府也使用机器学习系统。政府组织每天从监控摄像头和社交网络服务（SNS）收集信息[228]，从个人信息保护的角度来看，边缘计算和／或雾计算已经被引入，以避免在云和／或服务器上收集个人信息。

E.4.2 行政、立法和司法

行政服务的先进改进和优化降低了这种服务的成本，因此，抑制了税收或导致人口减少所涉及的税收支付减少。然而，如果采用了多余的改进和优化，那么将有可能出现国家（或行政人员）对个人的监督和管理。

将机器学习和大数据分析应用于需要客观和逻辑一致性的行政人员和立法者是很容易的。立法和司法任务是本身就包含逻辑信息，从工程的角度来看，有可能将机器学习应用到这些领域。例如，立法部门基于宪法建立，而传统的法律不能适应社会的变化。通过在这类法律中引入信息处理系统，从机器学习系统的逻辑一致性中获得决定，法官和陪审团可以根据客观信息做出包括当事人年龄在内的减罪情况的决定。此外，法律的工程化也是可能的。管理是包括机器学习在内的计算系统的专长，因此，它可以应用于行政、立法和司法部门的工作人员。这意味着有可能使用区块链、大数据分析和机器学习来追溯言行。

E.4.3 军事

机器学习不仅应用于社会问题，而且还应用于军事用途[71]。以色列是世界上第一大无人驾驶飞机的出口国，并创造了这样一个产业。自主驾驶技术可以应用到军事领域，目前已经应用于导弹等军事设施上。

拥有先进技术的发达国家与发展中国家相比，制造军事事件的难度相对更大。内乱主要发生在发展中国家。即使发达国家的军队通过维和行动（PKO）进行干预，一个制造问题的组织，在没有先进的军事力量的情况下，也可以利用当地人构建一个人肉盾牌来反对干预行动。因此，有人建议使用机器人，它能识别士兵，只有在接近他们时才会对军事力量采取行动。

此外，非盈利和非政府组织——国际机器人军备控制委员会（ICRAC）研究了军用机器人的控制，并考虑与其他国家进行合作，以限制军用机器人的使用[44]。

在日本，科学家们不仅担心将拥有先进技术的公司引入军队[51]，还担心通过政府将科学及其技术转移到军队。

参考文献

[1]   20 Newsgroups, http://qwone.com/%7Ejason/20Newsgroups/.

[2]   A sound vocabulary and dataset, https://research.google.com/audioset/.

[3]   Acoustic scene classification, http://www.cs.tut.fi/sgn/arg/dcase2016/task-acoustic-scene-classification.

[4]   AVA Actions Dataset, https://research.google.com/ava/.

[5]   AVSpeech, https://looking-to-listen.github.io/avspeech/explore.html.

[6]   Build with Watson, https://www.ibm.com/watson/developercloud/.

[7]   Common Voice, https://voice.mozilla.org/ja/datasets.

[8]   Data Sets, https://www.technology.disneyanimation.com/collaboration-through-sharing.

[9]   Deep Instinct, http://www.deepinstinct.com.

[10] Edge TPU, https://cloud.google.com/edge-tpu/.

[11] Fashion-MNIST, https://github.com/zalandoresearch/fashion-mnist/blob/master/README.md.

[12] Freesound 4 seconds, https://archive.org/details/freesound4s.

[13] Google-Landmarks: a New Dataset and Challenge for Landmark Recognition, https://storage.googleapis.com/openimages/web/index.html.

[14] Google Self-Driving Car Project, https://www.google.com/selfdrivingcar/.

[15] Human Brain Project, https://www.humanbrainproject.eu/en_GB/2016-overview.

[16] KITTI Vision Benchmark Suite, http://www.cvlibs.net/datasets/kitti/.

[17] Labeled Faces in the Wild, http://vis-www.cs.umass.edu/lfw/.

[18] Large-scale CelebFaces Attributes (CelebA) Dataset, http://mmlab.ie.cuhk.edu.hk/projects/CelebA.html.

[19] MegaFace and MF2: Million-Scale Face Recognition, http://megaface.cs.washington.edu.

[20] Moments in Time Dataset, http://moments.csail.mit.edu.

[21] MOTOBOT ver. 1, http://global.yamaha-motor.com/jp/showroom/event/2015tokyomotorshow/

sp/exhibitionmodels/mgp/#_ga=1.111874052.1631556073. 1470996719&r=s&r=s.

[22] Neuroscience Programs at IARPA, https://www.iarpa.gov/index.php/research-programs/ neuroscience-programs-at-iarpa.

[23] Next-generation artificial intelligence promotion strategy, http://www.soumu.go.jp/main_ content/000424360.pdf.

[24] Open Images Dataset V5 + Extensions, https://ai.googleblog.com/2018/03/googlelandmarks-new-dataset-and.html, March.

[25] PCA Whitening, http://ufldl.stanford.edu/tutorial/unsupervised/PCAWhitening/.

[26] Princeton ModelNet, http://modelnet.cs.princeton.edu.

[27] PyTorch, https://github.com/pytorch/pytorch.

[28] Scene Parsing, http://apolloscape.auto/scene.html.

[29] Scene Parsing, https://bdd-data.berkeley.edu.

[30] ShapeNet, https://www.shapenet.org/about.

[31] SUN database, http://groups.csail.mit.edu/vision/SUN/.

[32] The CIFAR-10 dataset, http://www.cs.utoronto.ca/%7Ekriz/cifar.html.

[33] The MNIST Database, http://yann.lecun.com/exdb/mnist/.

[34] UCF101 - Action Recognition Data Set, https://www.crcv.ucf.edu/data/UCF101.php.

[35] Vivado Design Suite - HLx Edition, https://www.xilinx.com/products/design-tools/ vivado. html.

[36] YouTube-8M Segments Dataset, https://research.google.com/youtube8m/.

[37] YouTube-BoundingBoxes Dataset, https://research.google.com/youtube-bb/.

[38] Mask-Programmable Logic Devices, June 1996.

[39] Using Programmable Logic for Gate Array Designs, https://www.altera.co.jp/content/ dam/altera-www/global/ja_JP/pdfs/literature/an/archives/an051_01.pdf, January 1996, Application Note 51.

[40] Xilinx HardWire^{TM} FpgASIC Overview, June 1998.

[41] International Technology Roadmap for Semiconductors, November 2001.

[42] DARPA SyNAPSE Program, http://www.artificialbrains.com/darpa-synapse-program, 2008.

[43] Generating Functionally Equivalent FPGAs and ASICs with a Single Set of RTL and Synthesis/Timing Constraints, https://www.altera.com/content/dam/altera-www/global/en_ US/pdfs/literature/wp/wp-01095-rtl-synthesis-timing.pdf, February 2009, WP-01095-1.2.

[44] International Committee for Robot Arms Control, http://icrac.net, 2009.

[45] NVIDIA's Next Generation CUDA Compute Architecture: Fermi, https://www.nvidia. com/content/PDF/fermi_white_papers/NVIDIA_Fermi_Compute_Architecture_

Whitepaper.pdf,2009, White Paper.

[46]　IBM - Watson Defeats Humans in "Jeopardy!", https://www.cbsnews.com/news/ibmwatson-defeats-humans-in-jeopardy/, February 2011.

[47]　https://www.intel.co.jp/content/www/jp/ja/history/history-intel-chips-timeline-poster.html.

[48]　NVIDIA's Next Generation CUDA Compute Architecture: Kepler GK110, https://www.nvidia.com/content/PDF/kepler/NVIDIA-Kepler-GK110-Architecture-Whitepaper.pdf, 2012, White Paper.

[49]　Population concentration and depopulation in the three major metropolitan areas, http://www.soumu.go.jp/johotsusintokei/whitepaper/ja/h24/html/nc112130.html, 2012.

[50]　Big-Data Market Forecast by Sub-type, 2011-2017 (in $US billions), http://wikibon.org/w/images/c/c7/BigDataMarketForecastBySubType2013.png, 2013.

[51]　Where to Go Japanese Technology? - Expanding "Military" Diversion -, http://www.nhk.or.jp/gendai/articles/3481/1.html, April 2014.

[52]　China's Tsinghua HD talks with Micron for acquisition, http://jp.reuters.com/article/tsinghua-micron-chairman-idJPKCN0PX0JX20150723, July 2015.

[53]　Gartner Says 6.4 Billion Connected "Things" Will Be in Use in 2016, Up 30 Percent From 2015, http://www.gartner.com/newsroom/id/3165317, November 2015.

[54]　Intel Acquisition of Altera, https://newsroom.intel.com/press-kits/intel-acquisition-of-altera/, December 2015.

[55]　World Robotics 2015 Industrial Robots, http://www.ifr.org/industrial-robots/statistics/, 2015.

[56]　2016 Police White Paper, https://www.npa.go.jp/hakusyo/h28/gaiyouban/gaiyouban.pdf, 2016.

[57]　2016 White Paper on Aging Society (whole version), http://www8.cao.go.jp/kourei/whitepaper/w-2016/html/zenbun/index.html, 2016.

[58]　AI Bridging Cloud Infrastructure (ABCI), http://www.itri.aist.go.jp/events/sc2016/pdf/P06-ABCI.pdf, November 2016.

[59]　Airbnb, http://sharing-economy-lab.jp/share-business-service, 2016.

[60]　airCloset, https://www.air-closet.com, 2016.

[61]　akippa, https://www.akippa.com, 2016.

[62]　Arria 10 Core Fabric and General Purpose I/Os Handbook, https://www.altera.com/content/dam/altera-www/global/en_US/pdfs/literature/hb/arria-10/a10_handbook.pdf, June 2016, Arria 10 Handbook, Altera Corp.

[63]　Build AI Powered Music Apps, http://niland.io, 2016.

[64] CaFoRe, http://cafore.jp, 2016.

[65] Current state of recidivism and countermeasures, http://www.moj.go.jp/housouken/ housouken03_00086.html, 2016.

[66] Deep Learning Market worth 1,722.9Million USD by 2022, http://www.marketsand-markets.com/PressReleases/deep-learning.asp, November 2016.

[67] Forecast of Big Data market size, based on revenue, from 2011 to 2026 (in billion U.S.dollars), http://www.statista.com/statistics/254266/global-big-data-market-forecast/, 2016.

[68] Intel Artificial Intelligence: Unleashing the Next Wave, https://newsroom.intel.com/ presskits/intel-artificial-intelligence-unleashing-next-wave/, November 2016.

[69] Intelligent transport systems, https://www.lta.gov.sg/content/ltaweb/en/roads-and-motoring/managing-traffic-and-congestion/intelligent-transport-systems.html, 2016.

[70] Intuitive Surgical, Inc., http://www.intuitivesurgical.com/, 2016.

[71] Israel Endless-War, http://mainichi.jp/endlesswar/, August 2016.

[72] Japan's population trends, http://www.mhlw.go.jp/file/06-Seisakujouhou-12600000-Seisakutoukatsukan/suii2014.pdf, 2016.

[73] Labor force survey long-term time series data, http://www.stat.go.jp/data/roudou/ longtime/03roudou.htm, 2016.

[74] Movidius + Intel = Vision for the Future of Autonomous Devices, http://www.movidius. com/news/ceo-post-september-2016, March 2016.

[75] Movidius and DJI Bring Vision-Based Autonomy to DJI Phantom 4, http://www. movidius.com/news/movidius-and-dji-bring-vision-based-autonomy-to-dji-phantom-4, March 2016.

[76] MUJIN PickWorker, http://mujin.co.jp/jp#products, 2016.

[77] Nervana Engine, http://www.nervanasys.com/technology/engine, 2016.

[78] NVIDIA's Next Generation CUDA Compute Architecture: Kepler GK110, http://www. nvidia.com/object/gpu-architecture.html#source=gss, 2016 (outdated).

[79] SENSY, http://sensy.jp, 2016.

[80] The Next Rembrandt, https://www.nextrembrandt.com, April 2016.

[81] U.S.-based venture develops a system to automatically determine whether papers are plagiarized or not, https://gakumado.mynavi.jp/gmd/articles/30456, January 2016.

[82] Vision Processing Unit, http://www.movidius.com/solutions/vision-processing-unit, 2016.

[83] Yahoo Search is now able to search for "breast cancer treatment guidelines for patients",http://promo.search.yahoo.co.jp/news/service/20161027131836.html, October

2016.

[84] 2017 Survey of Actual Conditions for Manufacturing Base Technology, https://www.meti.go.jp/meti_lib/report/H29FY/000403.pdf, 2017.

[85] Deep Learning Chipset Shipments to Reach 41.2 Million Units Annually by 2025, https://www.tractica.com/newsroom/press-releases/deep-learning-chipset-shipmentsto-reach-41-2-million-units-annually-by-2025/, March 2017.

[86] File:TI TMS32020 DSP die.jpg, https://commons.wikimedia.org/wiki/File:TI_TMS32020_DSP_die.jpg, August 2017.

[87] IMAGENET Large Scale Visual Recognition Challenge (ILSVRC) 2017 Overview, http://image-net.org/challenges/talks_2017/ILSVRC2017_overview.pdf, 2017.

[88] Q & A about NPO: Basic knowledge of NPO, http://www.jnpoc.ne.jp/?page_id=134, September 2017.

[89] Sharing economy lab, https://www.airbnb.com, 2017.

[90] UK military lab launches £40,000 machine learning prize, http://www.wired.co.uk/article/dstl-mod-data-science-challenge-2017, April 2017.

[91] Artificial Intelligence Edge Device Shipments to Reach 2.6 Billion Units Annually by 2025, https://www.tractica.com/newsroom/press-releases/artificial-intelligence-edge-device-shipments-to-reach-2-6-billion-units-annually-by-2025/, September 2018.

[92] BDD100K: a Large-scale Diverse Driving Video Database, https://bair.berkeley.edu/blog/2018/05/30/bdd/, May 2018.

[93] BFLOAT16 - Hardware Numerics Definition, https://software.intel.com/sites/default/files/managed/40/8b/bf16-hardware-numerics-definition-white-paper.pdf, November 2018.

[94] Artificial Intelligence (AI) in Drug Discovery Market by Component (Software, Service), Technology (ML, DL), Application (Neurodegenerative Diseases, Immuno-Oncology,CVD), End User (Pharmaceutical & Biotechnology, CRO), Region - Global forecast to 2024, https://www.marketsandmarkets.com/Market-Reports/ai-in-drug-discovery-market-151193446.html, 2019.

[95] End to end deep learning compiler stack, 2019.

[96] FPGA Market by Technology (SRAM, Antifuse, Flash), Node Size (Less than 28 nm, 28-90 nm, More than 90 nm), Configuration (High-End FPGA, Mid-Range FPGA, Low-End FPGA), Vertical (Telecommunications, Automotive), and Geography - Global Forecast to 2023, https://www.marketsandmarkets.com/Market-Reports/fpga-market-194123367.html, December 2019.

[97] Halide - a language for fast, portable computation on images and tensors, 2019.

[98] Intelligence Processing Unit, https://www.graphcore.ai/products/ipu, 2019.

[99] Open neural network exchange format, 2019.

[100] An open source machine learning library for research and production, 2019.

[101] Shave v2.0 - microarchitectures - intel movidius, 2019.

[102] CEVA NeuPro-S, https://www.ceva-dsp.com/product/ceva-neupro/, October 2020.

[103] Gaudi ai training, October 2020.

[104] UPSIDE / Cortical Processor Study, http://rebootingcomputing.ieee.org/images/files/pdf/ RCS4HammerstromThu515.pdf, Dan Hammerstrom.

[105] Vahideh Akhlaghi, Amir Yazdanbakhsh, Kambiz Samadi, Rajesh K. Gupta, Hadi Esmaeilzadeh, Snapea: Predictive early activation for reducing computation in deep convolutional neural networks, in: Proceedings of the 45th Annual International Symposium on Computer Architecture, ISCA'18, IEEE Press, 2018, pp. 662–673.

[106] Ako Kano, How much artificial intelligence can support doctors, http://techon.nikkeibp. co.jp/atcl/feature/15/327441/101400132/?ST=health&P=1, October 2016.

[107] F. Akopyan, J. Sawada, A. Cassidy, R. Alvarez-Icaza, J. Arthur, P. Merolla, N. Imam, Y.Nakamura, P. Datta, G. Nam, B. Taba, M. Beakes, B. Brezzo, J.B. Kuang, R. Manohar, W.P.Risk, B. Jackson, D.S. Modha, Truenorth: design and tool flow of a 65 mw 1 million neuron programmable neurosynaptic chip, IEEE Transactions on Computer-Aided Design of Integrated Circuits and Systems 34 (10) (Oct 2015) 1537–1557.

[108] Jorge Albericio, Patrick Judd, A. Delmás, S. Sharify, Andreas Moshovos, Bit-pragmatic deep neural network computing, CoRR, arXiv:1610.06920 [abs], 2016.

[109] Jorge Albericio, Patrick Judd, Tayler Hetherington, Tor Aamodt, Natalie Enright Jerger, Andreas Moshovos, Cnvlutin: ineffectual-neuron-free deep neural network computing, in: 2016 ACM/IEEE International Symposium on Computer Architecture (ISCA), June 2016.

[110] M. Alwani, H. Chen, M. Ferdman, P. Milder, Fused-layer cnn accelerators, in: 2016 49th Annual IEEE/ACM International Symposium on Microarchitecture (MICRO), Oct 2016, pp. 1–12.

[111] Marcin Andrychowicz, Misha Denil, Sergio Gomez, MatthewW. Hoffman, David Pfau, Tom Schaul, Nando de Freitas, Learning to learn by gradient descent by gradient descent, CoRR, arXiv:1606.04474 [abs], 2016.

[112] Rumiko Azuma, Noriko Katsutani, Attitude survey and analysis of college students' illegal copy, in: The 40th Annual Conference of JESiE, JESiE'15, 2015.

[113] Lei Jimmy Ba, Rich Caurana, Do deep nets really need to be deep?, CoRR, arXiv:1312.6184 [abs], 2013.

[114] Dzmitry Bahdanau, Kyunghyun Cho, Yoshua Bengio, Neural machine translation by jointly learning to align and translate, CoRR, arXiv:1409.0473 [abs], 2014.

[115] Brian Bailey, The impact of Moore's law ending, 2018.

[116] Chris Baker, Internal expense fraud is next on machine learning's list, https://techcrunch.com/2016/10/18/internal-expense-fraud-is-next-on-machine-learnings-list/, October 2016.

[117] David Balduzzi, Marcus Frean, Lennox Leary, J.P. Lewis, Kurt Wan-Duo Ma, Brian McWilliams, The shattered gradients problem: if resnets are the answer, then what is the question?, CoRR, arXiv:1702.08591 [abs], 2017.

[118] Kelly Bit, Bridgewater is said to start artificial-intelligence team, http://www.bloomberg.com/news/articles/2015-02-27/bridgewater-is-said-to-start-artificial-intelligence-team, February 2015.

[119] K.A. Boahen, Point-to-point connectivity between neuromorphic chips using address events, IEEE Transactions on Circuits and Systems. 2, Analog and Digital Signal Processing 47 (5) (May 2000) 416–434.

[120] M. Bohr, A 30 year retrospective on Dennard's MOSFET scaling paper, IEEE Solid-State Circuits Society Newsletter 12 (1) (Winter 2007) 11–13.

[121] Kyeongryeol Bong, Sungpill Choi, Changhyeon Kim, Sanghoon Kang, Youchang Kim, Hoi-Jun Yoo, A 0.62mW ultra-low-power convolutional-neural- network face-recognition processor and a CIS integrated with always-on Haar-like face detector, in: 2017 IEEE International Solid-State Circuits Conference (ISSCC), February 2017.

[122] S. Brown, R. Francis, J. Rose, Z. Vranesic, Field-Programmable Gate Arrays, Springer/Kluwer Academic Publishers, May 1992.

[123] Diane Bryant, The foundation of artificial intelligence, https://newsroom.intel.com/editorials/foundation-of-artificial-intelligence/, August 2016.

[124] Doug Burger, James R. Goodman, Alain Kägi, Memory bandwidth limitations of future microprocessors, SIGARCH Computer Architecture News 24 (2) (May 1996) 78–89.

[125] Andrew Canis, Jongsok Choi, Mark Aldham, Victor Zhang, Ahmed Kammoona, Jason H. Anderson, Stephen Brown, Tomasz Czajkowski, LegUp: high-level synthesis for FPGA-based processor/accelerator systems, in: Proceedings of the 19th ACM/SIGDA International Symposium on Field Programmable Gate Arrays, FPGA'11, New York, NY, USA, ACM, 2011, pp. 33–36.

[126] Vincent Casser, Sören Pirk, Reza Mahjourian, Anelia Angelova, Depth prediction without the sensors: leveraging structure for unsupervised learning from monocular videos, CoRR, arXiv:1811.06152 [abs], 2018.

[127] Olivier Chapelle, Eren Manavoglu, Romer Rosales, Simple and scalable response prediction for display advertising, ACM Transactions on Intelligent Systems and Technology 5 (4) (Dec 2014) 61:1–61:34.

[128] Tianshi Chen, Zidong Du, Ninghui Sun, Jia Wang, Chengyong Wu, Yunji Chen, Olivier Temam, DianNao: a small-footprint high-throughput accelerator for ubiquitous machinelearning, in: Proceedings of the 19th International Conference on Architectural Support for Programming Languages and Operating Systems, ASPLOS'14, New York, NY, USA, ACM, 2014, pp. 269–284.

[129] Y. Chen, T. Luo, S. Liu, S. Zhang, L. He, J. Wang, L. Li, T. Chen, Z. Xu, N. Sun, O. Temam, DaDianNao: a machine-learning supercomputer, in: 2014 47th Annual IEEE/ACM International Symposium on Microarchitecture, Dec 2014, pp. 609–622.

[130] Y.H. Chen, T. Krishna, J. Emer, V. Sze, 14.5 Eyeriss: an energy-efficient reconfigurable accelerator for deep convolutional neural networks, in: 2016 IEEE International Solid-State Circuits Conference (ISSCC), Jan 2016, pp. 262–263.

[131] Yu-Hsin Chen, Joel Emer, Vivienne Sze, Eyeriss: a spatial architecture for energy-efficient dataflow for convolutional neural networks, in: 2016 ACM/IEEE International Symposium on Computer Architecture (ISCA), June 2016.

[132] Yu-Hsin Chen, Joel S. Emer, Vivienne Sze, Eyeriss v2: a flexible and high-performance accelerator for emerging deep neural networks, CoRR, arXiv:1807.07928 [abs], 2018.

[133] Sharan Chetlur, Cliff Woolley, Philippe Vandermersch, Jonathan Cohen, John Tran, Bryan Catanzaro, Evan Shelhamer, cuDNN: efficient primitives for deep learning, CoRR, arXiv: 1410.0759 [abs], 2014.

[134] Ping Chi, Shuangchen Li, Cong Xu, Tao Zhang, Jishen Zhao, Yongpan Liu, Yu Wang, Yuan Xie, Prime: a novel processing-in-memory architecture for neural network computation in reram-based main memory, in: 2016 ACM/IEEE International Symposium on Computer Architecture (ISCA), June 2016.

[135] Yoojin Choi, Mostafa El-Khamy, Jungwon Lee, Towards the limit of network quantization, CoRR, arXiv:1612.01543 [abs], 2016.

[136] P. Chow, Soon Ong Seo, J. Rose, K. Chung, G. Paez-Monzon, I. Rahardja, The design of a SRAM-based field-programmable gate array-Part II: circuit design and layout, IEEE Transactions on Very Large Scale Integration (VLSI) Systems 7 (3) (Sept 1999) 321–330.

[137] P. Chow, Soon Ong Seo, J. Rose, K. Chung, G. Paez-Monzon, I. Rahardja, The design of an SRAM-based field-programmable gate array. I. Architecture, IEEE Transactions on Very Large Scale Integration (VLSI) Systems 7 (2) (June 1999) 191–197.

[138] E. Chung, J. Fowers, K. Ovtcharov, M. Papamichael, A. Caulfield, T. Massengill, M.

Liu, D. Lo, S. Alkalay,M. Haselman, M. Abeydeera, L. Adams, H. Angepat, C. Boehn, D. Chiou, O. Firestein, A. Forin, K.S. Gatlin,M. Ghandi, S. Heil, K. Holohan, A. El Husseini, T. Juhasz, K. Kagi, R.K. Kovvuri, S. Lanka, F. van Megen, D. Mukhortov, P. Patel, B. Perez, A. Rapsang, S. Reinhardt, B. Rouhani, A. Sapek, R. Seera, S. Shekar, B. Sridharan, G. Weisz, L. Woods, P. Yi Xiao, D. Zhang, R. Zhao, D. Burger, Serving dnns in real time at datacenter scale with project brainwave, IEEE MICRO 38 (2) (Mar 2018) 8–20.

[139] Corinna Cortes, Vladimir Vapnik, Support-vector networks, Machine Learning 20 (3) (Sep 1995) 273–297.

[140] M. Courbariaux, Y. Bengio, J.-P. David, Training deep neural networks with low precision multiplications, ArXiv e-prints, Dec 2014.

[141] Matthieu Courbariaux, Yoshua Bengio, BinaryNet: training deep neural networks with weights and activations constrained to +1 or −1, CoRR, arXiv:1602.02830 [abs], 2016.

[142] Matthieu Courbariaux, Yoshua Bengio, Jean-Pierre David, BinaryConnect: training deep neural networks with binary weights during propagations, CoRR, arXiv:1511.00363 [abs], 2015.

[143] Elliot J. Crowley, Gavin Gray, Amos J. Storkey, Moonshine: distilling with cheap convolutions, in: S. Bengio, H. Wallach, H. Larochelle, K. Grauman, N. Cesa-Bianchi, R. Garnett (Eds.), Advances in Neural Information Processing Systems, Vol. 31, Curran Associates, Inc., 2018, pp. 2888–2898.

[144] Tim Culpan, Jonathan Browning, China's Tsinghua buys western digital stake for $3.8 billion, https://www.bloomberg.com/news/articles/2015-12-11/tsinghua-unigroup-to-buy-1-7-billion-stake-in-siliconware, December 2015.

[145] Tim Culpan, Brian Womack, China's Tsinghua buys western digital stake for $3.8 billion, https://www.bloomberg.com/news/articles/2015-09-30/china-s-tsinghua-buys-westerndigital-stake-for-3-8-billion, September 2015.

[146] W.J. Dally, B. Towles, Route packets, not wires: on-chip interconnection networks, in: Design Automation Conference, 2001. Proceedings, 2001, pp. 684–689.

[147] David Moloney, 1tops/w software programmable media processor, August 2011.

[148] M. Davies, N. Srinivasa, T. Lin, G. Chinya, Y. Cao, S.H. Choday, G. Dimou, P. Joshi, N. Imam, S. Jain, Y. Liao, C. Lin, A. Lines, R. Liu, D. Mathaikutty, S. McCoy, A. Paul, J. Tse, G. Venkataramanan, Y. Weng, A. Wild, Y. Yang, H. Wang, Loihi: a neuromorphic manycore processor with on-chip learning, IEEE MICRO 38 (1) (January 2018) 82–99.

[149] James C. Dehnert, Brian K. Grant, John P. Banning, Richard Johnson, Thomas Kistler, Alexander Klaiber, Jim Mattson, The transmeta code morphing™ software: using

speculation, recovery, and adaptive retranslation to address real-life challenges, in: Proceedings of the International Symposium on Code Generation and Optimization: Feedback-Directed and Runtime Optimization, CGO'03, Washington, DC, USA, IEEE Computer Society, 2003, pp. 15–24.

[150] Mike Demler, Mythic multiplies in a flash - analog in-memory computing eliminates dram read/write cycles, August 2018, pp. 8–20.

[151] Li Deng, A tutorial survey of architectures, algorithms, and applications for deep learning, in: APSIPA Transactions on Signal and Information Processing, January 2014.

[152] Peter J. Denning, The working set model for program behavior, Communications of the ACM 26 (1) (Jan 1983) 43–48.

[153] Giuseppe Desoli, Nitin Chawla, Thomas Boesch, Surinder pal Singh, Elio Guidetti, Fabio De Ambroggi, Tommaso Majo, Paolo Zambotti, Manuj Ayodhyawasi, Harvinder Singh, Nalin Aggarwal, A 2.9TOPS/W deep convolutional neural network SoC in FD-SOI 28nm for intelligent embedded systems, in: 2017 IEEE International Solid-State Circuits Conference (ISSCC), February 2017.

[154] L. Devroye, T. Wagner, Distribution-free performance bounds for potential function rules, IEEE Transactions on Information Theory 25 (5) (Sep. 1979) 601–604.

[155] Zidong Du, Daniel D. Ben-Dayan Rubin, Yunji Chen, Liqiang He, Tianshi Chen, Lei Zhang, Chengyong Wu, Olivier Temam, Neuromorphic accelerators: a comparison between neuroscience and machine-learning approaches, in: Proceedings of the 48th International Symposium on Microarchitecture, MICRO-48, New York, NY, USA, ACM, 2015, pp. 494–507.

[156] Zidong Du, Robert Fasthuber, Tianshi Chen, Paolo Ienne, Ling Li, Tao Luo, Xiaobing Feng, Yunji Chen, Olivier Temam, ShiDianNao: shifting vision processing closer to the sensor, in: Proceedings of the 42Nd Annual International Symposium on Computer Architecture, ISCA'15, New York, NY, USA, ACM, 2015, pp. 92–104.

[157] enlitric. Deep learning technology can save lives by helping detect curable diseases early, http://www.enlitic.com/solutions.html.

[158] Hadi Esmaeilzadeh, Emily Blem, Renee St. Amant, Karthikeyan Sankaralingam, Doug Burger, Dark silicon and the end of multicore scaling, in: Proceedings of the 38th Annual International Symposium on Computer Architecture, ISCA'11, New York, NY, USA, ACM, 2011, pp. 365–376.

[159] Steve K. Esser, Rathinakumar Appuswamy, Paul Merolla, John V. Arthur, Dharmendra S. Modha, Backpropagation for energy-efficient neuromorphic computing, in: C. Cortes, N.D. Lawrence, D.D. Lee, M. Sugiyama, R. Garnett (Eds.), Advances in Neural

Information Processing Systems, Vol. 28, Curran Associates, Inc., 2015, pp. 1117–1125.

[160] C. Farabet, B. Martini, B. Corda, P. Akselrod, E. Culurciello, Y. LeCun, NeuFlow: a runtime reconfigurable dataflow processor for vision, in: CVPR 2011 Workshops, June 2011, pp. 109–116.

[161] Daniel Feggella, Valuing the artificial intelligence market, graphs and predictions for 2016 and beyond, http://techemergence.com/valuing-the-artificial-intelligence-market-2016-and-beyond/, March 2016.

[162] Fei-Fei Li, Justin Johnson, Serena Yeung, Lecture 4: Backpropagation and neural networks, 2017.

[163] Andrew Feldman, Cerebras wafer scale engine: Why we need big chips for deep learning, August 2019.

[164] Asja Fischer, Christian Igel, An Introduction to Restricted Boltzmann Machines, Springer Berlin Heidelberg, Berlin, Heidelberg, 2012, pp. 14–36.

[165] J. Fowers, K. Ovtcharov, M. Papamichael, T. Massengill, M. Liu, D. Lo, S. Alkalay, M. Haselman, L. Adams, M. Ghandi, S. Heil, P. Patel, A. Sapek, G. Weisz, L. Woods, S. Lanka, S.K. Reinhardt, A.M. Caulfield, E.S. Chung, D. Burger, A configurable cloud-scale dnn processor for real-time ai, in: 2018 ACM/IEEE 45th Annual International Symposium on Computer Architecture (ISCA), June 2018, pp. 1–14.

[166] Yao Fu, Ephrem Wu, Ashish Sirasao, Sedny Attia, Kamran Khan, Ralph Wittig, Deep learning with INT8 optimization on Xilinx devices, https://www.xilinx.com/support/documentation/white_papers/wp486-deep-learning-int8.pdf, November 2016.

[167] J. Fung, S. Mann, Using multiple graphics cards as a general purpose parallel computer: applications to computer vision, in: Proceedings of the 17th International Conference on Pattern Recognition, 2004. ICPR 2004, Vol. 1, Aug 2004, pp. 805–808.

[168] Mingyu Gao, Jing Pu, Xuan Yang, Mark Horowitz, Christos Kozyrakis, Tetris: scalable and efficient neural network acceleration with 3d memory, in: Proceedings of the Twenty-Second International Conference on Architectural Support for Programming Languages and Operating Systems, ASPLOS'17, New York, NY, USA, Association for Computing Machinery, 2017, pp. 751–764.

[169] H.L. Garner, The residue number system, IRE Transactions on Electronic Computers EC-8 (2) (June 1959) 140–147.

[170] Ben Gesing, Steve J. Peterson, Dirk Michelsen, Artificial intelligence in logistics, 2018.

[171] Xavier Glorot, Yoshua Bengio, Understanding the difficulty of training deep feedforward neural networks, in: Aistats, Vol. 9, 2010, pp. 249–256.

[172] Xavier Glorot, Antoine Bordes, Yoshua Bengio, Deep sparse rectifier neural networks,

in: Aistats, Vol. 15, 2011, p. 275.

[173] M. Gokhale, B. Holmes, K. Iobst, Processing in memory: the Terasys massively parallel PIM array, Computer 28 (4) (Apr 1995) 23–31.

[174] Google, TensorFlow is an open source software library for machine intelligence, https://www.tensorflow.org.

[175] Micha Gorelick, Ian Ozsvald, High-Performance Python, O'Reilly Japan, 2015.

[176] Andrew Griffin, Robot 'mother' builds babies that can evolve on their own, http://www.independent.co.uk/life-style/gadgets-and-tech/news/robot-mother-builds-babies-thatcan-evolve-on-their-own-10453196.html, August 2015.

[177] Suyog Gupta, Ankur Agrawal, Kailash Gopalakrishnan, Pritish Narayanan, Deep learning with limited numerical precision, CoRR, arXiv:1502.02551 [abs], 2015.

[178] D. Abts, J. Ross, J. Sparling, M.Wong-VanHaren, M. Baker, T. Hawkins, A. Bell, J. Thompson, T. Kahsai, G. Kimmell, J. Hwang, R. Leslie-Hurd, M. Bye, E.R. Creswick, M. Boyd, M. Venigalla, E. Laforge, J. Purdy, P. Kamath, D. Maheshwari, M. Beidler, G. Rosseel, O. Ahmad, G. Gagarin, R. Czekalski, A. Rane, S. Parmar, J. Werner, J. Sproch, A. Macias, B. Kurtz, Think fast: a tensor streaming processor (TSP) for accelerating deep learning workloads, in: 2020 ACM/IEEE 47th Annual International Symposium on Computer Architecture (ISCA), 2020, pp. 145–158.

[179] Philipp Gysel, Mohammad Motamedi, Soheil Ghiasi, Hardware-oriented approximation of convolutional neural networks, CoRR, arXiv:1604.03168 [abs], 2016.

[180] Tom R. Halfhill, Ceva sharpens computer vision, http://www.linleygroup.com/mpr/article. php?url=mpr/h/2015/11389/11389.pdf, April 2015, Microprocessor Report.

[181] Kentaro Hamada, AIST launches AI-specific supercomputer development. aiming for the world's best with deep learning, http://jp.reuters.com/article/sansoken-idJPKBN13K0TQ? pageNumber=2, November 2016.

[182] Song Han, Junlong Kang, Huizi Mao, Yiming Hu, Xin Li, Yubin Li, Dongliang Xie, Hong Luo, Song Yao, Yu Wang, Huazhong Yang, William J. Dally, ESE: efficient speech recognition engine with compressed LSTM on FPGA, CoRR, arXiv:1612.00694 [abs], 2016.

[183] Song Han, Xingyu Liu, Huizi Mao, Jing Pu, Ardavan Pedram, Mark A. Horowitz, William J. Dally, EIE: efficient inference engine on compressed deep neural network, CoRR, arXiv: 1602.01528 [abs], 2016.

[184] Song Han, Huizi Mao, William J. Dally, Deep compression: compressing deep neural network with pruning, trained quantization and Huffman coding, CoRR, arXiv:1510.00149 [abs], 2015.

[185] Moritz Hardt, Tengyu Ma, Identity matters in deep learning, CoRR, arXiv:1611.04231 [abs], 2016.

[186] Reiner Hartenstein, Coarse grain reconfigurable architecture (embedded tutorial), in: Proceedings of the 2001 Asia and South Pacific Design Automation Conference, ASP-DAC'01, New York, NY, USA, ACM, 2001, pp. 564–570.

[187] Soheil Hashemi, Nicholas Anthony, Hokchhay Tann, R. Iris Bahar, Sherief Reda, Understanding the impact of precision quantization on the accuracy and energy of neural networks, CoRR, arXiv:1612.03940 [abs], 2016.

[188] Atsushi Hattori, The birth of China's largest memory maker - Tsinghua Unigroup consolidates XMC's memory manufacturing division, http://news.mynavi.jp/news/2016/07/29/213/, July 2016.

[189] Kaiming He, Georgia Gkioxari, Piotr Dollár, Ross B. Girshick, Mask R-CNN, CoRR, arXiv: 1703.06870 [abs], 2017.

[190] Kaiming He, Xiangyu Zhang, Shaoqing Ren, Jian Sun, Deep residual learning for image recognition, CoRR, arXiv:1512.03385 [abs], 2015.

[191] Kaiming He, Xiangyu Zhang, Shaoqing Ren, Jian Sun, Delving deep into rectifiers: surpassing human-level performance on ImageNet classification, CoRR, arXiv:1502.01852 [abs], 2015.

[192] Nicole Hemsoth, Deep learning pioneer pushing GPU neural network limits, https://www. nextplatform.com/2015/05/11/deep-learning-pioneer-pushing-gpu-neural-network-limits/, May 2015.

[193] John L. Hennessy, David A. Patterson, Computer Architecture - a Quantitative Approach, 6th edition, Elsevier, 2019.

[194] Maurice Herlihy, J. Eliot B. Moss, Transactional memory: architectural support for lock-free data structures, SIGARCH Computer Architecture News 21 (2) (May 1993) 289–300.

[195] G.E. Hinton, Deep belief networks, Scholarpedia 4 (5) (2009) 5947, revision #91189.

[196] Geoffrey Hinton, Oriol Vinyals, Jeff Dean, Distilling the knowledge in a neural network, arXiv e-prints, arXiv:1503.02531, Mar 2015.

[197] Geoffrey E. Hinton, Alexander Krizhevsky, Ilya Sutskever, Nitish Srivastva, System and method for addressing overfitting in a neural network, https://patents.google.com/patent/US9406017B2/en, September 2019.

[198] E. Talpes, D.D. Sarma, G. Venkataramanan, P. Bannon, B. McGee, B. Floering, A. Jalote, C. Hsiong, S. Arora, A. Gorti, G.S. Sachdev, Compute solution for Tesla's full self-driving computer, IEEE MICRO 40 (2) (2020) 25–35.

[199] Richard C. Holt, Some deadlock properties of computer systems, ACM Computing Surveys 4 (3) (September 1972) 179–196.

[200] Nahoko Horie, Declining Birthrate and Aging Will Reduce Labor Force Population by 40, Research Report, 2017.

[201] Md. Zakir Hossain, Ferdous Sohel, Mohd Fairuz Shiratuddin, Hamid Laga, A comprehensive survey of deep learning for image captioning, CoRR, arXiv:1810.04020 [abs], 2018.

[202] Allen Huang, RaymondWu, Deep learning for music, CoRR, arXiv:1606.04930 [abs], 2016.

[203] Itay Hubara,Matthieu Courbariaux, Daniel Soudry, Ran El-Yaniv, Yoshua Bengio, Quantized neural networks: training neural networks with low precision weights and activations, CoRR, arXiv:1609.07061 [abs], 2016.

[204] G. Indiveri, F. Corradi, N. Qiao, Neuromorphic architectures for spiking deep neural networks, in: 2015 IEEE International Electron Devices Meeting (IEDM), Dec 2015, pp. 4.2.1–4.2.4.

[205] Yu Ji, YouHui Zhang, ShuangChen Li, Ping Chi, CiHang Jiang, Peng Qu, Yuan Xie, Wen-Guang Chen, Neutrams: neural network transformation and co-design under neuromorphic hardware constraints, in: 2016 49th Annual IEEE/ACM International Symposium on Microarchitecture (MICRO), October 2016, pp. 1–13.

[206] Huaizu Jiang, Deqing Sun, Varun Jampani, Ming-Hsuan Yang, Erik G. Learned-Miller, Jan Kautz, Super slomo: high quality estimation of multiple intermediate frames for video interpolation, CoRR, arXiv:1712.00080 [abs], 2017.

[207] L. Jin, Z. Wang, R. Gu, C. Yuan, Y. Huang, Training large scale deep neural networks on the Intel Xeon Phi Many-Core coprocessor, in: 2014 IEEE International Parallel Distributed Processing Symposium Workshops, May 2014, pp. 1622–1630.

[208] JIS, JIS Z 8101-1: 1999, 1999.

[209] F.D. Johansson, U. Shalit, D. Sontag, Learning representations for counterfactual inference, ArXiv e-prints, May 2016.

[210] Esa Jokioinen, Remote & autonomous ships - the next steps, http://www.rolls-royce.com/~/media/Files/R/Rolls-Royce/documents/customers/marine/ship-intel/aawa-whitepaper-210616.pdf, 2016.

[211] Jouppi Norm, Google supercharges machine learning tasks with TPU custom chip, https://cloudplatform.googleblog.com/2016/05/Google-supercharges-machine-learning-tasks-withcustom-chip.html?m=1, May 2016.

[212] Norman P. Jouppi, Cliff Young, Nishant Patil, David Patterson, Gaurav Agrawal,

Raminder Bajwa, Sarah Bates, Suresh Bhatia, Nan Boden, Al Borchers, Rick Boyle, Pierre luc Cantin, Clifford Chao, Chris Clark, Jeremy Coriell, Mike Daley, Matt Dau, Jeffrey Dean, Ben Gelb, Tara Vazir Ghaemmaghami, Rajendra Gottipati, William Gulland, Robert Hagmann, C. Richard Ho, Doug Hogberg, John Hu, Robert Hundt, Dan Hurt, Julian Ibarz, Aaron Jaffey, Alek Jaworski, Alexander Kaplan, Harshit Khaitan, Andy Koch, Naveen Kumar, Steve Lacy, James Laudon, James Law, Diemthu Le, Chris Leary, Zhuyuan Liu, Kyle Lucke, Alan Lundin, Gordon MacKean, Adriana Maggiore, Maire Mahony, Kieran Miller, Rahul Nagarajan, Ravi Narayanaswami, Ray Ni, Kathy Nix, Thomas Norrie, Mark Omernick, Narayana Penukonda, Andy Phelps, Jonathan Ross, Matt Ross, Amir Salek, Emad Samadiani, Chris Severn, Gregory Sizikov, Matthew Snelham, Jed Souter, Dan Steinberg, Andy Swing, Mercedes Tan, Gregory Thorson, Bo Tian, Horia Toma, Erick Tuttle, Vijay Vasudevan, Richard Walter, Walter Wang, Eric Wilcox, Doe Hyun Yoon, In-datacenter performance analysis of a tensor processing unit, in: 2017 ACM/IEEE 44th Annual International Symposium on Computer Architecture (ISCA), IEEE Computer Society, June 2017.

[213] Patrick Judd, Alberto Delmas Lascorz, Sayeh Sharify, Andreas Moshovos, Cnvlutin2: ineffectual-activation-and-weight-free deep neural network computing, CoRR, arXiv:1705. 00125 [abs], 2017.

[214] Daisuke Kadowaki, Ryuji Sakata, Kesuke Hosaka, Yuji Hiramatsu, Data Analysis Techniques to Win Kaggle, Gijutsu-Hyohron Co., Ltd., 2019, pp. 271–304.

[215] Dhiraj D. Kalamkar, Dheevatsa Mudigere, Naveen Mellempudi, Dipankar Das, Kunal Banerjee, Sasikanth Avancha, Dharma Teja Vooturi, Nataraj Jammalamadaka, Jianyu Huang, Hector Yuen, Jiyan Yang, Jongsoo Park, Alexander Heinecke, Evangelos Georganas, Sudarshan Srinivasan, Abhisek Kundu, Misha Smelyanskiy, Bharat Kaul, Pradeep Dubey, A study of BFLOAT16 for deep learning training, CoRR, arXiv:1905.12322 [abs], 2019.

[216] Péter Karkus, David Hsu, Wee Sun Lee, Qmdp-nct: deep learning for planning under partial observability, CoRR, arXiv:1703.06692 [abs], 2017.

[217] Yoshinobu Kato, Power of flow analysis that overturns the belief that there is no waste, http://itpro.nikkeibp.co.jp/atcl/watcher/14/334361/102700403/, November 2015.

[218] Toshimitsu Kawano, Foxconn manufacturing iPhone introduces 40,000 robots, accelerating replacement with humans, http://gigazine.net/news/20161007-foxconn-install-40000-robot/, 2016.

[219] Toshimitsu Kawano, What is Germany's fourth industrial revolution, "Industry 4.0"?, http://monoist.atmarkit.co.jp/mn/articles/1404/04/news014.html, 2016.

[220] M.M. Khan, D.R. Lester, L.A. Plana, A. Rast, X. Jin, E. Painkras, S.B. Furber, SpiNNaker: mapping neural networks onto a massively-parallel chip multiprocessor, in: 2008 IEEE International Joint Conference on Neural Networks (IEEE World Congress on Computational Intelligence), June 2008, pp. 2849–2856.

[221] Emmett Kilgariff, Henry Moreton, Nick Stam, Brandon Bell, NVIDIA Turing architecture in-depth, https://devblogs.nvidia.com/nvidia-turing-architecture-in-depth/, September 2018.

[222] Y. Kim, D. Shin, J. Lee, Y. Lee, H.J. Yoo, 14.3 A 0.55V 1.1mW artificial-intelligence processor with PVT compensation for micro robots, in: 2016 IEEE International Solid-State Circuits Conference (ISSCC), Jan 2016, pp. 258–259.

[223] Diederik P. Kingma, Jimmy Ba, Adam: a method for stochastic optimization, in: Yoshua Bengio, Yann LeCun (Eds.), 3rd International Conference on Learning Representations, ICLR 2015, Conference Track Proceedings, San Diego, CA, USA, May 7-9, 2015, 2015.

[224] Diederik P. Kingma, Danilo Jimenez Rezende, Shakir Mohamed, Max Welling, Semisupervised learning with deep generative models, CoRR, arXiv:1406.5298 [abs], 2014.

[225] Diederik P. Kingma, Max Welling, An introduction to variational autoencoders, CoRR, arXiv:1906.02691 [abs], 2019.

[226] A.C. Klaiber, H.M. Levy, A comparison of message passing and sharedmemory architectures for data parallel programs, in: Proceedings of the 21st Annual International Symposium on Computer Architecture, ISCA'94, Los Alamitos, CA, USA, IEEE Computer Society Press, 1994, pp. 94–105.

[227] Kayo Kobayashi, Behind the scenes of product planning: vending machines that identify with sensors and display "recommended", http://www.nikkeibp.co.jp/article/column/20101221/255381/, December 2010.

[228] Kate Kochetkova, The dark side of face recognition technology, https://blog.kaspersky.co.jp/bad-facial-recognition/12343/, September 2016.

[229] Teuvo Kohonen, Self-Organized Map, Springer Japan, June 2005.

[230] Igor Kononenko, Machine learning for medical diagnosis: history, state of the art and perspective, Artificial Intelligence in Medicine 23 (1) (Aug 2001) 89–109.

[231] Alex Krizhevsky, Ilya Sutskever, Geoffrey E. Hinton, ImageNet classification with deep convolutional neural networks, in: F. Pereira, C.J.C. Burges, L. Bottou, K.Q. Weinberger (Eds.), Advances in Neural Information Processing Systems 25, Curran Associates, Inc., 2012, pp. 1097–1105.

[232] Sun-Yuan Kung, On supercomputing with systolic/wavefront array processors,

Proceedings of the IEEE 72 (7) (July 1984) 867–884.

[233] I. Kuon, J. Rose, Measuring the gap between FPGAs and ASICs, IEEE Transactions on Computer-Aided Design of Integrated Circuits and Systems 26 (2) (Feb 2007) 203–215.

[234] Duygu Kuzum, Rakesh G.D. Jeyasingh, Byoungil Lee, H.-S. Philip Wong, Nanoelectronic programmable synapses based on phase change materials for brain-inspired computing, Nano Letters 12 (5) (2012) 2179–2186.

[235] Yasuo Kyobe, Innovate stock trading with AI trading Alpaca, http://bizzine.jp/article/detail/1738, July 2016.

[236] Gustav Larsson, Michael Maire, Gregory Shakhnarovich, Fractalnet: ultra-deep neural networks without residuals, CoRR, arXiv:1605.07648 [abs], 2016.

[237] Alberto Delmás Lascorz, Sayeh Sharify, Isak Edo, Dylan Malone Stuart, Omar Mohamed Awad, Patrick Judd, Mostafa Mahmoud, Milos Nikolic, Kevin Siu, Zissis Poulos, et al., Shapeshifter: enabling fine-grain data width adaptation in deep learning, in: Proceedings of the 52nd Annual IEEE/ACM International Symposium on Microarchitecture, MICRO'52, New York, NY, USA, Association for Computing Machinery, 2019, pp. 28–41.

[238] C.L. Lawson, R.J. Hanson, D.R. Kincaid, F.T. Krogh, Basic linear algebra subprograms for Fortran usage, ACM Transactions on Mathematical Software 5 (3) (Sep 1979) 308–323.

[239] Y. Lecun, L. Bottou, Y. Bengio, P. Haffner, Gradient-based learning applied to document recognition, Proceedings of the IEEE 86 (11) (Nov 1998) 2278–2324.

[240] K.J. Lee, K. Bong, C. Kim, J. Jang, H. Kim, J. Lee, K.R. Lee, G. Kim, H.J. Yoo, 14.2 A 502GOPS and 0.984mW dual-mode ADAS SoC with RNN-FIS engine for intention prediction in automotive black-box system, in: 2016 IEEE International Solid-State Circuits Conference (ISSCC), Jan 2016, pp. 256–257.

[241] Ruby B. Lee, Subword parallelism with max-2, IEEE MICRO 16 (4) (Aug 1996) 51–59.

[242] LegalForce, Make all logal risk controllable.

[243] S. Li, C. Wu, H. Li, B. Li, Y. Wang, Q. Qiu, FPGA acceleration of recurrent neural network based language model, in: Field-Programmable Custom Computing Machines (FCCM), 2015 IEEE 23rd Annual International Symposium on, May 2015, pp. 111–118.

[244] E. Lindholm, J. Nickolls, S. Oberman, J. Montrym, NVIDIA Tesla: a unified graphics and computing architecture, IEEE MICRO 28 (2) (March 2008) 39–55.

[245] Daofu Liu, Tianshi Chen, Shaoli Liu, Jinhong Zhou, Shengyuan Zhou, Olivier Teman, Xiaobing Feng, Xuehai Zhou, Yunji Chen, PuDianNao: a polyvalent machine learning accelerator, in: Proceedings of the Twentieth International Conference on Architectural Support for Programming Languages and Operating Systems, ASPLOS'15, New York,

NY, USA, ACM, 2015, pp. 369–381.

[246] Guilin Liu, Fitsum A. Reda, Kevin J. Shih, Ting-ChunWang, Andrew Tao, Bryan Catanzaro, Image inpainting for irregular holes using partial convolutions, CoRR, arXiv:1804.07723 [abs], 2018.

[247] S. Liu, Z. Du, J. Tao, D. Han, T. Luo, Y. Xie, Y. Chen, T. Chen, Cambricon: an instruction set architecture for neural networks, in: 2016 ACM/IEEE 43rd Annual International Symposium on Computer Architecture (ISCA), June 2016, pp. 393–405.

[248] Wei Liu, Dragomir Anguelov, Dumitru Erhan, Christian Szegedy, Scott E. Reed, Cheng-Yang Fu, Alexander C. Berg, SSD: single shot multibox detector, CoRR, arXiv:1512.02325 [abs], 2015.

[249] W. Lu, G. Yan, J. Li, S. Gong, Y. Han, X. Li, Flexflow: a flexible dataflow accelerator architecture for convolutional neural networks, in: 2017 IEEE International Symposium on High Performance Computer Architecture (HPCA), Feb 2017, pp. 553–564.

[250] Bill Lubanovic, Introduction to Python3, O'Reilly Japan, 2015.

[251] Y. Lv, Y. Duan, W. Kang, Z. Li, F.Y. Wang, Traffic flow prediction with big data: a deep learning approach, IEEE Transactions on Intelligent Transportation Systems 16 (2) (April 2015) 865–873.

[252] Yufei Ma, Yu Cao, Sarma Vrudhula, Jae-sun Seo, Optimizing loop operation and dataflow in FPGA acceleration of deep convolutional neural networks, in: Proceedings of the 2017 ACM/SIGDA International Symposium on Field-Programmable Gate Arrays, FPGA'17, New York, NY, USA, ACM, 2017, pp. 45–54.

[253] Andrew L. Maas, Awni Y. Hannun, Andrew Y. Ng, Rectifier nonlinearities improve neural network acoustic models, in: ICML Workshop on Deep Learning for Audio, Speech, and Language Processing, ICML'13, 2013.

[254] D. Mahajan, J. Park, E. Amaro, H. Sharma, A. Yazdanbakhsh, J.K. Kim, H. Esmaeilzadeh, TABLA: a unified template-based framework for accelerating statistical machine learning, in: 2016 IEEE International Symposium on High Performance Computer Architecture (HPCA), March 2016, pp. 14–26.

[255] T. Makimoto, The hot decade of field programmable technologies, in: 2002 IEEE International Conference on Field-Programmable Technology, 2002. (FPT). Proceedings, Dec 2002, pp. 3–6.

[256] John Markoff, Computer wins on 'Jeopardy!': trivial, it's not, http://www.nytimes.com/2011/02/17/science/17jeopardy-watson.html?pagewanted=all&_r=0, February 2011.

[257] Henry Markram, Joachim Lübke, Michael Frotscher, Bert Sakmann, Regulation of synaptic efficacy by coincidence of postsynaptic APs and EPSPs, Science 275 (5297)

(1997) 213–215.

[258] D. Matzke, Will physical scalability sabotage performance gains?, Computer 30 (9) (Sep 1997) 37–39.

[259] Warren S. McCulloch, Walter Pitts, A logical calculus of the ideas immanent in nervous activity, in: Neurocomputing: Foundations of Research, MIT Press, Cambridge, MA, USA, 1988, pp. 15–27.

[260] P. Merolla, J. Arthur, F. Akopyan, N. Imam, R. Manohar, D.S. Modha, A digital neurosynaptic core using embedded crossbar memory with 45pJ per spike in 45nm, in: 2011 IEEE Custom Integrated Circuits Conference (CICC), Sept 2011, pp. 1–4.

[261] Paul A. Merolla, John V. Arthur, Rodrigo Alvarez-Icaza, Andrew S. Cassidy, Jun Sawada, Filipp Akopyan, Bryan L. Jackson, Nabil Imam, Chen Guo, Yutaka Nakamura, Bernard Brezzo, Ivan Vo, Steven K. Esser, Rathinakumar Appuswamy, Brian Taba, Arnon Amir, Myron D. Flickner, William P. Risk, Rajit Manohar, Dharmendra S. Modha, A million spiking-neuron integrated circuit with a scalable communication network and interface, Science 345 (6197) (2014) 668–673.

[262] M. Mikaitis, D.R. Lester, D. Shang, S. Furber, G. Liu, J. Garside, S. Scholze, S. Höppner, A. Dixius, Approximate fixed-point elementary function accelerator for the spinnaker-2 neuromorphic chip, in: 2018 IEEE 25th Symposium on Computer Arithmetic (ARITH), June 2018, pp. 37–44.

[263] Nikola Milosevic, Equity forecast: predicting long term stock price movement using machine learning, CoRR, arXiv:1603.00751 [absx], 2016.

[264] Kazutaka Mishima, Machine learning that changes the world, who programs 1 trillion IoT devices, http://monoist.atmarkit.co.jp/mn/articles/1612/13/news049.html, December 2016.

[265] Asit K. Mishra, Eriko Nurvitadhi, Jeffrey J. Cook, Debbie Marr, WRPN: wide reducedprecision networks, CoRR, arXiv:1709.01134 [abs], 2017.

[266] Daisuke Miyashita, Edward H. Lee, Boris Murmann, Convolutional neural networks using logarithmic data representation, CoRR, arXiv:1603.01025 [abs], 2016.

[267] T. Miyato, A.M. Dai, I. Goodfellow, Virtual adversarial training for semi-supervised text classification, ArXiv e-prints, May 2016.

[268] D.I. Moldovan, On the design of algorithms for VLSI systolic arrays, Proceedings of the IEEE 71 (1) (Jan 1983) 113–120.

[269] J. Montrym, H. Moreton, The GeForce 6800, IEEE MICRO 25 (2) (March 2005) 41–51.

[270] Bert Moons, Roel Uytterhoeven, Wim Dehaene, Marian Verhelst, ENVISION: a 0.26-to-10TOPS/W subword-parallel dynamic-voltage-accuracy-frequency-scalable

convolutional neural network processor in 28nm FDSOI, in: 2017 IEEE International Solid-State Circuits Conference (ISSCC), February 2017.

[271] G.E. Moore, Cramming more components onto integrated circuits, Proceedings of the IEEE 86 (1) (Jan 1998) 82–85.

[272] MPI, The Message Passing Interface (MPI) standard.

[273] Mu-hyun. Google's AL Program "AlphaGo" won Go World Champion, https://japan. cnet. com/article/35079262/, March 2016.

[274] Ann Steffora Mutschler, Debug tops verification tasks, 2018.

[275] H. Nakahara, T. Sasao, A deep convolutional neural network based on nested residue number system, in: 2015 25th International Conference on Field Programmable Logic and Applications (FPL), Sept 2015, pp. 1–6.

[276] Satoshi Nakamoto, Bitcoin: a peer-to-peer electronic cash system, https://bitcoin.org/ bitcoin. pdf, December 2010.

[277] Andrew Ng, Machine learning, https://www.coursera.org/, September 2016.

[278] J. Nickolls, W.J. Dally, The GPU computing era, IEEE MICRO 30 (2) (March 2010) 56–69.

[279] Takayuki Okatani, Deep Learning, 1st edition, Machine Learning Professional Series, Kodansha Ltd., April 2015.

[280] A. Emin Orhan, Skip connections as effective symmetry-breaking, CoRR, arXiv:1701.09175 [abs], 2017.

[281] A. Ouadah, Pipeline defects risk assessment using machine learning and analytical hierarchy process, in: 2018 International Conference on Applied Smart Systems (ICASS), Nov 2018, pp. 1–6.

[282] Kalin Ovtcharov, Olatunji Ruwase, Joo-Young Kim, Jeremy Fowers, Karin Strauss, Eric Chung, Accelerating Deep Convolutional Neural Networks Using Specialized Hardware, February 2015.

[283] Kalin Ovtcharov, Olatunji Ruwase, Joo-Young Kim, Jeremy Fowers, Karin Strauss, Eric S. Chung, Toward accelerating deep learning at scale using specialized hardware in the datacenter, in: Hot Chips: a Symposium on High Performance Chips (HC27), August 2015.

[284] Andrew Owens, Phillip Isola, Josh McDermott, Antonio Torralba, Edward H. Adelson, William T. Freeman, Visually indicated sounds, CoRR, arXiv:1512.08512 [abs], 2015.

[285] S. Palacharla, N.P. Jouppi, J.E. Smith, Complexity-effective superscalar processors, in: Computer Architecture, 1997. Conference Proceedings. The 24th Annual International Symposium on, June 1997, pp. 206–218.

[286] S. Park, K. Bong, D. Shin, J. Lee, S. Choi, H.J. Yoo, 4.6 A1.93TOPS/W scalable deep learning/inference processor with tetra-parallel MIMD architecture for big-data applications, in: 2015 IEEE International Solid-State Circuits Conference - (ISSCC) Digest of Technical Papers, Feb 2015, pp. 1–3.

[287] S. Park, S. Choi, J. Lee, M. Kim, J. Park, H.J. Yoo, 14.1 A 126.1mW real-time natural UI/UX processor with embedded deep-learning core for low-power smart glasses, in: 2016 IEEE International Solid-State Circuits Conference (ISSCC), Jan 2016, pp. 254–255.

[288] Taesung Park, Ming-Yu Liu, Ting-Chun Wang, Jun-Yan Zhu, Semantic image synthesis with spatially-adaptive normalization, CoRR, arXiv:1903.07291 [abs], 2019.

[289] M. Pease, R. Shostak, L. Lamport, Reaching agreement in the presence of faults, Journal of the ACM 27 (2) (Apr 1980) 228–234.

[290] M. Peemen, B. Mesman, H. Corporaal, Inter-tile reuse optimization applied to bandwidth constrained embedded accelerators, in: 2015 Design, Automation Test in Europe Conference Exhibition (DATE), March 2015, pp. 169–174.

[291] Mohammad Pezeshki, Linxi Fan, Philemon Brakel, Aaron C. Courville, Yoshua Bengio, Deconstructing the ladder network architecture, CoRR, arXiv:1511.06430 [abs], 2015.

[292] Michael E. Porter, What is strategy?, Harvard Business Review 74 (6) (1996).

[293] Jiantao Qiu, Jie Wang, Song Yao, Kaiyuan Guo, Boxun Li, Erjin Zhou, Jincheng Yu, Tianqi Tang, Ningyi Xu, Sen Song, YuWang, Huazhong Yang, Going deeper with embedded FPGA platform for convolutional neural network, in: Proceedings of the 2016 ACM/SIGDA International Symposium on Field-Programmable Gate Arrays, FPGA'16, New York, NY, USA, ACM, 2016, pp. 26–35.

[294] J.R. Quinlan, Simplifying decision trees, International Journal of Man-Machine Studies 27 (3) (Sep 1987) 221–234.

[295] Alec Radford, Luke Metz, Soumith Chintala, Unsupervised representation learning with deep convolutional generative adversarial networks, CoRR, arXiv:1511.06434 [abs], 2015.

[296] Md Aamir Raihan, Negar Goli, Tor M. Aamodt, Modeling deep learning accelerator enabled gpus, CoRR, arXiv:1811.08309 [abs], 2018.

[297] B. Rajendran, F. Alibart, Neuromorphic computing based on emerging memory technologies, IEEE Journal on Emerging and Selected Topics in Circuits and Systems 6 (2) (June 2016) 198–211.

[298] Ariel Ortiz Ramirez, An overview of intel's mmx technology, Linux Journal 1999 (61es) (May 1999).

[299] B. Ramsundar, S. Kearnes, P. Riley, D.Webster, D. Konerding, V. Pande,Massively

multitask networks for drug discovery, ArXiv e-prints, Feb 2015.

[300] Antti Rasmus, Harri Valpola, Mikko Honkala, Mathias Berglund, Tapani Raiko, Semisupervised learning with ladder network, CoRR, arXiv:1507.02672 [abs], 2015.

[301] M. Rastegari, V. Ordonez, J. Redmon, A. Farhadi, XNOR-Net: ImageNet classification using binary convolutional neural networks, ArXiv e-prints, Mar 2016.

[302] M.S. Razlighi,M. Imani, F. Koushanfar, T. Rosing, Looknn: neural network with no multiplication, in: Design, Automation Test in Europe Conference Exhibition (DATE), 2017, March 2017, pp. 1775–1780.

[303] B. Reagen, P. Whatmough, R. Adolf, S. Rama, H. Lee, S.K. Lee, J.M. Hernández-Lobato, G.Y. Wei, D. Brooks, Minerva: enabling low-power, highly-accurate deep neural network accelerators, in: 2016 ACM/IEEE 43rd Annual International Symposium on Computer Architecture (ISCA), June 2016, pp. 267–278.

[304] R. Reed, Pruning algorithms-a survey, IEEE Transactions on Neural Networks 4 (5) (Sep 1993) 740–747.

[305] Steffen Rendle, Christoph Freudenthaler, Zeno Gantner, Lars Schmidt-Thieme, BPR: Bayesian personalized ranking from implicit feedback, CoRR, arXiv:1205.2618 [abs], 2012.

[306] Reuters. Reuters corpus, http://about.reuters.com/researchandstandards/corpus/.

[307] Adi Robertson, How to fight lies, tricks, and chaos online, 2019.

[308] Chuck Rosenberg, Improving photo search: a step across the semantic gap, https://research. googleblog.com/2013/06/improving-photo-search-step-across.html, June 2013, Google Research Blog.

[309] Sebastian Ruder, Transfer learning - machine learning's next frontier, http://sebastianruder. com/transfer-learning/index.html, March 2017.

[310] D.E. Rumelhart, G.E. Hinton, R.J.Williams, Learning internal representations by error propagation, in: Parallel Distributed Processing: Explorations in the Microstructure of Cognition, Vol. 1, MIT Press, Cambridge, MA, USA, 1986, pp. 318–362.

[311] David E. Rumelhart, Geoffrey E. Hinton, Ronald J. Williams, Learning representations by back-propagating errors, Nature 323 (October 1986) 533–536.

[312] Alexander M. Rush, Sumit Chopra, Jason Weston, A neural attention model for abstractive sentence summarization, CoRR, arXiv:1509.00685 [abs], 2015.

[313] Ruslan Salakhutdinov, Andriy Mnih, Geoffrey Hinton, Restricted Boltzmann machines for collaborative filtering, in: Proceedings of the 24th International Conference on Machine Learning, ICML'07, New York, NY, USA, ACM, 2007, pp. 791–798.

[314] A.G. Salman, B. Kanigoro, Y. Heryadi, Weather forecasting using deep learning

techniques, in: 2015 International Conference on Advanced Computer Science and Information Systems (ICACSIS), Oct 2015, pp. 281–285.

[315] A.L. Samuel, Some studies in machine learning using the game of checkers, IBM Journal of Research and Development 44 (1.2) (Jan 2000) 206–226.

[316] Choe Sang-Hun, Google's computer program beats Lee Se-dol in Go tournament, http://www.nytimes.com/2016/03/16/world/asia/korea-alphago-vs-lee-sedol-go.html, March 2016.

[317] A.W. Savich, M. Moussa, S. Areibi, The impact of arithmetic representation on implementing MLP-BP on FPGAs: a study, IEEE Transactions on Neural Networks 18 (1) (Jan 2007) 240–252.

[318] André Seznec, Stephen Felix, Venkata Krishnan, Yiannakis Sazeides, Design tradeoffs for the alpha EV8 conditional branch predictor, in: Proceedings of the 29th Annual International Symposium on Computer Architecture, ISCA'02, Washington, DC, USA, IEEE Computer Society, 2002, pp. 295–306.

[319] Ali Shafiee, Anirban Nag, Naveen Muralimanohar, Rajeev Balasubramonian, John Paul Strachan, Miao Hu, R. Stanley Williams, Vivek Srikumar, ISAAC: a convolutional neural network accelerator with in-situ analog arithmetic in crossbars, in: 2016 ACM/IEEE International Symposium on Computer Architecture (ISCA), June 2016.

[320] Hardik Sharma, Jongse Park, Divya Mahajan, Emmanuel Amaro, Joon Kyung Kim, Chenkai Shao, Asit Mishra, Hadi Esmaeilzadeh, From high-level deep neural models to FPGAs, in: 2016 Annual IEEE/ACM International Symposium on Microarchitecture (MICRO), March 2016.

[321] John Paul Shen, Mikko H. Lipasti, Modern Processor Design: Fundamentals of Superscalar Processors, beta edition, McGraw-Hill, 2003.

[322] Juncheng Shen, De Ma, Zonghua Gu, Ming Zhang, Xiaolei Zhu, Xiaoqiang Xu, Qi Xu, Yangjing Shen, Gang Pan, Darwin: a neuromorphic hardware co-processor based on Spiking Neural Networks, Science in China. Information Sciences 59 (2) (2016) 1–5.

[323] Shaohuai Shi, Qiang Wang, Pengfei Xu, Xiaowen Chu, Benchmarking state-of-the-art deep learning software tools, CoRR, arXiv:1608.07249 [abs], 2016.

[324] Tadatsugu Shimazu, Analyzing POS data is at the forefront of sales, http://business.nikkeibp. co.jp/article/topics/20080207/146641/?rt=nocnt, February 2008.

[325] Dongjoo Shin, Jinmook Lee, Jinsu Lee, Hoi-Jun Yoo, DNPU: an 8.1TOPS/W reconfigurable CNN-RNN processor for general-purpose deep neural networks, in: 2017 IEEE International Solid-State Circuits Conference (ISSCC), February 2017.

[326] David Silver, Aja Huang, Chris J. Maddison, Arthur Guez, Laurent Sifre, George

van den Driessche, Julian Schrittwieser, Ioannis Antonoglou, Veda Panneershelvam, Marc Lanctot, Sander Dieleman, Dominik Grewe, John Nham, Nal Kalchbrenner, Ilya Sutskever, Timothy Lillicrap, Madeleine Leach, Koray Kavukcuoglu, Thore Graepel, Demis Hassabis, Mastering the game of Go with deep neural networks and tree search, Nature 529 (2016) 484–489, arXiv:1602.01528 [abs], 2016.

[327] J. Sim, J.S. Park, M. Kim, D. Bae, Y. Choi, L.S. Kim, 14.6 A 1.42TOPS/W deep convolutional neural network recognition processor for intelligent IoE systems, in: 2016 IEEE International Solid-State Circuits Conference (ISSCC), Jan 2016, pp. 264–265.

[328] D. Sima, The design space of register renaming techniques, IEEE MICRO 20 (5) (Sep 2000) 70–83.

[329] Jim Smith, Ravi Nair, Virtual Machines: Versatile Platforms for Systems and Processes, The Morgan Kaufmann Series in Computer Architecture and Design, Morgan Kaufmann Publishers Inc., 2005.

[330] G.S. Snider, Spike-timing-dependent learning in memristive nanodevices, in: 2008 IEEE International Symposium on Nanoscale Architectures, June 2008, pp. 85–92.

[331] J. Snoek, H. Larochelle, R.P. Adams, Practical Bayesian optimization of machine learning algorithms, ArXiv e-prints, Jun 2012.

[332] A. Sodani, R. Gramunt, J. Corbal, H.S. Kim, K. Vinod, S. Chinthamani, S. Hutsell, R. Agarwal, Y.C. Liu, Knights landing: second-generation Intel Xeon Phi product, IEEE MICRO 36 (2) (Mar 2016) 34–46.

[333] Olivia Solon, Advanced facial recognition technology used in criminal investigations in more than 20 countries, http://wired.jp/2014/07/23/neoface/, July 2014.

[334] J. Son Chung, A. Senior, O. Vinyals, A. Zisserman, Lip reading sentences in the wild, ArXiv e-prints, Nov 2016.

[335] Viji Srinivasan, David Brooks, Michael Gschwind, Pradip Bose, Victor Zyuban, Philip N. Strenski, Philip G. Emma, Optimizing pipelines for power and performance, in: Proceedings of the 35th Annual ACM/IEEE International Symposium on Microarchitecture, MICRO 35, Los Alamitos, CA, USA, IEEE Computer Society Press, 2002, pp. 333–344.

[336] Nitish Srivastava, Geoffrey Hinton, Alex Krizhevsky, Ilya Sutskever, Ruslan Salakhutdinov, Dropout: a simple way to prevent neural networks from overfitting, Journal of Machine Learning Research 15 (1) (Jan 2014) 1929–1958.

[337] Rupesh Kumar Srivastava, Klaus Greff, Jürgen Schmidhuber, Training very deep networks, CoRR, arXiv:1507.06228 [abs], 2015.

[338] Kazunari Sugimitsu, The current state of "co-he-he" problems in universities,

countermeasures and their problems, http://gakkai.univcoop.or.jp/pcc/paper/2010/pdf/58. pdf, July 2016.

[339] Charlie Sugimoto, NVIDIA GPU Accelerates Deep Learning, May 2015.

[340] Baohua Sun, Daniel Liu, Leo Yu, Jay Li, Helen Liu, Wenhan Zhang, Terry Torng, Mram co-designed processing-in-memory cnn accelerator for mobile and iot applications, 2018.

[341] Baohua Sun, Lin Yang, Patrick Dong, Wenhan Zhang, Jason Dong, Charles Young, Ultra power-efficient CNN domain specific accelerator with 9.3tops/watt for mobile and embedded applications, CoRR, arXiv:1805.00361 [abs], 2018.

[342] Wonyong Sung, Kyuyeon Hwang, Resiliency of deep neural networks under quantization, CoRR, arXiv:1511.06488 [abs], 2015.

[343] G.A. Susto, A. Schirru, S. Pampuri, S. McLoone, A. Beghi, Machine learning for predictive maintenance: a multiple classifier approach, IEEE Transactions on Industrial Informatics 11 (3) (June 2015) 812–820.

[344] Takahiro Suzuki, Can existing media overcome the darkness of curation site?, http:// diamond. jp/articles/-/110717, December 2016.

[345] V. Sze, Y. Chen, T. Yang, J.S. Emer, Efficient processing of deep neural networks: a tutorial and survey, Proceedings of the IEEE 105 (12) (Dec 2017) 2295–2329.

[346] So Takada, Current status of Japan's inequality, http://www.cao.go.jp/zei-cho/gijiroku/ zeicho/2015/__icsFiles/afieldfile/2015/08/27/27zen17kai7.pdf, August 2015.

[347] Shigeyuki Takano, Performance scalability of adaptive processor architecture, ACM Transactions on Reconfigurable Technology and Systems 10 (2) (Apr 2017) 16:1–16:22.

[348] Shigeto Takeoka, Yasuhiro Ouchi, Yoshio Yamasaki, Data conversion and quantize noise for acoustic signals, in: Acoustical Society of Japan, Vol. 73, June 2017, pp. 585–591.

[349] Noriko Takiguchi, Uber's users and drivers are "exploited", criticism in the U.S. rises, http://diamond.jp/articles/-/123730, 2017.

[350] H. Tann, S. Hashemi, R.I. Bahar, S. Reda, Hardware-software codesign of accurate, multiplier-free deep neural networks, in: 2017 54th ACM/EDAC/IEEE Design Automation Conference (DAC), June 2017, pp. 1–6.

[351] M.B. Taylor, Is dark silicon useful? Harnessing the four horsemen of the coming dark silicon apocalypse, in: DAC Design Automation Conference 2012, June 2012, pp. 1131–1136.

[352] Oliver Temam, The rebirth of neural networks, in: Proceedings of the 37th Annual International Symposium on Computer Architecture, ISCA'10, IEEE Computer Society, 2010, pp. 49–349.

[353] R.M. Tomasulo, An efficient algorithm for exploiting multiple arithmetic units, IBM

Journal of Research and Development 11 (1) (Jan 1967) 25–33.

[354] Alexander Toshev, Christian Szegedy, Deeppose: human pose estimation via deep neural networks, CoRR, arXiv:1312.4659 [abs], 2013.

[355] S.M. Trimberger, Three ages of FPGAs: a retrospective on the first thirty years of FPGA technology, Proceedings of the IEEE 103 (3) (March 2015) 318–331.

[356] Yaman Umuroglu, Nicholas J. Fraser, Giulio Gambardella, Michaela Blott, Philip Heng Wai Leong, Magnus Jahre, Kees A. Vissers, FINN: a framework for fast, scalable binarized neural network inference, CoRR, arXiv:1612.07119 [abs], 2016.

[357] G. Urgese, F. Barchi, E. Macii, A. Acquaviva, Optimizing network traffic for spiking neural network simulations on densely interconnected many-core neuromorphic platforms, IEEE Transactions on Emerging Topics in Computing 6 (3) (2018) 317–329.

[358] Harri Valpora, From neural pca to deep unsupervised learning, arXiv preprint, arXiv:1441. 7783, 2014.

[359] Pascal Vincent, Hugo Larochelle, Isabelle Lajoie, Yoshua Bengio, Pierre-Antoine Manzagol, Stacked denoising autoencoders: learning useful representations in a deep network with a local denoising criterion, Journal of Machine Learning Research 11 (Dec 2010) 3371–3408.

[360] Oriol Vinyals, Alexander Toshev, Samy Bengio, Dumitru Erhan, A picture is worth a thousand (coherent) words: building a natural description of images, https://research. googleblog. com/2014/11/a-picture-is-worth-thousand-coherent.html, November 2014, Google Research Blog.

[361] Punkaj Y. Vohra, The New Era of Watson Computing, February 2014.

[362] E.Waingold, M. Taylor, D. Srikrishna, V. Sarkar,W. Lee, V. Lee, J. Kim, M. Frank, P. Finch, R. Barua, J. Babb, S. Amarasinghe, A. Agarwal, Baring it all to software: raw machines, Computer 30 (9) (Sep 1997) 86–93.

[363] Li Wan, Matthew Zeiler, Sixin Zhang, Yann Le Cun, Rob Fergus, Regularization of neural networks using dropconnect, in: Sanjoy Dasgupta, David McAllester (Eds.), Proceedings of the 30th International Conference on Machine Learning, Atlanta, Georgia, USA, in: Proceedings of Machine Learning Research, vol. 28, PMLR, 17–19 Jun 2013, pp. 1058–1066.

[364] Pete Warden, How to quantize neural networks with TensorFlow, https://petewarden. com/2016/05/03/how-to-quantize-neural-networks-with-tensorflow/, May 2016.

[365] Shlomo Weiss, James E. Smith, Instruction issue logic for pipelined supercomputers, SIGARCH Computer Architecture News 12 (3) (Jan 1984) 110–118.

[366] Paul N. Whatmough, Sae Kyu Lee, Hyunkwang Lee, Saketh Rama, David Brooks, Gu-

Yeon Wei, A 28nm SoC with a 1.2GHz 568nJ/prediction sparse deep-neural-network engine with>0.1 timing error rate tolerance for IoT applications, in: 2017 IEEE International Solid-State Circuits Conference (ISSCC), February 2017.

[367] Samuel Webb Williams, Andrew Waterman, David A. Patterson, Roofline: an Insightful Visual Performance Model for Floating-Point Programs and Multicore Architectures, Technical Report UCB/EECS-2008-134, University of California at Berkeley, October 2008.

[368] F. Woergoetter, B. Porr, Reinforcement learning, Scholarpedia 3 (3) (2008) 1448, revision #91704.

[369] Michael E.Wolf, Monica S. Lam, A data locality optimizing algorithm, in: Proceedings of the ACM SIGPLAN 1991 Conference on Programming Language Design and Implementation, PLDI'91, New York, NY, USA, ACM, 1991, pp. 30–44.

[370] Bichen Wu, Alvin Wan, Xiangyu Yue, Peter H. Jin, Sicheng Zhao, Noah Golmant, Amir Gholaminejad, Joseph Gonzalez, Kurt Keutzer, Shift: a zero flop, zero parameter alternative to spatial convolutions, CoRR, arXiv:1711.08141 [abs], 2017.

[371] Jiajun Wu, Chengkai Zhang, Xiuming Zhang, Zhoutong Zhang, William T. Freeman, Joshua B. Tenenbaum, Learning 3D shape priors for shape completion and reconstruction, in: European Conference on Computer Vision (ECCV), 2018.

[372] Yu Xiang, Alexandre Alahi, Silvio Savarese, Learning to track: online multi-object tracking by decision making, in: Proceedings of the IEEE International Conference on Computer Vision, 2015, pp. 4705–4713.

[373] W. Xiong, J. Droppo, X. Huang, F. Seide, M. Seltzer, A. Stolcke, D. Yu, G. Zweig, The Microsoft 2016 conversational speech recognition system, ArXiv e-prints, Sep 2016.

[374] Keyulu Xu, Weihua Hu, Jure Leskovec, Stefanie Jegelka, How powerful are graph neural networks?, CoRR, arXiv:1810.00826 [abs], 2018.

[375] Reiko Yagi, What is the "copy and paste judgment tool" that is attracting attention in the STAP disturbance, http://itpro.nikkeibp.co.jp/pc/article/trend/20140411/1127564/, June 2014.

[376] A. Yang, Deep learning training at scale spring crest deep learning accelerator (Intel® Nervana™ NNP-T), in: 2019 IEEE Hot Chips 31 Symposium (HCS), Cupertino, CA, USA, 2019, pp. 1–20.

[377] Amir Yazdanbakhsh, Kambiz Samadi, Nam Sung Kim, Hadi Esmaeilzadeh, Ganax: a unified mimd-simd acceleration for generative adversarial networks, in: Proceedings of the 45th Annual International Symposium on Computer Architecture, ISCA'18, IEEE Press, 2018, pp. 650–661.

[378] Li Yi, Guangyao Li, Mingming Jiang, An end-to-end steel strip surface defects recognition system based on convolutional neural networks, Steel Research International 88 (2) (2017) 1600068.

[379] Alireza Zaeemzadeh, Nazanin Rahnavard, Mubarak Shah, Norm-preservation: why residual networks can become extremely deep, CoRR, arXiv:1805.07477 [abs], 2018.

[380] Chen Zhang, Peng Li, Guangyu Sun, Yijin Guan, Bingjun Xiao, Jason Cong, Optimizing FPGA-based accelerator design for deep convolutional neural networks, in: Proceedings of the 2015 ACM/SIGDA International Symposium on Field-Programmable Gate Arrays, FPGA' 15, New York, NY, USA, ACM, 2015, pp. 161–170.

[381] Sarah Zhang, Infiltrate! Fully-automated "robot full" biolab, http://wired.jp/2016/09/07/inside-robot-run-genetics-lab/, September 2016.

[382] Shijin Zhang, Zidong Du, Lei Zhang, Huiying Lan, Shaoli Liu, Ling Li, Qi Guo, Tianshi Chen, Yunji Chen, Cambricon-x: an accelerator for sparse neural networks, in: 2016 49th Annual IEEE/ACM International Symposium on Microarchitecture (MICRO), October 2016, pp. 1–12.

[383] Yongwei Zhao, Zidong Du, Qi Guo, Shaoli Liu, Ling Li, Zhiwei Xu, Tianshi Chen, Yunji Chen, Cambricon-f: machine learning computers with fractal von Neumann architecture, in: Proceedings of the 46th International Symposium on Computer Architecture, ISCA' 19, New York, NY, USA, Association for Computing Machinery, 2019, pp. 788–801.

[384] Xuda Zhou, Zidong Du, Qi Guo, Shaoli Liu, Chengsi Liu, Chao Wang, Xuehai Zhou, Ling Li, Tianshi Chen, Yunji Chen, Cambricon-s: addressing irregularity in sparse neural networks through a cooperative software/hardware approach, in: Proceedings of the 51st Annual IEEE/ACM International Symposium on Microarchitecture, MICRO-51, IEEE Press, 2018, pp. 15–28.